全国水利行业规划教材　高职高专水利水电类
全国水利职业教育优秀教材
中国水利教育协会策划组织

水利工程造价

（第2版）

主　编　何　俊　宋春发　黄亚梅
　　　　巫　山
副主编　雷成霞　江潜成　侯林峰
　　　　谷　瑾　杨艳凤
主　审　黄　铭　程保磊

黄河水利出版社
·郑州·

内 容 提 要

本书是全国水利行业规划教材，被评为“全国水利职业教育优秀教材”。本书依据《水利工程设计概(估)算编制规定》(水总〔2014〕429号)、《水利工程营业税改征增值税计价依据调整办法》(办水总〔2016〕132号)及《关于调整水利工程计价依据增值税计算标准的通知》(办财务函〔2019〕448号)，结合全国二级造价工程师职业资格考试大纲编写完成。全书共分为11个项目，较全面地阐述了水利工程造价的基本知识和编制方法。书中以项目教学为主导，注重培养学生的动手能力，用大量的例题，按照实际工作过程的编制程序，分析背景资料，套用定额(定额子目节选)，确定人、材、机预算单价(或基价)，选取各项费率，计算材料补差，编制建筑、安装工程单价。初学者即使没有编规、定额等资料，也能很方便地预习、自学。同时，本书还配套PPT课件、习题参考答案等教学资源。

本书可作为高职高专院校水利水电建筑工程、水利工程、水利工程管理、工程造价、工程监理等专业教材；同时可作为全国水利高等院校技能大赛训练指导用书，也可供水利类专业教师和水利水电工程行业的工程技术人员参考。

图书在版编目(CIP)数据

水利工程造价/何俊等主编.—2版.—郑州：黄河水利出版社，2020.5　(2023.1　修订重印)

全国水利行业规划教材.高职高专水利水电类

ISBN 978-7-5509-2650-9

Ⅰ.①水…　Ⅱ.①何…　Ⅲ.①水利工程-工程造价-高等职业教育-教材　Ⅳ.①TV512

中国版本图书馆CIP数据核字(2020)第073988号

组稿编辑：王路平　电话：0371-66022212　E-mail：hhslwlp@163.com

简　群　66026749　931945687@qq.com

出 版 社：黄河水利出版社

地址：河南省郑州市顺河路黄委会综合楼14层　邮政编码：450003

发行单位：黄河水利出版社

发行部电话：0371-66026940、66020550、66028024、66022620(传真)

E-mail：hhslcbs@126.com

承印单位：河南承创印务有限公司

开本：787 mm×1 092 mm　1/16

印张：20.75

字数：479千字　印数：11 001—13 000

版次：2016年2月第1版　印次：2023年1月第4次印刷

2020年7月第2版

定价：45.00元

第 2 版前言

本书是贯彻落实《国家职业教育改革实施方案》(国发〔2019〕4 号)、《国务院关于加快发展现代职业教育的决定》(国发〔2014〕19 号)和《水利部 教育部关于进一步推进水利职业教育改革发展的意见》(水人事〔2013〕121 号)等文件精神,依据教育部印发的《高等职业学校专业教学标准(试行)》中关于课程的教学要求,在中国水利教育协会指导下,由中国水利教育协会职业技术教育分会高等职业教育教学研究会组织编写的第四轮水利水电类专业规划教材。第四轮教材以学生能力培养为主线,体现出实用性、实践性、创新性的教材特色,是一套理论联系实际、教学面向生产的高职教育精品规划教材。

为了不断提高教材内容质量,编者于 2023 年 1 月,根据近年来国家及行业颁布的最新规范、标准,以及在教学实践中发现的问题和错误,对全书进行了系统的修订完善。

本书第 1 版出版以来,因其通俗易懂、全面系统、应用性知识突出、实用性强等特点,受到全国高职高专院校水利类专业师生及广大水利从业人员的喜爱。近年来,中华人民共和国水利部相继发布了一系列文件, 2014 年发布了新的《水利工程设计概(估)算编制规定》(水总〔2014〕429 号),2016 年水利部办公厅印发了《水利工程营业税改征增值税计价依据调整办法》(办水总〔2016〕132 号),2019 年水利部办公厅印发了《水利部办公厅关于调整水利工程计价依据增值税计算标准的通知》(办财务函〔2019〕448 号)等。为进一步满足教学需要,并使教材内容符合新的行业要求,编者在第 1 版的基础上对原教材内容进行了全面修订、补充和完善。此外,在体例上也作了修改,以项目引导、任务引领编排教学内容,以有助于学生职业能力的培养。

由于水利工程造价是一门经济性、政策性、实践性紧密结合的课程,随着改革的深入和经济的发展,国家和上级主管部门还将陆续颁布一些新的规定、定额、费用标准,同时各省(自治区、直辖市)地方水利工程造价编制办法也不尽相同,因此在采用本教材讲授时,应结合国家和上级主管部门的新规定及本地区的实际情况和规定给予补充和说明。

全书共分为 11 个项目,较全面地阐述了水利工程造价的基本知识和编制方法。其主要内容包括:工程造价概论,水利水电工程项目划分及费用构成,工程定额,水利工程基础单价编制,建筑、安装工程单价编制,施工临时工程及独立费用概算编制,水利工程总概算编制,投资估算、施工图预算与施工预算,水利工程招标与投标,水利工程工程量清单计价,水利水电工程计价软件操作及附录等。书中以项目教学为主导,注重培养学生的动手能力,用大量的例题,按照实际工作过程的编制程序,分析背景资料,套用定额(定额子目节选),确定人、材、机预算单价(或基价),选取各项费率,计算材料补差,编制建、安工程单价。初学者即使没有编规、定额等资料,都能很方便地预习、自学。同时,本书还配套 PPT 课件、习题参考答案等教学资源。

本书编写人员及编写分工如下:山西水利职业技术学院雷成霞编写项目 1、项目 10,山东水利技师学院谷瑾编写项目 2,长江工程职业技术学院侯林峰编写项目 3,四川水利职业技术学院巫山编写项目4,安徽水利水电职业技术学院何俊、宋春发编写项目5,广东水利电力职业技术学院黄亚梅编写项目6及附录,江西水利职业技术学院江潜成编写项目7、项目8,甘肃建筑职业技术学院杨艳凤编写项目9,四川锦瑞青山科技有限公司任富君编写项目11。本书由何俊、宋春发、黄亚梅、巫山担任主编,何俊负责全书统一规划和统稿;由雷成霞、江潜成、侯林峰、谷瑾、杨艳凤担任副主编;由合肥工业大学黄铭、安徽水利水电职业技术学院程保磊担任主审。

由于本次编写时间仓促,编写经验不足,书中难免会出现错误及不妥之处,恳请读者批评指正。

编　者

2023年1月

目 录

项目1　工程造价概论

【教学内容】

本项目主要学习基本建设、基本建设项目、基本建设程序的概念，基本建设的种类，基本建设项目划分和水利水电基本建设项目划分，水利水电基本建设程序，水利水电工程造价的概念及具体的分类，水利水电工程造价与基本建设程序之间的关系，水利水电工程概预算编制程序及编制方法和概预算文件的组成内容等。

【教学要求】

了解基本建设项目的类型及划分，理解基本建设、基本建设项目、基本建设程序的概念；重点掌握水利水电基本建设项目划分及水利水电基本建设程序，能针对实际工程进行项目划分。要求了解工程造价的概念、分类及编制程序，理解工程造价与基本建设程序之间的关系，掌握概预算文件的组成内容。

熟悉水利水电工程分类，掌握水利水电工程概预算文件的组成内容。

任务1.1　建设项目概述

1.1.1　基本建设

1.1.1.1　基本建设概念

基本建设是形成固定资产的活动，指国民经济各部门利用国家预算拨款、自筹资金、国内外基本建设贷款以及其他专项资金进行的以扩大生产能力(或增加工程效益)为主要目的的新建、扩建、改建、技术改造、恢复和更新等的工作。换言之，基本建设就是固定资产的建设，即是建筑、安装和购置固定资产的活动及其与之相关的工作。

基本建设是发展社会生产、增强国民经济实力的物质技术基础，是改善和提高人民群众生活水平和文化水平的重要手段，是实现社会扩大再生产的必要条件。

固定资产是指在社会再生产过程中，可供生产或生活较长时间使用，在使用过程中基本不改变其实物形态的劳动资料和其他物质资料，它是人们生产和生活的必要物质条件。固定资产应同时具备两个条件：①使用年限在一年以上；②单项价值在规定限额以上。固定资产的社会属性，即从它在生产和使用过程中所处的地位和作用来看，可分为生产性固定资产和非生产性固定资产两大类。前者是指在生产过程中发挥作用的劳动资料，例如工厂、矿山、油田、电站、铁路、水库、海港、码头、路桥工程等。后者是指在较长时间内直接为人们的物质文化生活服务的物质资料，如住宅、学校、医院、体育活动中心和其他生活福利设施等。

1.1.1.2　基本建设内容

基本建设包括的工作内容有以下几个方面：

(1)建筑安装工程。这是基本建设工作的重要组成部分,建筑施工企业通过建筑安装活动生产出建筑产品,形成固定资产。建筑安装工程包括建筑工程和安装工程。建筑工程包括各种建筑物、房屋、设备基础等的建造工作。安装工程包括生产、动力、起重、运输、输配电等需要安装的各种机电设备和金属结构设备的安装、试车等工作。

(2)设备、工(器)具的购置。这是指建设单位因建设项目的需要向制造行业采购或自制达到固定资产标准的机电设备、金属结构设备、工具、器具等的工作。

(3)其他基建工作。指不属于以上两项的基本建设工作,如规划、勘测、设计、科学试验、征地移民、水库清理、施工队伍转移、生产准备等项工作。

1.1.1.3 基本建设分类

(1)按建设的形式可以分为新建项目、扩建项目、改建项目、迁建项目和恢复项目。

新建项目是从无到有、平地起家的建设项目;扩建和改建项目是在原有企业、事业、行政单位的基础上,扩大产品的生产能力或增加新的产品生产能力,以及对原有设备和工程进行全面技术改造的项目;迁建项目是原有企业、事业单位,由于各种原因,经有关部门批准搬迁到另地建设的项目;恢复项目是指对由于自然、战争或其他人为灾害等原因而遭到毁坏的固定资产进行重建的项目。

(2)按建设的用途可以分为生产性基本建设项目和非生产性基本建设项目。

生产性基本建设是用于物质生产和直接为物质生产服务的项目的建设,包括工业建设、建筑业和地质资源勘探事业建设和农林水利建设等;非生产性基本建设是用于人民物质和文化生活项目的建设,包括住宅、学校、医院、托儿所、影剧院以及国家行政机关和金融保险业的建设等。

(3)按建设规模和总投资的大小可以分为大型、中型、小型建设项目。

(4)按建设阶段可以分为预备项目、筹建项目、施工项目、建成投资项目、收尾项目。

(5)按隶属关系可以分为国务院各部门直属项目、地方投资国家补助项目、地方项目和企事业单位自筹建设项目。

1.1.1.4 基本建设项目划分

在工程项目实施过程中,为了准确确定整个建设项目的建设费用,必须对项目进行科学的分析、研究,进行合理划分,把建设项目划分为简单的、便于计算的基本构成项目,汇总求出工程项目造价。

一个建设项目是一个完整配套的综合性产品,根据我国在工程建设领域内的有关规定和习惯做法,按照它的组成内容不同,可划分为建设项目、单项工程、单位工程、分部工程、分项工程等五个项目层次。

(1)建设项目一般是指具有设计任务书和总体设计、经济上实行统一核算、管理上具有独立的组织形式的基本建设单位。

(2)单项工程又叫工程项目。它是具有独立的设计文件,建成后能独立发挥生产能力或效益的工程。如长江三峡水利枢纽工程中的混凝重力式大坝、泄水闸、堤后式水电站、永久性通航船闸、升船机等单项工程。

(3)单位工程是具有独立设计,可以独立组织施工,但竣工后一般不能独立发挥生产能力和效益的工程。它是单项工程的组成部分。如长江三峡水利枢纽工程中的泄水闸划分为建筑工程和安装工程等单位工程。

(4)分部工程是单位工程的组成部分。它是按单位工程的结构形式、工程部位、构件性质、使用材料、设备种类及型号等的不同来划分的。如长江三峡水利枢纽工程中的泄水闸建筑工程划分为土石方开挖工程、土石方填筑工程、混凝土工程、模板工程等分部工程。

(5)分项工程是分部工程的组成部分。按照不同的施工方法、所使用的材料、不同的构造及规格将一个分部工程更细致地分解为若干个分项工程。如建筑工程土石方填筑工程中的浆砌块石护底、浆砌石护坡等分项工程。

分项工程是组成单位工程的基本要素,它是工程造价的基本计算单位体,在计价性定额中是组成定额的基本单位体,又称定额子目。

1.1.2 建设项目分解

正确地把建设项目划分为几个单项工程,再按单项工程到单位工程,单位工程到分部工程,分部工程到分项工程逐步细化,再从最小的基本要素分项工程开始进行计量与计价,逐步形成分部工程、单位工程、单项工程的工程造价,最后汇总可得到建设项目的工程造价。建设项目分解示意图如图1-1所示。

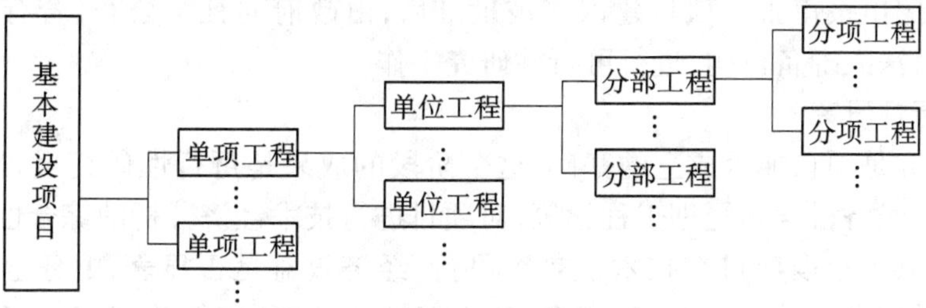

图1-1 建设项目分解示意图

任务1.2 基本建设程序与工程造价文件

1.2.1 建设项目的基本建设程序

我国的基本建设程序,最初是1952年由政务院颁布实施的。根据我国基本建设实践,水利水电工程的基本建设程序为:根据资源条件和国民经济长远发展规划,进行流域或河段规划,提出项目建议书;进行可行性研究和项目评估,编制可行性研究报告;可行性研究报告批准后,进行初步设计;初步设计经过审批,项目列入国家基本建设年度计划;进行施工准备和设备订货;开工报告批准后正式施工;建成后进行验收投产;生产运行一定时间后,对建设项目进行后评价。

鉴于水利水电工程建设规模大、施工工期相对较长、施工技术复杂、横向交叉点多面广、内外协作关系和工序多等特点,水利水电基本建设较其他部门的基本建设有一定的特殊性,工程失事后危害性也比较大,因此水利水电基本建设程序较其他部门更为严格,否则将会造成严重的后果和巨大的经济损失。

水利水电工程基本建设程序的具体工作内容如下。

1.2.1.1 流域规划(或河段规划)

流域规划就是根据该流域的水资源条件和国家长远计划,以及该地区水利水电工程建设发展的要求,提出该流域水资源的梯级开发和综合利用的最优方案。对该流域的自然地理、经济状况等进行全面、系统的调查研究,初步确定流域内可能的建设位置,分析各个坝址的建设条件,拟定梯级布置方案、工程规模、工程效益等,进行多方案分析比较,选定合理梯级开发方案,并推荐近期开发的工程项目。

1.2.1.2 项目建议书

项目建议书应根据国民经济和社会发展的长远规划、流域综合规划、区域综合规划、专业规划,按照国家产业政策和国家有关投资建设方针进行编制,是对拟进行建设项目的初步说明。

项目建议书是在流域规划的基础上,由主管部门提出建设项目的轮廓设想,从宏观上衡量分析项目建设的必要性和可能性,分析建设条件是否具备,是否值得投入资金和人力。

项目建议书编制一般由政府委托有相应资质的设计单位承担,并按照国家现行规定权限向主管部门申报审批。项目建议书被批准后,由政府向社会公布,若有投资建设意向,则组建项目法人筹备机构,进行可行性研究工作。

1.2.1.3 可行性研究

可行性研究是项目能否成立的基础,这个阶段的成果是可行性研究报告。它是运用现代技术科学、经济科学和管理工程学等,对项目进行技术经济分析的综合性工作。其任务是研究兴建某个建设项目在技术上是否可行,经济效益是否显著,财务上是否能够盈利;建设中要动用多少人力、物力和资金;建设工期的长短,如何筹建建设资金等重大问题。因此,可行性研究是进行建设项目决策的主要依据。

水利水电工程项目的可行性研究是在流域(河段)规划的基础上,组织各方面的专家、学者对拟建项目的建设条件进行全方位多方面的综合论证比较。例如三峡工程就涉及许多部门和专业,甚至涉及整个流域的生态环境、文物古迹、军事等学科。

可行性研究报告按国家现行规定的审批权限报批。申请项目可行性研究报告必须同时提出项目法人组建方案及运行机制、资金筹措方案、资金结构及回收资金办法,并依照有关规定附具有管辖权的水行政主管部门或流域机构签署的规划同意书、对取水许可预申请的书面审查意见。审批部门要委托有相应资质的工程咨询机构对可行性研究报告进行评估,并综合行业主管部门、投资机构(公司)、项目法人(或筹备机构)等方面的意见进行审批。项目的可行性研究报告批准后,应正式成立项目法人,并按项目法人负责制实行项目管理。

1.2.1.4 设计阶段

可行性研究报告批准后,项目法人应择优选择有相应资质的设计单位承担工程的勘测设计工作。

对水利水电工程来说,承担设计任务的单位在进行设计以前,要认真研究可行性研究报告,并进行勘测、调查和试验研究工作,要全面收集建设地区的工农业生产、社会经济、自然条件,包括水文、地质、气象等资料;要对坝址、库区的地形、地质进行勘测、勘探,对岩土地基进行分析试验;对建设地区的建筑材料分布、储量、运输方式、单价等要调查、勘测。不仅设计前要有大量的勘测、调查、试验工作,在设计中以及工程施工中仍要有相当细致的勘测、调查、试验工作。

设计工作是分阶段进行的,一般采用“两阶段设计”,即初步设计与施工图设计。对于某些大型工程或技术复杂的工程,一般采用“三阶段设计”,即初步设计、技术设计及施工图设计。

1.初步设计

初步设计是根据批准的可行性研究报告和必要且准确的设计资料,对设计对象进行通盘研究,阐明拟建工程在技术上的可行性和经济上的合理性,规定项目的各项基本技术参数,编制项目的总概算。初步设计任务应择优选择有相应资质的设计单位承担,依照有关初步设计编制规定进行编制。

初步设计主要是解决建设项目的技术可行性和经济合理性问题。初步设计具有一定程度的规划性质,是建设项目的“纲要”设计。

初步设计是在可行性研究的基础上进行的,要提出设计报告、初步设计概算和经济评价三项资料。初步设计的主要任务是确定工程规模;确定工程总体布置、主要建筑物的结构型式及布置;确定电站或泵站的机组机型、装机容量和布置;选定对外交通方案、施工导流方式、施工总进度和施工总布置、主要建筑物施工方法及主要施工设备、资源需用量及其来源;确定水库淹没、工程占地的范围,提出水库淹没处理、移民安置规划和投资概算;提出环境保护措施设计;编制初步设计概算;复核经济评价等。对灌区工程来说,还要确定灌区的范围,主要干支渠的规划布置,渠道的初步定线、断面设计和土石方量的估算等。

对大中型水利水电工程中一些重大问题,如新坝型、泄洪方式、施工导流、截流等,应进行相应深度的科学研究,必要时应有模型试验成果的论证。初步设计批准前,一般由项目法人委托有相应资质的工程咨询机构或组织专家,对初步设计中的重大问题进行咨询论证。设计单位根据咨询论证意见,对初步设计文件进行补充、修改和细化。初步设计由项目法人组织审查后,按国家现行规定权限向主管部门申报审批。

2.技术设计

技术设计是根据初步设计和更详细的调查研究资料编制的,进一步解决初步设计中的重大技术问题,如工艺流程、建筑结构、设备选型及数量的确定等,以使建设项目的设计更具体、更完善,技术革新经济指标更好。

技术设计要完成以下内容:

(1)落实各项设备选型方案、关键设备科研,根据提供的设备规格、型号、数量进行订货。

(2)对建筑和安装工程提供必要的技术数据,从而可以编制施工组织总设计。

(3)编制修改总概算,并提出符合建设总进度的分年度所需要资金的数额,修改总概算金额应控制在设计总概算金额之内。

(4)列举配套工程项目、内容、规模和要求配套建成的期限。

(5)为工程施工所进行的组织准备和技术准备提供必要的数据。

3. 施工图设计

施工图设计是在初步设计和技术设计的基础上,根据建安工程的需要,针对各项工程的具体施工,绘制施工详图。施工图纸一般包括:施工总平面图,建筑物的平面、立面、剖面图,结构详图(包括钢筋图),设备安装详图,各种材料、设备明细表,施工说明书。根据施工图设计,提出施工图预算及预算书。

设计文件编制好以后,必须按照规定进行审核和批准。施工图设计文件是已定方案的具体化,由设计单位负责完成。在交付施工单位时,须经建设单位技术负责人审查签字。根据现场需要,设计人员应到现场进行技术交底,并可以根据项目法人、施工单位及监理单位提出的合理化建议进行局部设计修改。

1.2.1.5 施工准备阶段

项目在主体工程开工之前,必须完成各项施工准备工作,其主要内容包括:

(1)施工场地的征地、拆迁,施工用水、电、通信、道路的建设和场地平整等工作。

(2)完成必需的生产、生活临时建筑工程。

(3)组织招标设计、咨询、设备和物资采购等服务。

(4)组织建设监理和主体工程招标投标,并择优选择建设监理单位和施工承包商。

(5)进行技术设计,编制修正总概算和施工详图设计,编制设计预算。

施工准备工作开始前,项目法人或其代理机构须依照有关规定,向行政主管部门办理报建手续,同时交验工程建设项目的有关批准文件。工程项目报建后,方可组织施工准备工作。工程建设项目施工,除某些不适应招标的特殊工程项目(须经水行政主管部门批准)外,均须实行招标投标。

水利水电工程项目进行施工准备必须满足如下条件:初步设计已经批准,项目法人已经建立,项目已列入国家或地方水利建设投资计划,筹资方案已经确定,有关土地使用权已经批准,已办理报建手续。

1.2.1.6 建设实施阶段

建设实施阶段是指主体工程的建设实施。项目法人按照批准的建设文件,组织工程建设,保证项目建设目标的实现。

项目法人或其代理机构必须按审批权限,向主管部门提出主体工程开工申请报告,经批准后,主体工程方可正式开工。主体工程开工须具备以下条件:

(1)前期工程各阶段文件已按规定批准,施工详图设计可以满足初期主体工程施工需要。

(2)建设项目已列入国家或地方水利水电工程建设投资年度计划,年度建设资金已落实。

(3)主体工程招标已经决标,工程承包合同已经签订,并得到主管部门的同意。

(4)现场施工准备和征地移民等建设外部条件能够满足主体工程开工需要。

(5)建设管理模式已经确定,投资主体与项目主体的管理关系已经理顺。

(6)项目建设所需全部投资来源已经明确,且投资结构合理。

(7)项目产品的销售,已有用户承诺,并确定了定价原则。

要按照“政府监督、项目法人负责、社会监理、企业保证”的要求,建立健全质量管理体系。重要的建设项目须设立质量监督项目站,行使政府对项目建设的监督职能。

1.2.1.7 生产准备阶段

生产准备是项目投产前所要进行的一项重要工作,是建设阶段转入生产经营阶段的必要条件。项目法人应按照建管结合和项目法人责任制的要求,适时做好有关生产准备工作。生产准备工作应根据不同类型的工程要求确定,一般应包括如下内容:

(1)生产组织准备。建立生产经营的管理机构及其相应管理制度。

(2)招收和培训人员。按照生产运营的要求,配备生产管理人员,并通过多种形式的培训,提高人员素质,使之能满足运营要求。生产管理人员要尽早介入工程的施工建设,参加设备的安装调试,熟悉情况,掌握好生产技术和工艺流程,为顺利衔接基本建设和生产经营阶段做好准备。

(3)生产技术准备。主要包括技术资料的汇总、运行技术方案的制订、岗位操作规程的制定和新技术准备。

(4)生产物资准备。主要是落实投产运营所需要的原材料、协作产品、工器具、备品备件和其他协作配合条件的准备。

(5)正常的生活福利设施准备。

(6)及时具体落实产品销售合同协议的签订,提高生产经营效益,为偿还债务和资产的保值增值创造条件。

1.2.1.8 竣工验收

竣工验收是工程完成建设目标的标志,是全面考核基本建设成果、检验设计和工程质量的重要步骤。竣工验收合格的项目即从基本建设转入生产或使用。

建设项目的建设内容全部完成,经过单位工程验收,符合设计要求,并按水利基本建设项目档案管理的有关规定,完成了档案资料的整理工作,在完成竣工报告、竣工决算等必需文件的编制后,项目法人按照有关规定,向验收主管部门提出申请,根据《水利水电建设工程验收规程》(SL 223—2008)组织验收。

竣工决算编制完成后,须由审计机关组织竣工审计,其审计报告作为竣工验收的基本资料。

对工程规模较大、技术较复杂的建设项目,可先进行初步验收。不合格的工程不予验收;有遗留问题的必须有具体处理意见,且有限期处理的明确要求并落实负责人。

水利水电工程按照设计文件所规定的内容建成以后,在办理竣工验收以前,必须进行试运行。例如,对灌溉渠道来说,要进行放水试验;对水电站、抽水站来说,要进行试运转和试生产,检查考核其是否达到设计标准和施工验收的质量要求。如工程质量不合格,应返工或加固。

竣工验收的目的是全面考核建设成果,检查设计和施工质量,及时解决影响投产的问题;办理移交手续,交付使用。

竣工验收程序一般分为两个阶段,即单项工程验收和整个工程项目的全部验收。对于大型工程,因建设时间长或建设过程中逐步投产,应分批组织验收。验收之前,项目法人要组织设计、施工等单位进行初验并向主管部门提交验收申请,根据《水利水电建设工程验收规程》(SL 223—2008)组织验收。

项目法人要系统整理技术资料,绘制竣工图,分类立卷,在验收后作为档案资料交生产单位保存。项目法人要认真清理所有财产和物资,编好工程竣工决算,报上级主管部门审批。竣工决算编制完成后,须有审计机关组织竣工审计,审计报告作为竣工验收的基本资料。

水利水电工程把上述验收程序分为阶段验收和竣工验收,凡能独立发挥作用的单项工程均应进行阶段验收,如截流、下闸蓄水、机组启动、通水等。

1.2.1.9 后评价

后评价是工程交付生产运行后一段时间内(一般经过1~2年),对项目的立项决策、设计、施工、竣工验收、生产运营等全过程进行系统评估的一种技术活动,是基本建设程序的最后一环。通过后评价达到肯定成绩、总结经验、研究问题、提高项目决策水平和投资效果的目的。通常包括影响评价、经济效益评价和过程评价。

1. 影响评价

影响评价是项目投产后对各方面的影响所进行的评价。

2. 经济效益评价

经济效益评价是对项目投资、国民经济效益、财务效益、技术进步和规模效益、可行性研究深度等方面进行的评价。

3. 过程评价

过程评价是对项目立项、设计、施工、建设管理、竣工投产、生产运营等全过程进行的评价。

项目后评价工作一般按三个层次组织实施,即项目法人的自我评价、项目行业的评价、计划部门(或主要投资方)的评价。

建设项目后评价工作必须遵循客观、公正、科学的原则,做到分析合理、评价公正。

以上所述基本建设程序的九项内容,既是我国对水利水电工程建设程序的基本要求,也基本反映了水利水电工程建设工作的全过程。

1.2.2 建设项目工程造价的分类

基本建设工程是一个庞大而又十分复杂的工作,它涉及多部门、多学科和多专业不同的单项工程,在各个不同的阶段由于工作深度及要求不同,所以各阶段工程造价文件的类型也不同。工程造价文件可以根据不同的建设阶段、编制对象(或范围)、承包结算方式等进行分类。

在基本建设程序的每个阶段都有相应的工程造价形式,水利水电工程造价文件的类型主要有以下几种。

1. 投资估算

投资估算是指建设项目在项目建议书和可行性研究阶段,根据建设规模结合估算指标、类似工程造价资料、现行的设备材料价格,以方案设计或可行性研究文件为依据,按照规定的程序、方法和依据,对拟建项目所需总投资及其构成进行的预测和估计。投资估算应充分考虑各种可能的需要、风险、价格上涨等因素,打足投资,不留缺口,适当留余地。投资估算连同可行性研究报告一经上级批准,即作为该拟建项目进行初步设计、编制概算投资总额的控制依据。

投资估算是判断项目可行性、进行项目决策的主要依据之一，又是建设项目筹资和控制造价的主要依据。

2. 设计概算

设计概算是在初步设计或扩大初步设计阶段编制的计价文件，是在投资估算的控制下由设计单位根据初步设计图纸及说明、概算定额、各项费用定额或取费标准、设备、材料预算价格和建设地点的自然、技术经济条件等资料，用科学的方法计算、编制和确定的建设项目从筹建至竣工交付使用所需全部费用的文件。

经批准的初步设计概算是建设项目成本管理、成本控制的依据，也是确定和控制基本建设投资、编制基本建设计划、编制业主预算、编制工程标底、实行建设项目包干、考核工程造价和核验工程经济合理性及建设单位向银行贷款的依据。采用"两阶段设计"的建设项目，初步设计阶段必须编制设计概算。

投资估算与设计概算在组成内容、项目划分和费用构成上基本相同，但两者设计深度不同，投资估算可根据《水利水电工程项目建议书编制规程》(SL 617—2013)或《水利水电工程可行性研究报告编制规程》(SL 618—2013)的有关规定，对设计概算编制规定中部分内容进行适当简化、合并或调整。设计阶段和设计深度决定了投资估算与设计概算在编制方法及计算标准方面的不同。

3. 修正概算

当采用"三阶段设计"时，在技术设计阶段，随着对初步设计内容的深化，对建设规模、结构性质、设备类型等方面可能进行必要的修改和变动，由设计单位对初步设计总概算做出相应调整和变动，即形成修正设计概算。一般修正设计概算不能超过原已批准的概算投资额。

4. 施工图预算

施工图预算是以施工图设计文件为依据，按照规定的程序、方法和依据，在工程施工前对工程项目的工程费用进行的预测和计算。它是在施工图设计阶段，结合施工图、预算定额、各项取费标准、建设地区的自然及人工、材料、施工机械台时(班)、设备等预算价格的技术经济条件等资料，编制的建筑安装工程预算造价文件。

5. 施工预算

施工预算是编制实施性成本计划的主要依据，是施工企业为了加强企业内部经济核算，在施工图预算的控制下，依据企业的内部施工定额，以建筑安装单位工程为对象，根据施工图纸、施工定额等编制的单位工程施工所需要的人工、材料、施工机械台时(班)用量的技术经济文件。它是施工企业的内部文件，同时也是施工企业进行劳动调配、物资计划供应、成本开支控制、成本分析和班组经济核算的依据。

6. 合同价

合同价是指在工程招投标阶段通过签订总承包合同、建筑安装工程承包合同、设备材料采购合同，以及技术和咨询服务合同确定的价格。合同价属于市场价格的性质，它是由承发包双方,也即商品和劳务买卖双方根据市场行情共同议定和认可的成交价格,但它并不等同于最终决算的实际工程造价。按计价方法的不同,建设工程合同有许多类型,不同类型合同的合同价内涵也有所不同。

在工程招标投标阶段有控制价和投标报价。控制价是招标人对发包工程项目投资的预期价格,它可用来测算和科学评价投标报价的合理性,作为评标的重要参考。一般由项目法人委托具有相应资质的水利工程造价咨询单位,根据招标文件、图纸,按有关规定,结合工程的具体情况,计算出的合理工程价格。控制价的主要作用是招标人对招标工程所需投资的自我测算,明确自己在发包工程上应承担的财务义务。控制价也是衡量投标人报价的准绳和评标的重要参考尺度。

投标报价是投标单位依据招标文件及有关规定,并根据招标项目所在地区的自然、社会和经济条件及施工组织方案、投标单位的自身条件计算完成招标工程所需各项费用的经济文件。它是承包商对建筑及安装工程施工产品(或机电、金属结构设备)的自主定价。相对国家定价、标准价而言,它反映的是市场价,体现了企业的经营管理和技术、装备水平。

7. 工程结算

工程结算是在施工过程中,承包商按照合同约定和规定的程序,向业主收取已完工程价款清算的经济文件。工程结算分为工程中间结算、年终结算和竣工结算。

8. 竣工决算

竣工决算指业主在工程建设项目竣工验收后,由业主组织有关部门,以竣工结算等资料为依据编制的反映建设项目实际造价文件和投资效果的文件。竣工决算真实地反映了业主从筹建到竣工交付使用为止的全部建设费用,是核定新增固定资产价值,办理其交付使用及进行投资效益分析的依据。

需要说明的是:在建设工程造价中,要防止"三超"现象。工程造价的"三超"是指决算超预算、预算超概算、概算超估算,这些问题严重困扰着建设工程投资效益管理。随着社会主义市场经济的逐步发展,工程造价管理也出现一些新情况、新问题,需采取有效措施来控制。

竣工结算与竣工决算的主要区别:一是范围,竣工结算的范围只是承包工程项目,是基本建设项目的局部,而竣工决算的范围是基本建设项目的整体;二是成本内容,竣工结算只是承包合同范围内的预算成本,而竣工决算是完整的预算成本,它还要计入工程建设其他费用、临时设施费、建设期贷款利息等工程成本和费用。

1.2.3 基本建设程序与工程造价形式

基本建设程序与工程造价形式之间的关系,如图1-2所示。

(1)在项目建议书和可行性研究阶段,编制投资估算。

(2)在初步设计和技术设计阶段,分别编制设计概算和修正概算。

(3)在施工图设计阶段,编制施工图预算。

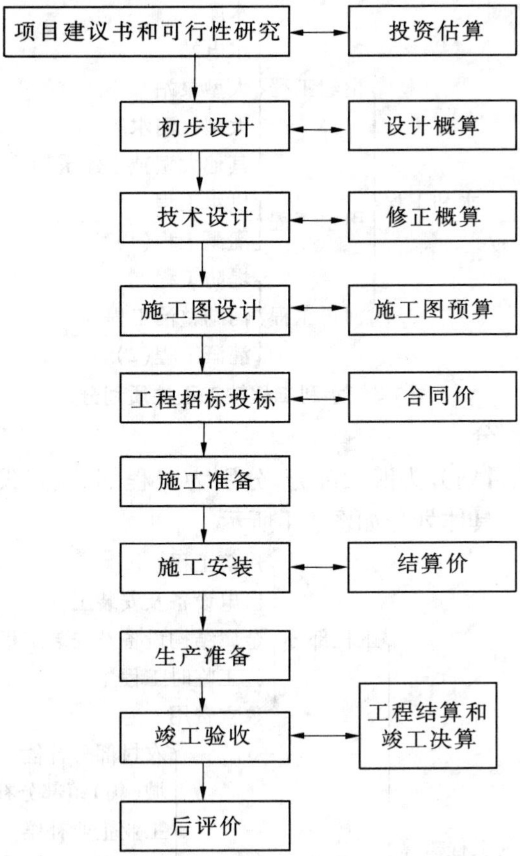

图1-2 基本建设程序与工程造价形式对照示意图

(4)在建设实施阶段,编制施工预算。

(5)在项目招标投标阶段,编制控制价和投标报价。

(6)在竣工验收阶段,编制工程结算和竣工决算。

任务1.3 水利工程概(估)算文件编制

1.3.1 水利工程的分类和组成

由于水利水电建设项目常常是由多种性质的水工建筑物构成的复杂的建筑综合体,同其他工程相比,包含的建筑种类多,涉及面广。在编制水利水电工程概(估)算时,根据现行水利部2014年颁发的《水利工程设计概(估)算编制规定》(水总〔2014〕429号)(工程部分)(简称《编规》)的有关规定,结合水利水电工程的性质特点和组成内容进行分类。

1.3.1.1 按工程性质划分

水利工程按工程性质划分为三大类,分别是枢纽工程、引水工程、河道工程。具体划分如图1-3所示。

- 水利工程
  - 枢纽工程
    - 水库
    - 水电站
    - 大型泵站
    - 大型拦河水闸
    - 其他大型独立建筑物
  - 引水工程
    - 供水工程
    - 灌溉工程(1)
  - 河道工程
    - 堤防工程
    - 河湖整治工程
    - 灌溉工程(2)

图 1-3 水利工程按工程性质划分

1.3.1.2 按概算项目划分

水利工程按概算项目划分为四大部分,分别为工程部分、建设征地移民补偿、环境保护工程、水土保持工程。具体划分如图 1-4 所示。

- 水利工程概算
  - 工程部分
    - 建筑工程
    - 机电设备及安装工程
    - 金属结构设备及安装工程
    - 施工临时工程
    - 独立费用
  - 建设征地移民补偿
    - 农村部分补偿
    - 城(集)镇部分补偿
    - 工业企业补偿
    - 专业项目补偿
    - 防护工程
    - 库底清理
    - 其他费用
  - 环境保护工程
  - 水土保持工程

图 1-4 水利工程按概算项目划分

1. 工程部分

工程部分划分为建筑工程、机电设备及安装工程、金属结构设备及安装工程、施工临时工程和独立费用五个部分，每个部分下设三个等级项目。

2. 建设征地移民补偿

建设征地移民补偿划分为农村部分补偿、城(集)镇部分补偿、工业企业补偿、专业项目补偿、防护工程、库底清理和其他费用七个部分,各部分根据具体工程情况分别设置一级、二级、三级、四级、五级项目。详见水利部 2014 年颁发的《水利工程设计概(估)算编制规定》(水总〔2014〕429 号)(建设征地移民补偿)的有关规定。

3. 环境保护工程

环境保护工程项目划分为环境保护措施、环境监测措施、环境保护仪器设备及安装、环境保护临时措施、环境保护独立费用五个部分,各部分下设一级、二级、三级项目。详见

《水利水电工程环境保护概估算编制规程》(SL 359—2006)的有关规定。

4. 水土保持工程

水土保持工程项目划分为工程措施、植物措施、施工临时工程和独立费用四个部分，各部分下设一级、二级、三级项目。详见《水土保持工程概(估)算编制规定》(水总〔2003〕67 号)的有关规定。

1.3.2 概算文件组成内容

概算文件包括设计概算报告(正件)、附件、投资对比分析报告。

1.3.2.1 概算正件组成内容

1. 编制说明

(1)工程概况。

工程概况包括:流域、河系,兴建地点,工程规模,工程效益,工程布置型式,主体建筑工程量,主要材料用量,施工总工期等。

(2)投资主要指标。

投资主要指标包括:工程总投资和静态总投资,年度价格指数,基本预备费率,建设期融资额度、利率和利息等。

(3)编制原则和依据。

概算编制原则和依据包括以下几方面:

①人工预算单价,主要材料,施工用电、水、风及砂石料等基础单价的计算依据。

②主要设备价格的编制依据。

③建筑安装工程定额、施工机械台时费定额和有关指标的采用依据。

④费用计算标准及依据。

⑤工程资金筹措方案。

(4)概算编制中其他应说明的问题。

(5)主要技术经济指标表。

主要技术经济指标表根据工程特性表编制,反映工程主要技术经济指标。

2. 工程概算总表

工程概算总表应汇总工程部分、建设征地移民补偿、环境保护工程、水土保持工程总概算表。

3. 工程部分概算表和概算附表

1)概算表

(1)工程部分总概算表。

(2)建筑工程概算表。

(3)机电设备及安装工程概算表。

(4)金属结构设备及安装工程概算表。

(5)施工临时工程概算表。

(6)独立费用概算表。

(7)分年度投资表。

(8)资金流量表(枢纽工程)。

2)概算附表

(1)建筑工程单价汇总表。

(2)安装工程单价汇总表。

(3)主要材料预算价格汇总表。

(4)其他材料预算价格汇总表。

(5)施工机械台时费汇总表。

(6)主要工程量汇总表。

(7)主要材料量汇总表。

(8)工时数量汇总表。

1.3.2.2 概算附件组成内容

(1)人工预算单价计算表。

(2)主要材料运输费用计算表。

(3)主要材料预算价格计算表。

(4)施工用电价格计算书(附计算说明)。

(5)施工用水价格计算书(附计算说明)。

(6)施工用风价格计算书(附计算说明)。

(7)补充定额计算书(附计算说明)。

(8)补充施工机械台时费计算书(附计算说明)。

(9)砂石料单价计算书(附计算说明)。

(10)混凝土材料单价计算表。

(11)建筑工程单价表。

(12)安装工程单价表。

(13)主要设备运杂费率计算书(附计算说明)。

(14)施工房屋建筑工程投资计算书(附计算说明)。

(15)独立费用计算书(勘测设计费可另附计算书)。

(16)分年度投资计算表。

(17)资金流量计算表。

(18)价差预备费计算表。

(19)建设期融资利息计算书(附计算说明)。

(20)计算人工、材料、设备预算价格和费用依据的有关文件、询价报价资料及其他。

1.3.2.3 投资对比分析报告

应从价格变动、项目及工程量调整、国家政策性变化等方面进行详细分析,说明初步设计阶段与可行性研究阶段(或可行性研究阶段与项目建议书阶段)相比较的投资变化原因和结论,编写投资对比分析报告。工程部分报告应包括以下附表:

(1)总投资对比表。

(2)主要工程量对比表。

(3)主要材料和设备价格对比表。

(4)其他相关表格。

投资对比分析报告应汇总工程部分、建设征地移民补偿、环境保护、水土保持各部分对比分析内容。

注:(1)设计概算报告(正件)、投资对比分析报告可单独成册,也可作为初步设计报告(设计概算章节)的相关内容。

(2)设计概算附件宜单独成册,并应随初步设计文件报审。

1.3.3 概算表格

1.3.3.1 工程概算总表

工程概算总表由工程部分的总概算表与建设征地移民补偿、环境保护工程、水土保持工程的总概算表汇总并计算而成的(见表1-1)。

表1-1 工程概算总表 (单位:万元)

序号	工程或费用名称	建安工程费	设备购置费	独立费用	合计
Ⅰ	工程部分投资				
	第一部分 建筑工程				
	…				
	第二部分 机电设备及安装工程				
	…				
	第三部分 金属结构设备及安装工程				
	…				
	第四部分 施工临时工程				
	…				
	第五部分 独立费用				
	…				
	一至五部分投资合计				
	基本预备费				
	静态投资				
Ⅱ	建设征地移民补偿投资				
一	农村部分补偿费				
二	城(集)镇部分补偿费				
三	工业企业补偿费				
四	专业项目补偿费				
五	防护工程费				
六	库底清理费				
七	其他费用				
	一至七项小计				
	基本预备费				
	有关税费				
	静态投资				

续表 1-1

序号	工程或费用名称	建安工程费	设备购置费	独立费用	合计
Ⅲ	环境保护工程投资静态投资				
Ⅳ	水土保持工程投资静态投资				
Ⅴ	工程投资总计(Ⅰ~Ⅳ合计)				
	静态总投资				
	价差预备费				
	建设期融资利息				
	总投资				

注:1. 表中Ⅰ为工程部分总概算表,按项目划分的五部分填表并列示至一级项目。
2. 表中Ⅱ为建设征地移民补偿总概算表,列示至一级项目。
3. 表中Ⅲ为环境保护工程总概算表。
4. 表中Ⅳ为水土保持工程总概算表。
5. 表中Ⅴ包括静态总投资(Ⅰ~Ⅳ项静态投资合计)、价差预备费、建设期融资利息、总投资。

1.3.3.2 概算表

概算表包括总概算表、建筑工程概算表、设备及安装工程概算表、分年度投资表、资金流量表。

(1)总概算表(见表 1-2)。按项目划分的五部分填表,并列至一级项目。五部分之后的内容为:一至五部分投资合计、基本预备费、静态总投资、价差预备费、建设期融资利息、总投资。

表 1-2 总概算表 (单位:万元)

序号	工程或费用名称	建安工程费	设备购置费	独立费用	合计	占一至五部分投资(%)
	各部分投资					
	一至五部分投资合计					
	基本预备费					
	静态总投资					
	价差预备费					
	建设期融资利息					
	总投资					

(2)建筑工程概算表(见表 1-3)。按项目划分列至三级项目,包括建筑工程概算、施工临时工程概算和独立费用概算。

表 1-3 建筑工程概算表

序号	工程或费用名称	单位	数量	单价(元)	合计(万元)

(3)设备及安装工程概算表(见表 1-4)。按项目划分列至三级项目,包括机电和金属结构设备及安装工程概算。

表 1-4 设备及安装工程概算表

序号	名称及规格	单位	数量	单价(元)		合计(万元)	
				设备费	安装费	设备费	安装费

(4)分年度投资表(见表 1-5)。可视不同情况按项目划分列示至一级项目或二级项目。

表 1-5 分年度投资表 (单位:万元)

序号	项目	合计	建设工期(年)						
			1	2	3	4	5	6	…
Ⅰ	工程部分投资								
一	建筑工程								
1	建筑工程								
	×××工程(一级项目)								
2	施工临时工程								
	×××工程(一级项目)								
二	安装工程								
1	机电设备安装工程								
	×××工程(一级项目)								
2	金属结构设备安装工程								
	×××工程(一级项目)								
三	设备购置费								
1	机电设备								
	×××设备								
2	金属结构设备								
	×××设备								

续表 1-5

序号	项目	合计	建设工期(年)						
			1	2	3	4	5	6	…
四	独立费用								
1	建设管理费								
2	工程建设监理费								
3	联合试运转费								
4	生产准备费								
5	科研勘测设计费								
6	其他								
	一至四项合计								
	基本预备费								
	静态投资								
Ⅱ	建设征地移民补偿投资								
	…								
	静态投资								
Ⅲ	环境保护工程投资								
	…								
	静态投资								
Ⅳ	水土保持工程投资								
	…								
	静态投资								
Ⅴ	工程投资总计(Ⅰ~Ⅳ合计)								
	静态总投资								
	价差预备费								
	建设期融资利息								
	总投资								

(5)资金流量表(见表1-6)。需要编制资金流量表的项目可按表1-6编制。可视不同情况按项目划分列示至一级项目或二级项目。项目排列方法同分年度投资表。资金流量表应汇总征地移民、环境保护、水土保持部分投资,并计算总投资。资金流量表是资金流量计算表的成果汇总。

表1-6 资金流量表 （单位：万元）

序号	项目	合计	建设工期（年）						
			1	2	3	4	5	6	…
Ⅰ	工程部分投资								
一	建筑工程								
（一）	建筑工程								
	×××工程（一级项目）								
（二）	施工临时工程								
	×××工程（一级项目）								
二	安装工程								
（一）	机电设备安装工程								
	×××工程（一级项目）								
（二）	金属结构设备安装工程								
	×××工程（一级项目）								
三	设备购置费								
	…								
四	独立费用								
	…								
	一至四项合计								
	基本预备费								
	静态投资								
Ⅱ	建设征地移民补偿投资								
	…								
	静态投资								
Ⅲ	环境保护工程投资								
	…								
	静态投资								
Ⅳ	水土保持工程投资								
	…								
	静态投资								
Ⅴ	工程投资总计（Ⅰ～Ⅳ合计）								
	静态总投资								
	价差预备费								
	建设期融资利息								
	总投资								

1.3.3.3 概算附表

概算附表包括建筑工程单价汇总表、安装工程单价汇总表、主要材料预算价格汇总表、其他材料预算价格汇总表、施工机械台时费汇总表、主要工程量汇总表、主要材料量汇总表、工时数量汇总表、建筑及施工场地征用数量汇总表。

(1)建筑工程单价汇总表(见表1-7)。

表1-7 建筑工程单价汇总表

单价编号	名称	单位	单价(元)	其中							
				人工费	材料费	机械使用费	其他直接费	间接费	利润	材料补差	税金

(2)安装工程单价汇总表(见表1-8)。

表1-8 安装工程单价汇总表

单价编号	名称	单位	单价(元)	其中								
				人工费	材料费	机械使用费	其他直接费	间接费	利润	材料补差	未计价装置性材料费	税金

(3)主要材料预算价格汇总表(见表1-9)。

表1-9 主要材料预算价格汇总表

序号	名称及规格	单位	预算价格(元)	其中			
				原价	运杂费	运输保险费	采购及保管费

(4)其他材料预算价格汇总表(见表1-10)。

表1-10 其他材料预算价格汇总表

序号	名称及规格	单位	原价(元)	运杂费(元)	合计(元)

(5)施工机械台时费汇总表(见表1-11)。

表1-11 施工机械台时费汇总表

序号	名称及规格	台时费(元)	其中				
			折旧费	修理及替换设备费	安拆费	人工费	动力燃料费

(6)主要工程量汇总表(见表1-12)。

表 1-12　主要工程量汇总表

序号	项目	土石方明挖(m^3)	石方洞挖(m^3)	土石方填筑(m^3)	混凝土(m^3)	模板(m^2)	钢筋(t)	帷幕灌浆(m)	固结灌浆(m)

注:表中统计的工程类别可根据工程实际情况调整。

(7)主要材料量汇总表(见表 1-13)。

表 1-13　主要材料量汇总表

序号	项目	水泥(t)	钢筋(t)	钢材(t)	木材(m^3)	炸药(t)	沥青(t)	粉煤灰(t)	汽油(t)	柴油(t)

注:表中统计的主要材料种类可根据工程实际情况调整。

(8)工时数量汇总表(见表 1-14)。

表 1-14　工时数量汇总表

序号	项目	工时数量	备注

(9)建筑及施工场地征用数量汇总表(见表 1-15)。

表 1-15　建设及施工场地征用数量汇总表

序号	项目	占地面积(亩)	备注

注:1 亩 = 666.67 m^2。

1.3.3.4　概算附件附表

概算附件附表包括人工预算单价计算表、主要材料运输费用计算表、主要材料预算价格计算表、混凝土材料单价计算表、建筑工程单价表、安装工程单价表、资金流量计算表。

(1)人工预算单价计算表(见表 1-16)。

表 1-16　人工预算单价计算表

艰苦边远地区类别		定额人工等级	
序号	项目	计算式	单元(元)
1	人工工时预算单价		
2	人工工日预算单价		

(2)主要材料运输费用计算表(见表 1-17)。

表 1-17　主要材料运输费用计算表

编号	1	2	3	材料名称				材料编号	
交货条件				运输方式	火车	汽车	船运	火车	
交货地点				货物等级				整车	零担
交货比例(%)				装载系数					

编号	运输费用项目	运输起讫地点	运输距离(km)	计算公式	合计(元)
1	铁路运杂费				
	公路运杂费				
	水路运杂费				
	综合运杂费				
2	铁路运杂费				
	公路运杂费				
	水路运杂费				
	综合运杂费				
3	铁路运杂费				
	公路运杂费				
	水路运杂费				
	综合运杂费				
每吨运杂费					

(3)主要材料预算价格计算表(见表 1-18)。

表 1-18　主要材料预算价格计算表

编号	名称及规格	单位	原价依据	单位毛重(t)	每吨运费(元)	价格(元)	价格(元)				
							原价	运杂费	采购及保管费	运输保险费	预算价格

(4)混凝土材料单价计算表(见表 1-19)。

表 1-19　混凝土材料单价计算表

编号	名称及规格	单位	预算量	调整系数	单价(元)	合价(元)

注:1.“名称及规格”栏要求标明混凝土标号及级配、水泥强度等级等。

2.“调整系数”为卵石换碎石、粗砂换中细砂及其他调整配合比材料用量系数。

(5)建筑工程单价表(见表 1-20)。

表1-20 建筑工程单价表

单价编号		项目名称			
定额编号				定额单位	
施工方法	（填写施工方法、土或岩石类别、运距等）				
编号	名称及规格	单位	数量	单价（元）	合计（元）

（6）安装工程单价表（见表1-21）。

表1-21 安装工程单价表

单价编号		项目名称			
定额编号				定额单位	
型号规格					
编号	名称及规格	单位	数量	单价（元）	合计（元）

（7）资金流量计算表（见表1-22）。应汇总征地移民、环境保护、水土保持等部分投资，并计算总投资，可视不同情况按项目划分列示至一级或二级项目，项目排列方法同分年度投资表。

表1-22 资金流量计算表 （单位：万元）

序号	项目	合计	建设工期（年）						
			1	2	3	4	5	6	…
Ⅰ	工程部分投资								
一	建筑工程								
（一）	×××工程								
1	分年度完成工作量								
2	预付款								
3	扣回预付款								
4	保留金								
5	偿还保留金								
（二）	×××工程								
	…								
二	安装工程								
	…								

续表 1-22

序号	项目	合计	建设工期(年)						
			1	2	3	4	5	6	…
三	设备购置费								
	…								
四	独立费用								
	…								
五	一至四项合计								
1	分年度费用								
2	预付款								
3	扣回预付款								
4	保留金								
5	偿还保留金								
	基本预备费								
	静态投资								
Ⅱ	建设征地移民补偿投资								
	…								
	静态投资								
Ⅲ	环境保护工程投资								
	…								
	静态投资								
Ⅳ	水土保持工程投资								
	…								
	静态投资								
Ⅴ	工程投资总计(Ⅰ~Ⅳ合计)								
	静态总投资								
	价差预备费								
	建设期融资利息								
	总投资								

1.3.3.5 投资对比分析报告附表

(1)总投资对比表(见表 1-23)。可根据工程情况进行调整,可视不同情况按项目划分列示至一级项目或二级项目。

表 1-23　总投资对比表　（单位：万元）

序号	工程或费用名称	可行研究阶段	初步设计阶段	增减额度	增减幅度（%）	备注
（1）	（2）	（3）	（4）	（4）－（3）	［（4）－（3）］/（3）	
Ⅰ	工程部分投资 第一部分　建筑工程 … 第二部分　机电设备及安装工程 … 第三部分　金属结构设备及安装工程 … 第四部分　施工临时工程 … 第五部分　独立费用 … 一至五部分投资合计 基本预备费 静态投资					
Ⅴ	工程投资总计（Ⅰ～Ⅳ合计） 静态总投资 价差预备费 建设期融资利息 总投资					

（2）主要工程量对比表（见表 1-24）。应列示主要工程项目的主要工程量，可根据工程情况进行调整。

表 1-24　主要工程量对比表

序号	工程或费用名称	单位	可行研究阶段	初步设计阶段	增减额度	增减幅度（%）	备注
（1）	（2）	（3）	（4）	（5）	（5）－（4）	［（5）－（4）］/（4）	
1	挡水工程						
	石方开挖						
	混凝土						
	钢筋						
	…						

(3)主要材料和设备价格对比表(见表1-25)。可根据工程情况进行调整。

表1-25 主要材料和设备价格对比表 (单位:万元)

序号	工程或费用名称	单位	可行研究阶段	初步设计阶段	增减额度	增减幅度(%)	备注
(1)	(2)	(3)	(4)	(5)	(5)-(4)	[(5)-(4)]/(4)	
1	主要材料价格						
	水泥						
	油料						
	钢筋						
	…						
2	主要设备价格						
	水轮机						
	…						

注:设备投资较少时,可不附设备价格对比。

1.3.3.6 概算小数点有效位数取定方法

(1)基础单价、工程单价单位为“元”,计算结果精确到小数点后两位。

(2)一至五部分概算表、分年度概算表及总概算表单位为“万元”,计算结果精确到小数点后两位。计量单位为“m^3”“m^2”“m”的工程量精确到整数位。

1.3.4 水利水电建筑产品的特点

与一般工业产品相比,水利水电建筑产品具有以下特点。

1.3.4.1 建设地点的不固定性

建筑产品都是在选定的地点上建造的,如水利工程一般都是建筑在河流上或河流旁边,它不能像一般工业产品那样在工厂里重复地批量进行生产,工业产品的生产条件一般不受时间及气象条件限制。水利水电建筑产品的施工地点不同,使得对于用途、功能、规模、标准等基本相同的建筑产品,因其建设地点的地质、气象、水文条件等不同,其造型、材料选用、施工方案等都有很大的差异,从而影响产品的造价。此外,不同地区人员的工资标准以及某些费用标准,例如材料运输费、冬雨季施工增加费等,都会由于建设地点的不同而不同,使建筑产品的造价有很大的差异。水利水电建筑产品一般都是建筑在河流上或河流旁边,受水文、地质、气象因素的影响大,形成价格的因素比较复杂。

1.3.4.2 建筑产品的单件性

水利水电工程一般都随所在河流的特点而变化,每项工程都要根据工程的具体情况进行单独设计,在设计内容、规模、造型、结构和材料等各方面都互不相同。同时,因为工程的性质(新建、改建、扩建或恢复重建等)不同,其设计要求不一样。即使工程的性质或设计标准相同,也会因建设地点的地质、水文条件不同,其设计也不尽相同。

1.3.4.3 建筑产品生产的露天性

水利水电建筑产品的生产一般都是在露天进行的,季节的更替,气候、自然环境条件的变化,会引起产品设计的某些内容和施工方法的变化,也会造成防寒防雨或降温等费用的变化,水利水电工程还涉及施工期工程防汛。这些因素都会使建筑产品的造价发生相应的变动,使得各建筑产品的造价不相同。

此外,由于建筑产品规模大,大于任何工业产品,由此决定了它的生产周期长,程序多,涉及面广,社会协作关系复杂,这些特点也决定了建筑产品价值构成不可能一样。

水利水电建筑产品的上述特点,决定了它不可能像一般工业产品那样,可以采用统一价格,而必须通过特殊的计划程序,逐个编制概预算来确定其价格。

思考与练习题

1-1 什么是基本建设?

1-2 基本建设项目的种类有哪些?

1-3 基本建设项目从大到小如何划分?

1-4 工程结算与竣工决算的主要区别是什么?

项目2 水利水电工程项目划分及费用构成

【教学内容】

本项目主要学习水利水电工程项目组成、项目划分,水利水电工程费用构成。

【教学要求】

掌握水利水电工程项目划分和费用构成。

任务2.1 项目组成和项目划分

在水利工程分类和工程概算组成中介绍了水利工程按概算项目划分为四大部分,分别为工程部分、建设征地移民补偿、环境保护工程、水土保持工程。本项目仅就工程部分介绍其项目组成和划分。

2.1.1 水利水电工程项目组成

工程部分划分为建筑工程、机电设备及安装工程、金属结构设备及安装工程、施工临时工程和独立费用五个部分,每个部分下设三个等级项目。

2.1.1.1 第一部分 建筑工程

1.枢纽工程

枢纽工程中的建筑工程指水利枢纽建筑物、大型泵站、大型拦河水闸和其他大型独立建筑物(含引水工程中的水源工程),包括挡水工程、泄洪工程、引水工程、发电厂(泵站)工程、升压变电站工程、航运工程、鱼道工程、交通工程、房屋建筑工程、供电设施工程和其他建筑工程。其中挡水工程等前七项为主体建筑工程。

(1)挡水工程。包括挡水的各类坝(闸)工程。

(2)泄洪工程。包括溢洪道、泄洪洞、冲沙孔(洞)、放空洞、泄洪闸等工程。

(3)引水工程。包括发电引水明渠、进水口、隧洞、调压井、高压管道等工程。

(4)发电厂(泵站)工程。包括地面、地下各类发电厂(泵站)工程。

(5)升压变电站工程。包括升压变电站、开关站等工程。

(6)航运工程。包括上下游引航道、船闸、升船机等工程。

(7)鱼道工程。根据枢纽建筑物布置情况,可独立列项。与拦河坝相结合的,也可作为拦河坝工程的组成部分。

(8)交通工程。包括上坝、进厂、对外等场内外永久公路,以及桥梁、交通隧洞、铁路、码头等工程。

(9)房屋建筑工程。包括为生产运行服务的永久性辅助生产建筑、仓库、办公、值班宿舍及文化福利建筑等房屋建筑工程和室外工程。

(10)供电设施工程。指工程生产运行供电需要架设的输电线路及变配电设施工程。

(11)其他建筑工程。包括安全监测设施,照明线路,通信线路,厂坝(闸、泵站)区供水、供热、排水等公用设施,劳动安全与工业卫生设施,水文、泥沙监测设施,水情自动测报系统工程及其他。

2. 引水工程

引水工程中的建筑工程指供水工程、调水工程和灌溉工程(1),包括渠(管)道工程、建筑物工程、交通工程、房屋建筑工程、供电设施工程和其他建筑工程。

(1)渠(管)道工程。包括明渠、输水管道工程,以及渠(管)道附属小型建筑物(如观测测量设施、调压减压设施、检修设施)等。

(2)建筑物工程。指渠系建筑物、交叉建筑物工程,包括泵站、水闸、渡槽、隧洞、箱涵(暗渠)、倒虹吸、跌水、动能回收电站、调蓄水库、排水涵(槽)、公路(铁路)交叉(穿越)建筑物等。

建筑物类别根据工程设计确定。工程规模较大的建筑物可以作为一级项目单独列示。

(3)交通工程。指永久性对外公路、运行管理维护道路等工程。

(4)房屋建筑工程。包括为生产运行服务的永久性辅助生产建筑、仓库、办公用房、值班宿舍及文化福利建筑等房屋建筑工程和室外工程。

(5)供电设施工程。指工程生产运行供电需要架设的输电线路及变配电设施工程。

(6)其他建筑工程。包括安全监测设施,照明线路,通信线路,厂坝(闸、泵站)区供水、供热、排水等公用设施,劳动安全与工业卫生设施,水文、泥沙监测设施,水情自动测报系统工程及其他。

3. 河道工程

河道工程中的建筑工程指堤防修建与加固工程、河湖整治工程及灌溉工程(2)。包括河湖整治与堤防工程、灌溉及田间渠(管)道工程、建筑物工程、交通工程、房屋建筑工程、供电设施工程和其他建筑工程。

(1)河湖整治与堤防工程。包括堤防工程、河道整治工程、清淤疏浚工程等。

(2)灌溉及田间渠(管)道工程。包括明渠、输配水管道、排水沟(渠、管)工程、渠(管)道附属小型建筑物(如观测测量设施、调压减压设施、检修设施)、田间土地平整等。

(3)建筑物工程。包括水闸、泵站工程,田间工程机井、灌溉塘坝工程等。

(4)交通工程。指永久性对外公路、运行管理维护道路等工程。

(5)房屋建筑工程。包括为生产运行服务的永久性辅助生产建筑、仓库、办公用房、值班宿舍及文化福利建筑等房屋建筑工程和室外工程。

(6)供电设施工程。指工程生产运行供电需要架设的输电线路及变配电设施工程。

(7)其他建筑工程。包括安全监测设施,照明线路,通信线路,厂坝(闸、泵站)区供水、供热、排水等公用设施,劳动安全与工业卫生设施,水文、泥沙监测设施工程及其他。

2.1.1.2 第二部分 机电设备及安装工程

1. 枢纽工程

本部分指构成枢纽工程固定资产的全部机电设备及安装工程,由发电设备及安装工程、升压变电设备及安装工程和公用设备及安装工程三项组成。大型泵站和大型拦河水闸的机电设备及安装工程项目划分参考引水工程及河道工程划分方法。

(1)发电设备及安装工程。包括水轮机、发电机、主阀、起重机、水力机械辅助设备、电气设备等设备及安装工程。

(2)升压变电设备及安装工程。包括主变压器、高压电气设备、一次拉线等设备及安装工程。

(3)公用设备及安装工程。包括通信设备、通风采暖设备、机修设备,计算机监控系统、工业电视系统、管理自动化系统、全厂接地及保护网,电梯,坝区馈电设备,厂坝区供水、排水、供热设备,水文、泥沙监测设备,水情自动测报系统设备,视频安防监控设备,安全监测设备,消防设备,劳动安全与工业卫生设备,交通设备等设备及安装工程。

2. 引水工程及河道工程

本部分指构成该工程固定资产的全部机电设备及安装工程,一般由泵站设备及安装工程、水闸设备及安装工程、电站设备及安装工程、供变电设备及安装工程和公用设备及安装工程五项组成。

(1)泵站设备及安装工程。包括水泵、电动机、主阀、起重设备、水力机械辅助设备、电气设备等设备及安装工程。

(2)水闸设备及安装工程。包括电气一次设备、电气二次设备及安装工程。

(3)电站设备及安装工程。其组成内容可参照枢纽工程的发电设备及安装工程和升压变电设备及安装工程。

(4)供变电设备及安装工程。包括供电、变配电设备及安装工程。

(5)公用设备及安装工程。包括通信设备、通风采暖设备、机修设备,计算机监控系统、工业电视系统、管理自动化系统、全厂接地及保护网,厂坝(闸、泵站)区供水、排水、供热设备,水文、泥沙监测设备,水情自动测报系统设备,视频安防监控设备,安全监测设备,消防设备,劳动安全与工业卫生设备,交通设备等设备及安装工程。

灌溉田间工程还包括首部设备及安装工程、田间灌水设施及安装工程等。

(1)首部设备及安装工程。包括过滤、施肥、控制调节、计量等设备及安装工程等。

(2)田间灌水设施及安装工程。包括田间喷灌、微灌等全部灌水设施及安装工程。

2.1.1.3 第三部分 金属结构设备及安装工程

本部分指构成枢纽工程、引水工程和河道工程固定资产的全部金属结构设备及安装工程,包括闸门、启闭机、拦污设备、升船机等设备及安装工程,水电站(泵站等)压力钢管制作及安装工程和其他金属结构设备及安装工程。

金属结构设备及安装工程的一级项目应与建筑工程的一级项目相对应。

2.1.1.4 第四部分 施工临时工程

施工临时工程指为辅助主体工程施工所必须修建的生产和生活用临时性工程。本部分组成内容如下:

(1)导流工程。包括导流明渠、导流洞、施工围堰、蓄水期下游断流补偿设施、金属结构设备及安装工程等。

(2)施工交通工程。包括施工现场内外为工程建设服务的临时交通工程,如公路、铁路、桥梁、施工支洞、码头、转运站等。

(3)施工场外供电工程。包括从现有电网向施工现场供电的高压输电线路(枢纽工程 35 kV 及以上等级,引水工程、河道工程 10 kV 及以上等级,掘进机施工专用供电线路)、施工变配电设施设备(场内除外)工程。

(4)施工房屋建筑工程。指工程在建设过程中建造的临时房屋,包括施工仓库,办公及生活、文化福利建筑及所需的配套设施工程。

(5)其他施工临时工程。指除施工导流、施工交通、施工场外供电、施工房屋建筑、缆机平台、掘进机泥水处理系统和管片预制系统土建设施外的施工临时工程。主要包括施工供水(大型泵房及干管)、砂石料系统、混凝土拌和浇筑系统、大型机械安装拆卸、防汛、防冰、施工排水、施工通信等工程。

根据工程实际情况可单独列示缆机平台、掘进机泥水处理系统和管片预制系统土建设施等项目。

施工排水指基坑排水、河道降水等,包括排水工程建设及运行费。

2.1.1.5　第五部分　独立费用

本部分由建设管理费、工程建设监理费、联合试运转费、生产准备费、科研勘测设计费和其他等六项组成。

(1)建设管理费。

(2)工程建设监理费。

(3)联合试运转费。

(4)生产准备费。包括生产及管理单位提前进厂费、生产职工培训费、管理用具购置费、备品备件购置费、工器具及生产家具购置费。

(5)科研勘测设计费。包括工程科学研究试验费和工程勘测设计费。

(6)其他。包括工程保险费、其他税费。

第一、第二、第三部分均为永久性工程,均构成生产运行单位的固定资产。第四部分施工临时工程的全部投资扣除回收价值后,第五部分独立费用扣除流动资产和递延资产后,均以适当的比例摊入各永久工程中,构成固定资产的一部分。

2.1.2　水利水电工程项目划分

根据水利水电工程性质,其工程项目分别按枢纽工程、引水工程和河道工程划分,工程各部分下设一级、二级、三级项目。

2.1.2.1　一级项目

一级项目指具有独立功能的单项工程,相当于扩大单位工程。

(1)枢纽工程下设的一级项目有挡水工程、泄洪工程、引水工程、发电厂(泵站)工程、升压变电站工程、航运工程、鱼道工程、交通工程、房屋建筑工程、供电设施工程和其他建筑工程。

(2)引水工程下设的一级项目为渠(管)道工程、建筑物工程、交通工程、房屋建筑工程、供电设施工程和其他建筑工程。

(3)河道工程下设的一级项目为河湖整治与堤防工程、灌溉及田间渠(管)道工程、建筑物工程、交通工程、房屋建筑工程、供电设施工程和其他建筑工程。

编制概估算时视工程具体情况设置项目,一般应符合项目划分的规定,不宜合并。

2.1.2.2 **二级项目**

二级项目相当于单位工程。

如枢纽工程一级项目中的挡水工程,其二级项目划分为混凝土坝(闸)、土石坝等工程。引水工程一级项目中的建筑物工程,其二级项目划分为泵站工程(扬水站、排灌站)、水闸工程、渡槽工程、隧洞工程。河道工程一级项目中的建筑物工程,其二级项目划分为水闸工程、泵站工程(扬水站、排灌站)和其他建筑物。

2.1.2.3 **三级项目**

三级项目相当于分部分项工程。

如上述二级项目下设的三级项目有土方开挖、石方开挖、混凝土、模板、防渗墙、钢筋制安、混凝土温控措施、细部结构工程等。三级项目要按照施工组织设计提出的施工方法进行单价分析。

水利水电工程项目划分,见附录2。

二级、三级项目中,仅列示了代表性子目,编制概算时,二级、三级项目可根据水利水电工程初步设计阶段的工作深度要求和工程情况进行增减。以三级项目为例,下列项目宜作必要的再划分:

(1)土方开挖工程,应将土方开挖与砂砾石开挖分列。

(2)石方开挖工程,应将明挖与暗挖,平洞与斜井、竖井分列。

(3)土石方回填工程,应将土方回填与石方回填分列。

(4)混凝土工程,应将不同工程部位、不同强度等级、不同级配的混凝土分列。

(5)模板工程,应将不同规格形状和材质的模板分列。

(6)砌石工程,应将干砌石、浆砌石、抛石、铅丝(钢筋)笼块石等分列。

(7)钻孔工程,应按使用不同钻孔机械及钻孔的不同用途分列。

(8)灌浆工程,应按不同灌浆种类分列。

(9)机电、金属结构设备及安装工程,应根据设计提供的设备清单,按分项要求逐一列出。

(10)钢管制作及安装工程,应将不同管径的钢管、叉管分列。

对于招标工程,应根据已批准的初步设计概算,按水利水电工程业主预算项目划分进行业主预算(执行概算)的编制。

2.1.2.4 **水利水电工程项目划分注意事项**

(1)现行的项目划分适用于估算、概算和施工图预算。对于招标文件和业主预算,要根据工程分标及合同管理的需要来调整项目划分。

(2)建筑安装工程三级项目的设置深度除应满足《编规》的规定外,还必须与所采用定额相一致。

(3)对有关部门提供的工程量和预算资料,应按项目划分和费用构成正确处理。如施工临时工程,按其规模、性质,有的应在第四部分施工临时工程一至四项中单独列项,有的包括在“其他施工临时工程”中,不单独列项,还有的包括在建筑安装工程直接费中的

"其他直接费"内。

(4)注意设计单位的习惯与概算项目划分的差异。如施工导流用的闸门及启闭设备大多由金属结构设计人员提供,但应列在第四部分施工临时工程内,而不是第三部分金属结构设备及安装工程内。

任务2.2 费用构成

2.2.1 费用构成概述

水利工程工程部分费用组成内容如图2-1所示。

- 费用
  - 工程费
    - 建筑及安装工程费
    - 设备费
  - 独立费用
  - 预备费
  - 建设期融资利息

图2-1 水利工程工程部分费用组成

2.2.1.1 建筑及安装工程费

建筑及安装工程费由直接费、间接费、利润、材料补差和税金组成。

(1)直接费:①基本直接费。②其他直接费。

(2)间接费:①规费。②企业管理费。

(3)利润。

(4)材料补差。

(5)税金。

2.2.1.2 设备费

设备费由设备原价、运杂费、运输保险费、采购及保管费组成。

(1)设备原价。

(2)运杂费。

(3)运输保险费。

(4)采购及保管费。

2.2.1.3 独立费用

独立费用由建设管理费、工程建设监理费、联合试运转费、生产准备费、科研勘测设计费和其他组成。

(1)建设管理费。

(2)工程建设监理费。

(3)联合试运转费。

(4)生产准备费:①生产及管理单位提前进厂费。②生产职工培训费。③管理用具购置费。④备品备件购置费。⑤工器具及生产家具购置费。

(5)科研勘测设计费:①工程科学研究试验费。②工程勘测设计费。

(6)其他:①工程保险费。②其他税费。

2.2.1.4 预备费

(1)基本预备费。

(2)价差预备费。

2.2.1.5 建设期利息

建设期利息主要是指工程项目在建设期间内发生并计入固定资产的利息,主要是建设期发生的支付银行贷款、出口信贷、债券等的借款利息和融资费用。

2.2.2 建筑及安装工程费

2.2.2.1 直接费

直接费指建筑安装工程施工过程中直接消耗在工程项目上的活劳动和物化劳动,由基本直接费、其他直接费组成。

基本直接费包括人工费、材料费、施工机械使用费。

其他直接费包括冬雨季施工增加费、夜间施工增加费、特殊地区施工增加费、临时设施费、安全生产措施费和其他。

1. 基本直接费

1)人工费

人工费指直接从事建筑安装工程施工的生产工人开支的各项费用,内容包括:

(1)基本工资。由岗位工资和年应工作天数内非作业天数的工资组成。

①岗位工资。指按照职工所在岗位各项劳动要素测评结果确定的工资。

②生产工人年应工作天数内非作业天数的工资,包括生产工人开会学习、培训期间的工资,调动工作、探亲、休假期间的工资,因气候影响的停工工资,女工哺乳期间的工资,病假在六个月以内的工资及产、婚、丧假期的工资。

(2)辅助工资。指在基本工资之外,以其他形式支付给生产工人的工资性收入,包括根据国家有关规定属于工资性质的各种津贴,主要有艰苦边远地区津贴、施工津贴、夜餐津贴、节假日加班津贴等。

2)材料费

材料费指用于建筑安装工程项目上的消耗性材料、装置性材料和周转性材料摊销费。包括定额工作内容规定应计入的未计价材料和计价材料。

材料预算价格一般包括材料原价、运杂费、运输保险费和采购及保管费四项。

(1)材料原价。指材料指定交货地点的价格。

(2)运杂费。指材料从指定交货地点至工地分仓库或相当于工地分仓库(材料堆放场)所发生的全部费用,包括运输费、装卸费及其他杂费。

(3)运输保险费。指材料在运输途中的保险费。

(4)采购及保管费。指材料在采购、供应和保管过程中所发生的各项费用。主要包括材料的采购、供应和保管部门工作人员的基本工资、辅助工资、职工福利费、劳动保护费、养老保险费、失业保险费、医疗保险费、工伤保险费、生育保险费、住房公积金、教育经费、办公费、差旅交通费及工具用具使用费,仓库、转运站等设施的检修费、固定资产折旧费、技术安全措施费,材料在运输、保管过程中发生的损耗等。

3)施工机械使用费

施工机械使用费指消耗在建筑安装工程项目上的机械磨损、维修和动力燃料费用等,包括折旧费、修理及替换设备费、安装拆卸费、机上人工费和动力燃料费等。

(1)折旧费。指施工机械在规定使用年限内回收原值的台时折旧摊销费用。

(2)修理及替换设备费。

①修理费指施工机械在使用过程中,为了使机械保持正常功能而进行修理所需的摊销费用和机械正常运转及日常保养所需的润滑油料、擦拭用品的费用,以及保管机械所需的费用。

②替换设备费指施工机械正常运转时所耗用的替换设备及随机使用的工具附具等摊销费用。

(3)安装拆卸费。指施工机械进出工地的安装、拆卸、试运转和场内转移及辅助设施的摊销费用。部分大型施工机械的安装拆卸费不在其施工机械使用费中计列,包含在其他施工临时工程中。

(4)机上人工费。指施工机械使用时机上操作人员的人工费用。

(5)动力燃料费。指施工机械正常运转时所耗用的风、水、电、油和煤等费用。

在现行的《水利工程施工机械台时费定额》中,折旧费、修理及替换设备费、安装拆卸费属于一类费用,用价目表式;机上人工费、动力燃料费属于二类费用,用实物量表式。

2. 其他直接费

1)冬雨季施工增加费

冬雨季施工增加费指在冬雨季施工期间为保证工程质量所需增加的费用。包括增加施工工序,增设防雨、保温、排水等设施增耗的动力、燃料、材料,以及因人工、机械效率降低而增加的费用。

2)夜间施工增加费

夜间施工增加费指施工场地和公用施工道路的照明费用。照明线路工程费用包括在"临时设施费"中;施工附属企业系统、加工厂、车间的照明费用,列入相应的产品中,均不包括在本项费用之内。

3)特殊地区施工增加费

特殊地区施工增加费指在高海拔、原始森林、沙漠等特殊地区施工而增加的费用。

4)临时设施费

临时设施费指施工企业为进行建筑安装工程施工所必需的但又未被划入施工临时工程的临时建筑物、构筑物和各种临时设施的建设、维修、拆除、摊销等费用。如供风、供水(支线)、供电(场内)、照明、供热系统及通信支线,土石料场,简易砂石料加工系统,小型混凝土拌和浇筑系统,木工、钢筋、机修等辅助加工厂,混凝土预制构件厂,场内施工排水,场地平整、道路养护及其他小型临时设施等费用。

5)安全生产措施费

安全生产措施费指为保证施工现场安全作业环境及安全施工、文明施工所需要,在工程设计中已考虑的安全支护措施之外发生的安全生产、文明施工的相关费用。

6)其他

包括施工工具用具使用费,检验试验费,工程定位复测及施工控制网测设费,工程点交、竣工场地清理费,工程项目及设备仪表移交生产前的维护费,工程验收检测费等。

(1)施工工具用具使用费。指施工生产所需,但不属于固定资产的生产工具,检验、试验用具等的购置、摊销和维护费。

(2)检验试验费。指对建筑材料、构件和建筑安装物进行一般鉴定、检查所发生的费用,包括自设实验室所耗用的材料和化学药品费用,以及技术革新和研究试验费,不包括新结构、新材料的试验费和建设单位要求对具有出厂合格证明的材料进行试验、对构件进行破坏性试验,以及其他特殊要求检验试验的费用。

(3)工程项目及设备仪表移交生产前的维护费。指竣工验收前对已完工程及设备进行保护所需费用。

(4)工程验收检测费。指工程各级验收阶段为检测工程质量发生的检测费用。

2.2.2.2 间接费

间接费指施工企业为建筑安装工程施工而进行组织与经营管理所发生的各项费用。间接费构成产品成本,由规费和企业管理费组成。

1.规费

规费指政府和有关部门规定必须缴纳的费用,包括社会保险费和住房公积金。

1)社会保险费

(1)养老保险费。指企业按照规定标准为职工缴纳的基本养老保险费。

(2)失业保险费。指企业按照规定标准为职工缴纳的失业保险费。

(3)医疗保险费。指企业按照规定标准为职工缴纳的基本医疗保险费。

(4)工伤保险费。指企业按照规定标准为职工缴纳的工伤保险费。

(5)生育保险费。指企业按照规定标准为职工缴纳的生育保险费。

2)住房公积金

住房公积金指企业按照规定标准为职工缴纳的住房公积金。

2.企业管理费

企业管理费指施工企业为组织施工生产和经营管理活动所发生的费用。内容包括:

(1)管理人员工资。指管理人员的基本工资、辅助工资。

(2)差旅交通费。指施工企业管理人员因公出差、工作调动的差旅费,误餐补助费,职工探亲路费,劳动力招募费,职工离退休、退职一次性路费,工伤人员就医路费,工地转移费,交通工具运行费及牌照费等。

(3)办公费。指企业办公用文具、印刷、邮电、书报、会议、水电、燃煤(气)等费用。

(4)固定资产使用费。指企业属于固定资产的房屋、设备、仪器等的折旧、大修理、维修或租赁等费用。

(5)工具用具使用费。指企业管理使用不属于固定资产的工具、用具、家具、交通工具和检验、试验、测绘、消防用具等的购置、维修和摊销费。

(6)职工福利费。指企业按照国家规定支出的职工福利费,以及由企业支付离退休职工的易地安家补助费、职工退职金、六个月以上的病假人员工资、按规定支付给离休干部的各项经费，包括职工发生工伤时企业依法在工伤保险基金之外支付的费用、其他在社会保险基金之外依法由企业支付给职工的费用。

(7)劳动保护费。指企业按照国家有关部门规定标准发放的一般劳动防护用品的购置及修理费、保健费、防暑降温费、高空作业及进洞津贴、技术安全措施费，以及洗澡用水、饮用水的燃料费等。

(8)工会经费。指企业按职工工资总额计提的工会经费。

(9)职工教育经费。指企业为职工学习先进技术和提高文化水平按职工工资总额计提的费用。

(10)保险费。指企业财产保险、管理用车辆等保险费用，高空、井下、洞内、水下、水上作业等特殊工种安全保险费、危险作业意外伤害保险费等。

(11)财务费用。指施工企业为筹集资金而发生的各项费用，包括企业经营期间发生的短期融资利息净支出、汇兑净损失、金融机构手续费，企业筹集资金发生的其他财务费用，以及投标和承包工程发生的保函手续费等。

(12)税金。指企业按规定缴纳的房产税、管理用车辆使用税、印花税等。

(13)其他。包括技术转让费、企业定额测定费、施工企业进退场费、施工企业承担的施工辅助工程设计费、投标报价费、工程图纸资料费及工程摄影费、技术开发费、业务招待费、绿化费、公证费、法律顾问费、审计费、咨询费等。

2.2.2.3 利润

利润指按规定应计入建筑安装工程费用中的利润。

2.2.2.4 材料补差

材料补差指根据主要材料消耗量、主要材料预算价格与材料基价之间的差值，计算的主要材料补差金额。材料基价是指计入基本直接费的主要材料的限制价格。

2.2.2.5 税金

税金指应计入建筑安装工程费用内的增值税销项税额，是指企业发生的除企业所得税和允许抵扣的增值税以外的各项税金及其附加。根据《水利工程营业税改征增值税计价依据调整办法》(办水总〔2016〕132号)、《水利部办公厅关于调整水利工程计价依据增值税计算标准的通知》(办财务函〔2019〕448号)，建筑及安装工程费的税金税率为9%。自采砂石料税率为3%。

营业税改增值税，简称营改增，是指以前缴纳营业税的应税项目改成缴纳增值税。营改增的最大特点是减少重复征税，可以促使社会形成更好的良性循环，有利于企业降低税负。

增值税只对产品或者服务的增值部分纳税，减少了重复纳税的环节，是党中央、国务院根据经济社会发展新形势，从深化改革的总体部署出发做出的重要决策。目的是加快财税体制改革、进一步减轻企业赋税，调动各方积极性，推动服务业尤其是科技等高端服务业的发展，促进产业和消费升级、培育新动能、深化供给侧结构性改革。

2.2.3 设备费

设备费包括设备原价、运杂费、运输保险费和采购及保管费。

2.2.3.1　**设备原价**

(1)国产设备。其原价指出厂价。

(2)进口设备。以到岸价和进口征收的税金、手续费、商检费及港口费等各项费用之和为原价。

(3)大型机组及其他大型设备分搬运至工地后的拼装费用,应包括在设备原价内。

2.2.3.2　**运杂费**

运杂费指设备由厂家运至工地现场所发生的一切运杂费用,包括运输费、装卸费、包装绑扎费、大型变压器充氮费及可能发生的其他杂费。

2.2.3.3　**运输保险费**

运输保险费指设备在运输过程中的保险费用。

2.2.3.4　**采购及保管费**

采购及保管费指建设单位和施工企业在负责设备的采购、保管过程中发生的各项费用。主要包括以下内容:

(1)采购保管部门工作人员的基本工资、辅助工资、职工福利费、劳动保护费、养老保险费、失业保险费、医疗保险费、工伤保险费、生育保险费、住房公积金、教育经费、办公费、差旅交通费、工具用具使用费等。

(2)仓库、转运站等设施的运行费、维修费、固定资产折旧费、技术安全措施费和设备的检验、试验费等。

2.2.4　独立费用

独立费用由建设管理费、工程建设监理费、联合试运转费、生产准备费、科研勘测设计费和其他等六项组成。

2.2.4.1　**建设管理费**

建设管理费指建设单位在工程项目筹建和建设期间进行管理工作所需的费用。包括建设单位开办费、建设单位人员费、项目管理费三项。

1.建设单位开办费

建设单位开办费指新组建的工程建设单位,为开展工作所必须购置的办公设施、交通工具及其他用于开办工作的费用。

2.建设单位人员费

建设单位人员费指建设单位从批准组建之日起至完成该工程建设管理任务之日止,需开支的建设单位人员费用。主要包括工作人员的基本工资、辅助工资、职工福利费、劳动保护费、养老保险费、失业保险费、医疗保险费、工伤保险费、生育保险费、住房公积金等。

3.项目管理费

项目管理费指建设单位从筹建到竣工期间所发生的各种管理费用。包括以下内容:

(1)工程建设过程中用于资金筹措、召开董事(股东)会议、视察工程建设所发生的会议和差旅等费用。

(2)工程宣传费。

(3)土地使用税、房产税、印花税、合同公证费。

(4)审计费。

(5)施工期间所需的水情、水文、泥沙、气象监测费和报汛费。

(6)工程验收费。

(7)建设单位人员的教育经费、办公费、差旅交通费、会议费、交通车辆使用费、技术图书资料费、固定资产折旧费、零星固定资产购置费、低值易耗品摊销费、工具用具使用费、修理费、水电费、采暖费等。

(8)招标业务费。

(9)经济技术咨询费。包括勘测设计成果咨询、评审费,工程安全鉴定、验收、技术鉴定、安全评价的相关费用,建设期造价咨询,防洪影响评价、水资源论证、工程场地地震安全性评价、地质灾害危险性评价及其他专项咨询等发生的费用。

(10)公安、消防部门派驻工地补贴费及其他工程管理费用。

2.2.4.2　工程建设监理费

工程建设监理费指建设单位在工程建设过程中委托监理单位,对工程建设的质量、进度、安全和投资进行监理所发生的全部费用。

2.2.4.3　联合试运转费

联合试运转费指水利工程的发电机组、水泵等安装完毕,在竣工验收前,进行整套设备带负荷联合试运转期间所需的各项费用。主要包括联合试运转期间所消耗的燃料、动力、材料及机械使用费,工具用具购置费,施工单位参加联合试运转人员的工资等。

2.2.4.4　生产准备费

生产准备费指水利建设项目的生产、管理单位为准备正常的生产运行或管理发生的费用。包括生产及管理单位提前进厂费、生产职工培训费、管理用具购置费、备品备件购置费和工器具及生产家具购置费。

1. 生产及管理单位提前进厂费

生产及管理单位提前进厂费指在工程完工之前,生产、管理单位一部分工人、技术人员和管理人员提前进厂进行生产筹备工作所需的各项费用。内容包括提前进厂人员的基本工资、辅助工资、职工福利费、劳动保护费、养老保险费、失业保险费、医疗保险费、工伤保险费、生育保险费、住房公积金、教育经费、办公费、差旅交通费、会议费、技术图书资料费、零星固定资产购置费、低值易耗品摊销费、工具用具使用费、修理费、水电费、采暖费等,以及其他属于生产筹建期间应开支的费用。

2. 生产职工培训费

生产职工培训费指生产及管理单位为保证生产、管理工作顺利进行,对工人、技术人员和管理人员进行培训所发生的费用。

3. 管理用具购置费

管理用具购置费指为保证新建项目的正常生产和管理所必须购置的办公和生活用具等费用,包括办公室、会议室、资料档案室、阅览室、文娱室、医务室等公用设施需要配置的家具器具。

4. 备品备件购置费

备品备件购置费指工程在投产运行初期,由于易损件损耗和可能发生的事故,而必须准备的备品备件和专用材料的购置费。不包括设备价格中配备的备品备件。

5. 工器具及生产家具购置费

工器具及生产家具购置费指按设计规定,为保证初期生产正常运行所必须购置的不属于固定资产标准的生产工具、器具、仪表、生产家具等的购置费。不包括设备价格中已包括的专用工具。

2.2.4.5 科研勘测设计费

科研勘测设计费指工程建设所需的科研、勘测和设计等费用,包括工程科学研究试验费和工程勘测设计费。

1. 工程科学研究试验费

工程科学研究试验费指为保障工程质量,解决工程建设技术问题,而进行必要的科学研究试验所需的费用。

2. 工程勘测设计费

工程勘测设计费指工程从项目建议书阶段开始至以后各设计阶段发生的勘测费、设计费和为勘测设计服务的常规科研试验费。不包括工程建设征地移民设计、环境保护设计、水土保持设计等各设计阶段发生的勘测设计费。

2.2.4.6 其他

1. 工程保险费

工程保险费指工程建设期间,为使工程能在遭受水灾、火灾等自然灾害和意外事故造成损失后得到经济补偿,而对工程进行投保所发生的保险费用。

2. 其他税费

其他税费指按国家规定应缴纳的与工程建设有关的税费。

2.2.5 预备费及建设期融资利息

2.2.5.1 预备费

预备费包括基本预备费和价差预备费两项费用。

1. 基本预备费

基本预备费主要是指在建设征地移民安置设计及补偿费用概(估)算内难以预料的项目费用。费用内容包括经批准的设计变更增加的费用,一般自然灾害造成的损失,预防自然灾害所采取的措施费用,以及其他难以预料的项目费用等。

2. 价差预备费

价差预备费主要为解决在工程建设过程中,因人工工资、材料和设备价格上涨及费用标准调整而增加的投资。

2.2.5.2 建设期融资利息

建设期融资利息是根据国家财政金融政策规定,工程在建设期内需偿还并应计入工程总投资的融资利息。建设期融资利息应根据工程实际情况决定是否列入。

一般情况下建设征地移民补偿工程概算投资,不单独计算建设期融资利息,而是在工程部分静态总投资、建设征地及移民补偿静态总投资、环境保护工程静态总投资、水土保持工程静态总投资之后,以上四部分静态总投资为基础计算总的融资利息。另外,建设征地移民补偿的价差预备费，和融资利息情况一样不单独计算。

思考与练习题

2-1　水利水电工程的费用由哪些构成？

2-2　简述直接费的组成。

2-3　间接费中的规费、企业管理费各包括哪些内容？

2-4　简述设备费的组成。

2-5　现行的税金税率是多少？

项目3 工程定额

【教学内容】

本项目主要介绍工程定额的概念、作用及分类,施工定额、预算定额、概算定额的概念、作用、编制原则、方法和步骤,工程定额的使用。

【教学要求】

了解定额的种类和编制方法,理解各种定额之间的区别与联系,掌握施工定额、预算定额、概算定额的概念、作用和定额的使用。

任务3.1 工程定额概述

3.1.1 定额的起源和发展

定额是企业科学管理的产物,最先由美国工程师泰勒(F. W. Taylor,1856—1915)开始研究。

20世纪初,在资本主义国家,企业的生产技术得到了很大的提高,但由于管理跟不上,经济效益仍然不理想。为了通过加强管理提高劳动生产率,泰勒开始研究管理方法。它首先将工人的工作时间划分为若干个组成部分,如划分为准备工作时间、基本工作时间、辅助工作时间等,然后用秒表来测定完成各项工作所需的劳动时间,以此为基础制定工时消耗定额,作为衡量工人工作效率的标准。

在研究工人工作时间的同时,泰勒把工人在劳动中的操作过程分解为若干个操作步骤,去掉那些多余和无效的动作,制定出操作顺序最佳、付出体力最少、节省工作时间最多的操作方法,以期达到提高工作效率的目的。可见,运用该方法制定工时消耗定额是建立在先进合理的操作方法基础上的。

制定科学的工时定额、实行标准的操作方法、采用先进的工具和设备,再加上有差别的计件工资制,就构成了"泰勒制"的主要内容。

"泰勒制"给资本主义企业管理带来了根本的变革。因而,在资本主义管理史上,泰勒被尊为"科学管理之父"。

在企业管理中采用实行定额管理的方法来促进劳动生产率的提高,正是"泰勒制"中科学的、有价值的内容,我们应该用来为社会主义市场经济建设服务。定额虽然是管理科学发展初期的产物,但它在企业管理中占有重要地位。因为定额提供的各项数据始终是实现科学管理的必要条件,所以定额是企业科学管理的基础。

3.1.2 定额的基本概念

3.1.2.1 定额的概念

定额指在正常的施工生产条件下，完成单位合格产品所需的人工、材料、施工机械设备及其资金消耗的数量标准。所谓“定”就是规定；“额”就是额度或限额，是进行生产经营活动时，在人力、物力、财力和时间消耗方面所应遵守或达到的数量标准。从广义上理解，定额就是规定的额度或限额，即标准或尺度，也是处理特定事物的数量界限。

在现代社会经济生活中，定额几乎是无处不在。就生产领域来说，工时定额、原材料消耗定额、原材料和成品半成品储备定额、流动资金定额等，都是企业管理的重要基础。在工程建设领域也存在多种定额，它是工程造价计价的重要依据。

定额反映了一段时间内社会生产力水平的高低，所以定额是要随生产力水平的提高而变化的，一段时期的定额水平必须坚持平均先进的原则。平均先进水平就是在一定的生产条件下，大多数企业、班组和个人，经过努力可以达到或超过的标准。

3.1.2.2 建设工程定额的概念

建设工程定额是指在正常的施工条件和合理劳动组织、合理使用材料及机械的条件下，完成单位合格产品所必须消耗的人工、材料、机械和工期等的数量标准。

建设工程定额是工程造价的计价依据。反映社会生产力投入和产出关系的定额，在建设管理中不可缺少。尽管建设管理科学在不断发展，但是仍然离不开建设工程定额。

定额的概念适用于建设工程的各种定额。定额概念中的“正常施工条件”，是界定研究对象的前提条件。一般在定额子目中，仅规定了完成单位合格产品所必须消耗人工、材料、机械台班(时)的数量标准，而定额的总说明、册说明、章说明中，则对定额编制的依据、定额子目包括的内容和未包括的内容、正常施工条件和特殊条件下数量标准的调整系数等均作了说明和规定，所以了解正常施工条件，是学习使用定额的基础。

定额概念中“合理劳动组织、合理使用材料及机械”的含义，是指按定额规定的劳动组织施工应符合国家现行的施工及验收规范、规程、标准，施工条件完善，材料符合质量标准，运距在规定的范围内，施工机械设备符合质量规定的要求，运输、运行正常等。

定额概念中“单位合格产品”的“单位”是指定额子目中的单位，“合格产品”的含义是施工生产提供的产品，必须符合国家或行业现行施工及验收规范和质量评定标准的要求。

所以，定额不仅规定了建设工程投入产出的数量标准，而且还规定了具体工作内容、质量标准和安全要求。考察个别生产过程中的投入产出关系不能形成定额，只有大量科学分析、考察建设工程中投入和产出关系，并取其平均先进水平或社会平均水平，才能确定某一研究对象的投入和产出的数量标准，从而制定定额。

任务3.2 工程定额的分类、作用和特点

3.2.1 定额的分类

建筑工程定额的种类很多，根据内容、用途和使用范围的不同，可有以下几种分类方式。

3.2.1.1 按定额反映的生产要素内容分类

进行物质资料生产所必须具备的三要素是:劳动者、劳动对象和劳动手段。劳动者是指生产工人;劳动对象是指建筑材料和各种半成品等;劳动手段是指生产机具和设备。为了适应建筑施工活动的需要,定额可按这三个要素编制,即劳动消耗定额、材料消耗定额、机械消耗定额。

1. 劳动消耗定额

劳动消耗定额简称劳动定额,也称为人工定额,它规定了在一定的技术装备和劳动组织条件下,某工种某等级的工人或工人小组,生产单位合格产品所需消耗的劳动时间,或是在单位工作时间内生产合格产品的数量标准。前者称为时间定额,后者称为产量定额。劳动消耗定额包括时间定额与产量定额两种表现形式,两者互为倒数关系。

1)时间定额

时间定额是指在一定的生产技术和生产组织条件下,某工种、某种技术等级的工人小组或个人,完成单位合格产品所必须消耗的工作时间。定额工作时间包括工人的有效工作时间(准备与结束时间、基本工作时间、辅助工作时间)、必要的休息与生理需要时间和不可避免的中断时间。

时间定额的单位是以完成单位产品的"工日"或"工时"表示,一个工日表示一个人工作一个班,每个工日工作时间按每个人8 h计算。计算公式为:

$$\text{单位产品时间定额} = \frac{1}{\text{每工日或工时产量}} \tag{3-1}$$

或

$$\text{单位产量时间定额(工日)} = \frac{\text{小组成员工日数总和}}{\text{小组的工作班产量}} \tag{3-2}$$

2)产量定额

产量定额是指在一定的生产技术和生产组织条件下,某工种、某种技术等级的工人小组或个人,在单位时间内(工日)应完成合格产品的数量。产量定额以产品的计量单位表示,如m^3、m^2、m、t、个、件等。计算公式为:

$$\text{每工日或工时产量} = \frac{1}{\text{单位产品时间定额(工日或工时)}} \tag{3-3}$$

根据时间定额与产量定额的概念,可知时间定额与产量定额互为倒数,即:

$$\text{时间定额} \times \text{产量定额} = 1 \tag{3-4}$$

在一般情况下,生产过程中需要较长时间才能完成一件产品,以采用工时定额较为方便;若需要时间不长的,或者在单位时间内产量很多,则以产量定额较为方便。一般定额中常常采用工时定额。

劳动定额是根据国家的经济政策、劳动制度和有关技术文件及资料制定的。常用经验估算法、统计分析法、比较类推法和技术测定法。

2. 材料消耗定额

材料消耗定额是指在正常施工条件、节约和合理使用材料条件下,生产单位合格产品所必须消耗的一定品种规格的原材料、半成品、构配件的数量标准。包括材料净消耗定额、必要损耗量、材料产品定额和材料周转定额等几种。

生产单位合格产品所消耗的材料净用量，以材料的实物计量单位来表示，如 m^3、m、kg 等。必要损耗量指在施工过程中发生的自然和工艺性的损耗量。材料周转定额指周转性材料（如模板、卡扣件）在施工中合理使用的次数和用量标准。

材料消耗定额是企业确定材料需要量和储备量的依据；是编制材料计划，进行单位工程核算的基础；是对工人班组签发限额领料单的依据；也是考核、分析班组材料使用情况的依据；也是推行经济承包制，促进企业合理用料的重要手段。

材料消耗定额的编制方法有观察法、试验法、统计法和计算法。

1）定额材料消耗指标

定额材料消耗指标的组成按其使用性质、用途和用量大小划分为主要材料、辅助材料、周转性材料和次要材料四类。

（1）主要材料。指直接构成工程实体的材料，如钢筋、水泥、砂石料等。

（2）辅助材料。指直接构成工程实体但比重较小的材料，如铁丝、圆钉、电焊条等。

（3）周转性材料。又称工具性材料，指施工中多次使用但并不构成工程实体的材料。如模板、脚手架等。

（4）次要材料。指用量小，价值不大，不便计算的零星用材料，可用估算法计算。

2）材料消耗量的确定

材料消耗量由材料消耗净用量和材料损耗量两部分组成。材料消耗净用量是直接构成工程实体的材料数量；材料损耗量是施工过程中不可避免的废料和操作损耗量。计算公式为：

$$\text{材料消耗量} = \text{净用量} + \text{损耗量} \tag{3-5}$$

$$\text{损耗率} = \frac{\text{损耗量}}{\text{消耗量}} \times 100\% \tag{3-6}$$

式（3-5）和式（3-6）中的损耗量是指各种合理的损耗量，亦在合理和节约使用材料情况下的不可避免损耗量，其大小常用损耗率表示。

根据图纸计算出材料的净用量，用式（3-7）可以计算出材料消耗量。

$$\text{材料消耗量} = \frac{\text{净用量}}{1 - \text{损耗率}} \times 100\% \tag{3-7}$$

3）周转性消耗材料

周转性消耗材料是指在施工过程中多次使用而逐渐消耗的工具性材料，如模板、脚手架等。编制材料消耗定额时，应按多次使用、分次摊销的方法确定。周转性消耗材料的摊销量与周转次数有直接关系，用式（3-8）计算。

$$\text{摊销量} = \text{一次使用量} \times (1 + \text{损耗率}) / \text{周转次数} \tag{3-8}$$

式中：一次使用量为周转性材料完成产品每一次生产时所需用的材料数量；损耗率为周转性材料使用一次后因损坏不能重复使用占一次使用量的损耗百分数；周转次数为新的周转材料从第一次使用起，到材料不能再使用时的使用次数。

材料的性质，工程结构、形状、规格，操作技术，施工进度，材料保管维修等，是影响周转次数的主要因素。

在水利工程定额中,预制混凝土构件模板摊销量的计算方法与现浇混凝土结构模板摊销量的计算方法不同,预制混凝土构件的模板摊销量是按多次使用平均摊销的方法计算,不计算每次周转损耗率,摊销量直接按式(3-9)计算。

$$摊销量 = \frac{一次使用量}{周转次数} \tag{3-9}$$

3. 机械消耗定额

机械消耗定额是以一台机械一个工作班(或一小时)为计量单位,所以又称为机械台班(或台时)使用定额。它规定了在正常施工条件下,某种施工机械在合理的人机组合下,由熟悉机械性能、熟练技术的工人或工人小组操纵机械,生产单位合格产品时,该机械在单位时间内的生产效率或产品数量。

机械台时消耗定额的数量单位,一般用"台班""台时"或"组时"表示。台班就是一台机械工作一个工作班,即按现行工作制 8 h;一个台时是一台机械工作 1 h;一个组时表示一组机械工作 1 h。

1)机械时间定额

机械时间定额是指在正常施工条件下,合理的劳动组织和合理使用机械的条件下,完成单位合格产品所必须消耗的台班数量。计量单位以完成单位产品所需台班数或台时数量来表示。计算公式为:

$$机械时间定额(台班或台时) = \frac{1}{机械台班(台时)产量定额} \tag{3-10}$$

2)机械产量定额

机械产量定额是指在正常施工条件下,在合理的劳动组织和合理使用机械的条件下,某种机械在一个台班内必须完成的合格产品的数量。计算公式为:

$$机械产量定额 = \frac{1}{机械时间定额} \tag{3-11}$$

劳动定额、材料消耗定额、机械使用台班定额反映了社会平均必需消耗的水平,它是制定各种实用性定额的基础,也称为基础定额。

3.2.1.2 按定额的编制程序和用途分类

按定额的编制程序和用途,可以把工程建设定额分为施工定额、预算定额、概算定额、投资估算指标等四种。

1. 施工定额

施工定额是指在全国统一定额指导下,以同一性质的施工过程——工序为测算对象,规定建筑安装工人或班组,在正常施工条件下完成单位合格产品所需消耗人工、材料、机械台班(时)的数量标准。

施工定额是施工企业内部直接用于组织与管理施工的一种技术定额,是指在规定工作过程或综合工作过程中所生产合格单位产品必须消耗的活劳动与物化劳动的数量标准。

施工定额是地区专业主管部门和企业的有关职能机构根据专业施工的特点规定出来并按照一定程序颁发执行的。它反映了制定和颁发施工定额的机构和企业对工人劳动成果的要求,也是衡量建筑安装企业劳动生产率水平和管理水平的标准。

施工定额是以同一性质的施工过程——工序,作为研究对象,表示生产产品数量与时间消耗综合关系的定额。施工定额是施工企业(建筑安装企业)在组织生产和加强管理时在企业内部使用的一种定额,属于企业定额的性质。它是工程建设定额中的基础性定额,同时也是编制预算定额的基础。施工定额本身由劳动定额、材料消耗定额和机械台班(时)使用定额三个相对独立的部分组成。

2. 预算定额

预算定额是以工程基本构造要素,即分项工程和结构构件为研究对象,规定完成单位合格产品需要消耗的人工、材料、机械台班(时)的数量标准,是计算建筑安装工程产品价格的基础。

预算定额是由国家主管机关或被授权单位组织编制并颁发的一种法令性指标,也是工程建设中一项重要的技术经济文件,在执行中具有很大的权威性。它的各项指标反映了完成规定计量单位、符合设计标准和施工及验收规范要求的分项工程消耗的活劳动和物化劳动的数量限度。这种限度最终决定着单项工程和单位工程的成本和造价。

预算定额是以建筑物或构筑物各个分部分项工程为对象编制的定额。其内容包括劳动定额、材料消耗定额、机械台班(时)使用定额三个基本部分,是一种计价的定额。从编制程序上看,预算定额是以施工定额为基础综合扩大编制的,同时它也是编制概算定额的基础。随着经济发展,在一些地区出现了综合预算定额的形式,它实际上是预算定额的一种,只是在编制方法上更加扩大、综合、简化。

3. 概算定额

概算定额是在预算定额基础上,确定完成合格的单位扩大分项工程或单位扩大结构构件所需消耗的人工、材料和机械台班(时)的数量标准,所以概算定额又称作扩大结构定额。例如模板工程中的直墙圆拱形隧洞衬砌钢模板概算定额是由预算定额中的顶拱圆弧面、边墙墙面、底板等的模板制作和安装拆除等定额项目,综合在一起并适当扩大编制而成的,以适应概算编制的需要。

概算定额以扩大的分部分项工程或单位扩大结构构件为对象,表示完成合格的该工程项目所需消耗的人工、材料和机械台班(时)的数量标准,同时它也列有工程费用,也是一种计价性定额。一般是在预算定额的基础上通过综合扩大编制而成,同时也是编制概算指标的基础。

4. 投资估算指标

投资估算指标是在项目建议书和可行性研究阶段编制投资估算、计算投资需要量时使用的一种定额。它具有较强的综合性、概括性,它的概略程度与可行性研究相适应。它往往以独立的单项工程或完整的工程项目为计算对象,编制内容是所有项目费用之和。它的主要作用是为项目决策和投资控制提供依据,是一种扩大的技术经济指标。

投资估算指标往往根据历史的预算、决算资料和价格变动等资料编制,但其编制基础仍离不开预算定额、概算定额。

3.2.1.3 按费用性质分类

1. 直接费定额

直接费定额是指直接用于施工生产的人工、材料、成品、半成品、机械消耗及其他直接费组成的定额,是计算工程单价的基础。如现行的《水利建筑工程预算定额》《水利建筑工程概算定额》《水利水电设备安装工程预算定额》《水利水电设备安装工程概算定额》等。

2. 间接费定额

间接费定额是指施工企业进行施工组织、经营管理所发生的费用定额,是企业为组织和管理施工所发生的各项费用,一般以直接费或直接人工费作为基础计算。

3. 施工机械台班(时)费定额

施工机械台班(时)费定额是指施工机械在单位台班或台时中,为使机械正常运转所损耗和分摊的费用定额,如《水利工程施工机械台时费定额》。

4. 其他基本建设费用定额

其他基本建设费用定额是指不属于建筑安装工程的独立费用定额,如勘测设计费定额、工程项目管理费定额等。

3.2.1.4 按编制单位和管理权限分类

按编制单位和管理权限,工程建设定额可以分为全国统一定额、行业统一定额、地区统一定额、企业定额、补充定额五种。

1. 全国统一定额

全国统一定额是由国家建设行政主管部门,综合全国工程建设中技术和施工组织管理的情况编制,并在全国范围内执行的定额。

2. 行业统一定额

行业统一定额是考虑到各行业部门专业工程技术特点,以及施工生产和管理水平编制的。一般只在本行业和相同专业性质的范围内使用。

3. 地区统一定额

地区统一定额包括省、自治区、直辖市定额。地区统一定额主要是考虑地区性特点,将全国统一定额水平作适当调整和补充编制成的。

4. 企业定额

企业定额是施工单位根据本企业的施工技术、机械装备和管理水平,参照国家、部门或地区定额的水平制定的。供本企业使用的人工、施工机械台班和材料消耗量标准。是施工企业内部生产管理、投标报价和工程分包的依据,是企业生产力水平的体现。企业定额水平一般应高于国家现行定额,才能满足生产技术发展、企业管理和市场竞争的需要。

企业的技术和管理水平不同,企业的定额水平也就不同。因此,企业定额是施工企业进行施工管理和投标报价的基础和依据,从一定意义上讲,企业定额是企业的商业秘密,是企业参与市场竞争的核心竞争能力的具体表现。

5. 补充定额

补充定额是指随着设计、施工技术的发展,现行定额不能满足需要的情况下,为了补充缺陷所编制的定额。补充定额只能在特定的范围内使用,可以作为以后修订定额的基础。

上述各种定额虽然适用于不同的情况和用途,但它们是一个互相联系的、有机的整体,在实际工作中配合使用。

3.2.2　定额的作用

3.2.2.1　施工定额的作用

施工定额是企业内部直接用于组织与施工管理中控制工料机消耗的一种定额，在施工过程中，施工定额是施工企业的生产定额，是企业管理工作的基础。在施工企业管理中，施工定额有如下方面的主要作用：

(1)施工定额是编制施工预算，进行“两算”对比，加强企业成本管理的依据。

施工预算是指按照施工图纸和说明书计算的工程量，根据施工组织设计的施工方法，采用施工定额并结合施工现场实际情况编制的，拟完成某一单位合格产品所需要的人工、材料、机械消耗数量和生产成本的经济文件。没有施工定额，施工预算无法进行编制，就无法进行“两算”(施工图预算和施工预算)对比，企业管理就缺乏基础。

(2)施工定额是组织施工的依据。

施工定额是施工企业下达施工任务单、劳动力安排、材料供应和限额领料、机械调度的依据，是编制施工组织设计，制订施工作业计划和人工、材料、机械台班(时)需用量计划的依据，是施工队向工人班组签发施工任务书和限额领料单的依据。

(3)施工定额是计算劳动报酬和按劳分配的依据。

目前，施工企业内部推行多种形式的经济承包责任制，施工定额是计算承包指标和考核劳动成果、发放劳动报酬和奖励的依据，是实行计件、定额包工包料、考核工效的依据，是班组开展劳动竞赛、班组核算的依据。

(4)施工定额能促进技术进步和降低工程成本。

施工定额的编制采用平均先进水平。所谓平均先进水平，是指在正常条件下，多数施工班组或生产者经过努力可以达到，少数班组或生产者可以接近，个别班组或生产者可以超过的水平。一般来说，它低于先进水平，略高于平均水平。这种水平使先进的班组或工人感到有一定压力，能鼓励他们进一步提高技术水平；大多数处于中间水平的班组或工人感到定额水平可望也可即，能增强他们达到定额甚至超过定额的信心。平均先进水平不迁就少数后进者，而是使他们产生努力工作的责任感，认识到必须花较大的精力去改善施工条件，改进技术操作方法，才能缩短差距，尽快达到定额水平。所以，平均先进水平是一种鼓励先进、勉励中间、鞭策后进的定额水平。只有贯彻这样的定额水平，才能达到不断提高劳动生产率，进而提高企业经济效益的目的。

因此，施工定额不仅可以计划、控制、降低工程成本，而且可以促进基层学习，采用新技术、新工艺、新材料和新设备，提高劳动生产率，达到快、好、省地完成施工任务的目的。

(5)施工定额是编制预算定额的基础。

预算定额是在施工定额的基础上通过综合和扩大编制而成的。由于新技术、新结构、新工艺等的采用，在预算定额或单位估价表中缺项时，要补充或测定新的预算定额及单位估价表，都必须以施工定额为基础。

3.2.2.2　预算定额的作用

预算定额是确定单位分项工程或结构构件价格的基础，因此它体现着国家、建设单位和施工企业之间的一种经济关系。建设单位按预算定额为拟建工程提供必要的资金供应,施工企业则在预算定额的范围内,通过建筑施工活动,按质、按量、按期地完成工程任务。预算定额在我国建筑安装工程中具有以下重要作用:

(1)预算定额是编制施工图预算及确定和控制建筑安装工程造价的依据。

施工图预算是施工图设计文件之一,是控制和确定建筑安装工程造价的必要手段。编制施工图预算,除设计文件决定的建设工程功能、规模、尺寸和文字说明是计算分部分项工程量和结构构件数量的依据外,预算定额是确定一定计量单位分项工程(或结构构件)人工、材料、机械消耗量的依据,也是计算分项工程(或结构构件)单价的基础。所以,预算定额对建筑安装工程直接工程费影响很大。依据预算定额编制施工图预算,对确定建筑安装工程费用会起到很好的作用。

(2)预算定额是对设计方案进行技术经济分析和比较的依据。

设计方案的确定在设计工作中居于中心地位。设计方案的选择要满足功能要求、符合设计规范,既要技术先进又要经济合理。根据预算定额对方案进行技术经济分析和比较,是选择经济合理设计方案的重要方法。对设计方案进行比较,主要是通过定额对不同方案所需人工、材料和机械台班(时)消耗量,材料重量、材料资源等进行比较。这种比较可以判明不同方案对工程造价的影响,从而选择经济合理的设计方案。

对于新结构、新材料的应用和推广,也需要借助于预算定额进行技术经济分析和比较,从技术与经济的结合上考虑普遍采用的可能性和效益。

(3)预算定额是编制施工组织设计的依据。

施工组织设计的重要任务之一,是确定施工中所需人力、物力的供求量,并做出最佳安排。施工单位在缺乏本企业的施工定额的情况下,根据预算定额,亦能比较精确地计算出施工中各项资源的需要量,为有计划地组织材料采购和预制件加工、劳动力和施工机械的调配提供可靠的计算依据。

(4)预算定额是工程结算的依据。

按照进度支付工程款,需要根据预算定额将已完分项工程造价算出,单位工程验收后,再按竣工工程量、预算定额和施工合同规定进行结算,以保证建设单位资金的合理使用和施工单位的经济收入。

(5)预算定额是施工企业进行经济活动分析的依据。

实行经济核算的根本目的,是用经济的方法促使企业在保证质量和工期的条件下,用少的劳动消耗取得好的经济效果。在目前,预算定额仍决定着施工企业的效益,企业必须以预算定额作为评价施工企业工作的重要标准。施工企业可根据预算定额,对施工中的人工、材料、机械的消耗情况进行具体的分析,以便找出低工效、高消耗的薄弱环节及其原因,为实现经济效益的增长由粗放型向集约型转变提供对比数据,促进企业提高在市场上的竞争能力。

(6)预算定额是编制标底和投标报价的基础。

在我国加入世界贸易组织(WTO)以后,为了与国际工程承包管理的惯例接轨,随着工程量清单计价的推行,预算定额的指令性作用将日益削弱,而对施工企业按照工程个别成本报价的指导性作用仍然存在。因此,预算定额作为化编制标底的依据和施工企业投标报价的基础性的作用仍将存在,这是由它本身的科学性和权威性决定的。

(7)预算定额是编制概算定额和概算指标的基础。

概算定额和概算指标是在预算定额基础上经综合扩大编制的,需要利用预算定额作为编制依据。这样做不但可以节约编制工作中大量的人力、物力和时间,收到事半功倍的效果,还可以使概算定额和概算指标在水平上与预算定额一致,以避免造成同一工程项目在不同阶段造价管理中的不一致。

3.2.2.3 概算定额的作用

概算定额的主要作用如下:

(1)初步设计阶段编制设计概算、扩大初步设计阶段编制修正概算的主要依据。

(2)对设计方案进行技术经济分析比较的基础资料之一。

(3)编制施工进度计划及材料和机械需用计划的依据。

(4)编制概算指标的依据。

3.2.2.4 企业定额的作用

企业定额是建筑安装企业管理工作的基础,也是工程建设定额体系中的基础。施工定额是建筑安装企业内部管理的定额,属于企业定额的性质,所以企业定额的作用与施工定额的作用是相同的。其作用主要表现在以下几个方面:

(1)企业定额是企业计划管理的依据。

企业定额在企业计划管理方面的作用,表现在它既是企业编制施工组织设计的依据,也是企业编制施工作业计划的依据。

施工组织设计是指导拟建工程进行施工准备和施工生产的技术经济文件,其基本任务是根据招标文件及合同协议的规定,确定出经济合理的施工方案,在人力和物力、时间和空间、技术和组织上对拟建工程做出最佳的安排。施工作业计划则是根据企业的施工计划、拟建工程的施工组织设计和现场实际情况编制的。这些计划的编制必须依据企业定额,因为施工组织设计包括三部分内容,即资源需用量、使用这些资源的最佳时间安排和平面规划,施工中实物工程量和资源需要量的计算均要以企业定额的分项和计量单位为依据。施工作业计划是施工单位计划管理的中心环节,编制时也要用企业定额进行劳动力、施工机械和运输力量的平衡,计算材料、构件等分期需用量和供应时间,计算实物工程量和安排施工形象进度。

(2)企业定额是组织和指挥施工生产的有效工具。

企业组织和指挥施工班组进行施工,是按照作业计划通过下达施工任务单和限额领料单来实现的。

施工任务单既是下达施工任务的技术文件,也是班组经济核算的原始凭证。它列出了应完成的施工任务,也记录着班组实际完成任务的情况,并且进行班组工人的工资结算。施工任务单上的工程计量单位、产量定额和计件单位,均需取自施工的劳动定额,工资结算也要根据劳动定额的完成情况计算。

限额领料单是施工队随任务单同时签发的领取材料的凭证,这一凭证是根据施工任务和施工材料定额填写的。其中领料的数量,是班组为完成规定的工程任务消耗材料的最高限额,这一限额也是评价班组完成任务情况的一项重要指标。

(3)企业定额是计算工人劳动报酬的依据。

企业定额是衡量工人劳动数量和质量,提供出成果和效益的标准,所以企业定额应是计算工人工资的基础依据。这样才能做到完成定额好,工资报酬就多,达不到定额,工资报酬就会减少,真正实现多劳多得、少劳少得的社会主义分配原则。这对于打破企业内部分配方面的“大锅饭”是很有现实意义的。

(4)企业定额是企业激励工人的条件。

激励在实现企业管理目标中占有重要位置。所谓激励,就是采取某些措施激发和鼓励员工在工作中的积极性和创造性。但激励只有在满足人们某种需要的情形下才能起到作用,完成和超额完成定额,不仅能获取更多的工资报酬,而且也能满足自尊,得到他人(社会)的认可,并且能进一步发挥个人潜力来体现自我价值。如果没有企业定额这种标准尺度,就缺少必要的手段激励人们去争取更多的工资报酬。

(5)企业定额有利于推广先进技术。

企业定额水平中包含着某些已成熟的先进的施工技术和经验,工人要达到和超过定额,就必须掌握和运用这些先进技术,要想大幅度超过定额,就必须有创造性的劳动和超常规的发挥。第一,在工作中,改进工具、技术和操作方法,注意节约原材料,避免浪费。第二,企业定额中往往明确要求采用某些较先进的施工工具和施工方法,所以贯彻企业定额也就意味着推广先进技术。第三,企业为了推行企业定额,往往要组织技术培训,以帮助工人达到和超过定额。技术培训和技术表演等方式也都可以大大普及先进技术和先进操作方法。

(6)企业定额是编制施工预算和加强企业成本管理的基础。

施工预算是施工单位用以确定单位工程上人工、机械、材料需要量的计划文件。施工预算以企业定额(或施工定额)为编制基础,既要反映设计图纸的要求,也要考虑在现有条件下可能采取的节约人工、材料和降低成本的各项具体措施。这就能够有效地控制施工人力、物力消耗,节约成本开支。

施工中人工、机械和材料的费用,是构成工程成本中直接费用的主要内容,对间接费用的开支也有着很大的影响。严格执行施工定额不仅可以起到控制成本、降低费用开支的作用,同时为企业加强班组核算和增加盈利创造了良好的条件。

(7)企业定额是施工企业进行工程投标、编制工程投标报价的基础和主要依据。

企业定额反映了企业施工生产的技术水平和管理水平,在确定工程投标报价时,首先是依据企业定额计算出施工企业拟完成投标工程需要发生的计划成本。在掌握工程成本的基础上,再根据所处的环境和条件,确定在该工程上拟获得的利润、预计的工程风险费用和其他应考虑的因素,从而确定投标报价。因此,企业定额是施工企业计算投标报价的根基。

特别是实行工程量清单计价后,施工企业根据本企业的企业定额进行的投标报价最能反映企业实际施工生产的技术水平和管理水平,体现出本企业在某些方面的技术优势,使本企业在竞争激烈的市场中占据有利的位置,立于不败之地。

由此可见,企业定额在建筑安装企业管理的各个环节中都是不可缺少的,企业定额管理是企业的基础性工作,具有重要作用。

3.2.3 定额的特点

3.2.3.1 科学性

工程建设定额的科学性包括两重含义:①工程建设定额和生产力发展水平相适应,反映出工程建设中生产消费的客观规律。②工程建设定额管理在理论、方法和手段上适应现代科学技术和信息社会发展的需要。

工程建设定额的科学性,首先表现在用科学的态度制定定额,尊重客观实际,力求定额水平合理;其次表现在制定定额的技术方法上,利用现代科学管理的成就,形成一套系统的、完整的、在实践中行之有效的方法;再次表现在定额制定和贯彻的一体化上,制定是为了提供贯彻的依据,贯彻是为了实现管理的目标,也是对定额的信息反馈。

建筑工程定额的科学性,主要表现在用科学的态度和方法,总结我国大量投入和产出的关系及资源消耗数量标准的客观规律,制定的定额符合国家有关标准、规范的规定,反映了一定时期我国生产力发展的水平;是在认真研究施工生产过程中的客观规律的基础上,通过长期的观察、测定、总结生产实践经验及广泛搜集资料的基础上编制的。在编制过程中,必须对工作时间、现场布置、工具设备,以及生产技术与组织管理等各方面,进行科学的综合研究。因此,制定的定额客观地反映了施工生产企业的生产力水平,所以定额具有科学性。

3.2.3.2 系统性

工程建设定额是相对独立的系统,它是由不同层次的多种定额等结合而成的一个有机的整体。它的结构复杂,有鲜明的层次,有明确的目标。

工程建设定额的系统性是由工程建设的特点决定的。按照系统论的观点,工程建设本身就是庞大的实体系统,工程建设定额是为这个实体系统服务的。因而工程建设本身的多种类、多层次就决定了以它为服务对象的工程建设定额的多种类、多层次。

3.2.3.3 统一性

工程建设定额的统一性,按照其影响力和执行范围来看,有全国统一定额、地区统一定额和行业统一定额等;按照定额的制定、颁布和贯彻使用来看,有统一的程序、统一的原则、统一的要求和统一的用途。

工程建设定额的统一性,主要是由国家对经济发展有计划的宏观调控职能决定的。为了使国民经济按照既定的目标发展,就需要借助于某些标准、定额、参数等,对工程建设进行规划、组织、调节、控制。而这些标准、定额、参数必须在一定的范围内是一种统一的尺度,才能实现上述职能,才能利用它对项目的决策、设计方案、投标报价、成本控制进行比选和评价。

3.2.3.4 权威性

定额是由国家授权部门,根据当时的实际生产力水平制定并颁发的,具有很大的权威性,这种权威性在一些情况下具有经济法规性质。各地区、部门和相关单位,都必须严格遵守,未经许可,不得随意改变定额的内容和水平,以保证建设工程造价有统一的尺度。

但是,在市场经济条件下,定额在执行过程中允许企业根据招标投标等具体情况进行调整,使其体现市场经济的特点。建筑安装工程定额既能起到国家宏观调控市场,又能起到让建筑市场充分发展的作用,就必须要有一个社会公认的,在使用过程中可以有根据地改变其水平的定额。这种具有权威性的定额,各业主和工程承包商可以根据生产力水平状况进行适当调整。

具有权威性和灵活性的建筑安装工程定额符合社会主义市场经济条件下建筑产品的生产规律。

定额的权威性是建立在采用先进科学的编制方法基础之上的,能正确反映本行业的生产力水平,符合社会主义市场经济的发展规律。

3.2.3.5 稳定性与时效性

定额反映了一定时期社会生产力水平,是一定时期技术发展和管理水平的反映。当生产力水平发生变化,原定额已不适用时,授权部门应当根据新的情况制定出新的定额或修改、调整、补充原有的定额。但是,社会和市场的发展有其自身的规律,有一个从量变到质变的过程,而且定额的执行也有一个时间过程。所以,定额发布后,在一段时期内表现出相对稳定性。保持定额的稳定性是维护定额的权威性所必需的。

但是工程建设定额的稳定性是相对的。当生产力向前发展了,定额就会与已经发展了的生产力不相适应。这样,它原有的作用就会逐步减弱以致消失,需要重新编制或修订。

3.2.3.6 群众性

定额的群众性是指定额的制定和执行都必须有广泛的群众基础。因为定额水平的高低主要取决于建筑安装工人所创造的劳动生产力水平的高低;其次,工人直接参加定额的测定工作,有利于制定出容易掌握和推广的定额;最后,定额的执行要依靠广大职工的生产实践活动方能完成,也只有得到群众的支持和协助,定额才会定得合理,并能为群众所接受。

任务 3.3 水利工程定额概述

3.3.1 水利工程定额组成

现行的水利水电工程概算、预算定额一般由总说明、分册分章说明、目录、定额表和附录组成,其中定额表是定额的主要部分。

水利部 2002 年颁布的《水利建筑工程概算定额》《水利建筑工程预算定额》,是以完成不同子目单位工程量所消耗的人工、材料和机械台时数表示。《水利水电设备安装工程预算定额》是以实物量形式表示的。

3.3.1.1 《水利建筑工程预算定额》

《水利建筑工程预算定额》共上、下两册,内容为:第一章土方工程、第二章石方工程、第三章砌石工程、第四章混凝土工程、第五章模板工程、第六章砂石备料工程、第七章钻孔灌浆及锚固工程、第八章疏浚工程、第九章其他工程,共九章及附录。其中,上册包括第一章土方工程 ~ 第六章砂石备料工程,下册包括第七章钻孔灌浆及锚固工程 ~ 第九章其他工程及附录。

本定额适用于大中型水利工程项目,是编制《水利建筑工程概算定额》的基础,可作为编制水利工程招标标底和投标报价的参考。

定额表包括适用范围、工作内容、单位及人、材、机的消耗量等内容。

《水利建筑工程预算定额》中,挖掘机、轮斗挖掘机或装载机挖装土(含渠道土方)自卸汽车运输各节,适用于Ⅲ类土,Ⅰ、Ⅱ类土和Ⅳ类土按表3-1所列系数进行调整。

表3-1 Ⅰ、Ⅱ类土和Ⅳ类土调整系数

项目	人工	机械
Ⅰ、Ⅱ类土	0.91	0.91
Ⅲ类土	1.00	1.00
Ⅳ类土	1.09	1.09

《水利建筑工程预算定额》第一章土方开挖工程第26节定额形式见表3-2。

表3-2 1 m^3挖掘机挖装土自卸汽车运输

适用范围:Ⅲ类土、露天作业。

工作内容:挖装、运输、卸除、空回。

单位:100 m^3

项目	单位	运距(km)					增运1 km
		1	2	3	4	5	
工长	工时						
高级工	工时						
中级工	工时						
初级工	工时	6.7	6.7	6.7	6.7	6.7	
合计	工时	6.7	6.7	6.7	6.7	6.7	
零星材料费	%	4	4	4	4	4	
挖掘机 1 m^3	台时	1.00	1.00	1.00	1.00	1.00	
推土机 59 kW	台时	0.50	0.50	0.50	0.50	0.50	
自卸汽车 5 t	台时	9.83	12.87	15.67	18.31	20.84	2.33
8 t	台时	6.50	8.40	10.15	11.80	13.38	1.46
10 t	台时	6.05	7.66	9.14	10.54	11.88	1.23
编号		10365	10366	10367	10368	10369	10370

3.3.1.2 《水利建筑工程概算定额》

《水利建筑工程概算定额》共上、下两册,是在《水利建筑工程预算定额》的基础上编制的。内容为:第一章土方开挖工程、第二章石方开挖工程、第三章土石填筑工程、第四章混凝土工程、第五章模板工程、第六章砂石备料工程、第七章钻孔灌浆及锚固工程、第八章疏浚工程、第九章其他工程,共9章及附录。其中,上册包括第一章土方开挖工程~第五章模板工程,下册包括第六章砂石备料工程~第九章其他工程及附录。

本定额适用于大中型水利工程项目,是编制初步设计概算的依据。

《水利建筑工程概算定额》中土方开挖工程各节,分别按Ⅰ、Ⅱ类土,Ⅲ类土、Ⅳ类土列定额表,这与《水利建筑工程预算定额》不同。

《水利建筑工程概算定额》中第一章土方开挖工程第36节定额形式见表3-3。

表3-3 1 m^3挖掘机挖土自卸汽车运输

适用范围:露天作业。

工作内容:挖装、运输、卸除、空回。

(1)Ⅰ~Ⅱ类土

单位:100 m^3

项目	单位	运距(km)					增运 1 km
		1	2	3	4	5	
工长	工时						
高级工	工时						
中级工	工时						
初级工	工时	6.3	6.3	6.3	6.3	6.3	
合计	工时	6.3	6.3	6.3	6.3	6.3	
零星材料费	%	4	4	4	4	4	
挖掘机 液压1 m^3	台时	0.95	0.95	0.95	0.95	0.95	
推土机 59 kW	台时	0.47	0.47	0.47	0.47	0.47	
自卸汽车 5 t	台时	9.31	12.18	14.83	17.33	19.73	2.21
8 t	台时	6.15	7.95	9.61	11.17	12.67	1.38
10 t	台时	5.73	7.25	8.65	9.98	11.25	1.16
编号		10616	10617	10618	10619	10620	10621

(2)Ⅲ类土

单位:100 m^3

项目	单位	运距(km)					增运 1 km
		1	2	3	4	5	
工长	工时						
高级工	工时						
中级工	工时						
初级工	工时	7.0	7.0	7.0	7.0	7.0	
合计	工时	7.0	7.0	7.0	7.0	7.0	
零星材料费	%	4	4	4	4	4	
挖掘机 液压1 m^3	台时	1.04	1.04	1.04	1.04	1.04	
推土机 59 kW	台时	0.52	0.52	0.52	0.52	0.52	
自卸汽车 5 t	台时	10.23	13.39	16.30	19.05	21.68	2.42
8 t	台时	6.76	8.74	10.56	12.28	13.92	1.52
10 t	台时	6.29	7.97	9.51	10.96	12.36	1.28
编号		10622	10623	10624	10625	10626	10627

续表 3-3

(3)Ⅳ类土

单位:100 m^3

项目	单位	运距(km)					增运 1 km
		1	2	3	4	5	
工长	工时						
高级工	工时						
中级工	工时						
初级工	工时	7.6	7.6	7.6	7.6	7.6	
合计	工时	7.6	7.6	7.6	7.6	7.6	
零星材料费	%	4	4	4	4	4	
挖掘机 液压 1 m^3	台时	1.13	1.13	1.13	1.13	1.13	
推土机 59 kW	台时	0.57	0.57	0.57	0.57	0.57	
自卸汽车 5 t	台时	11.15	14.59	17.77	20.76	23.63	2.64
8 t	台时	7.37	9.52	11.51	11.38	15.17	1.66
10 t	台时	6.86	8.69	10.36	11.95	13.47	1.39
编号		10628	10629	10630	10631	10632	10633

注:表中自卸汽车定额类型为一种名称后列几种型号规格,故只能选用其中一种进行计价。

3.3.1.3 《水利水电设备安装工程预算定额》

《水利水电设备安装工程预算定额》,内容包括水轮机安装、调速系统安装、水轮发电机安装、大型水泵安装、进水阀安装、水力机械辅助设备安装、电气设备安装、变电站设备安装、通信设备安装、电气调整、起重设备安装、闸门安装、压力钢管制作及安装、设备工地运输,共 14 章及附录。

《水利水电设备安装工程预算定额》中第四章大型水泵安装第 1 节定额形式(节选)见表 3-4。

表 3-4 水泵

单位:台

项目	单位	设备自重(t)				
		12	18	25	30	35
工长	工时	190	278	364	426	488
高级工	工时	913	1 334	1 749	2 046	2 341
中级工	工时	2 319	3 390	4 444	5 200	5 951
初级工	工时	380	556	729	853	976
合计	工时	3 802	5 558	7 286	8 525	9 756

续表 3-4

项目	单位	设备自重(t)				
		12	18	25	30	35
钢板	kg	62	106	129	145	159
型钢	kg	100	170	209	232	255
电焊条	kg	32	53	66	73	80
油漆	kg	17	28	34	37	43
破布	kg	15	25	31	34	38
汽油 70#	kg	29	50	61	69	75
橡胶板	kg	14	23	29	32	36
氧气	m^3	69	117	143	160	175
乙炔气	m^3	31	53	64	72	78
木材	m^3	0.3	0.4	0.4	0.5	0.6
电	kWh	540	920	1 140	1 270	1 390
其他材料费	%	16	16	16	16	18
桥式起重机	台时	33	51	56	56	56
电焊机 20~30 kVA	台时	26	57	61	67	67
车床 Φ400~600	台时	26	51	57	57	57
刨床 B650	台时	20	36	41	41	41
摇臂钻床 Φ50	台时	20	31	36	36	36
其他机械费	%	16	16	16	16	18
定额编号		04001	04002	04003	04004	04005

3.3.1.4 《水利水电设备安装工程概算定额》

《水利水电设备安装工程概算定额》,内容包括水轮机安装、水轮发电机安装、大型水泵安装、进水阀安装、水力机械辅助设备安装、电气设备安装、变电站设备安装、通信设备安装、起重设备安装、闸门安装、压力钢管制作及安装,共11章及附录。

《水利水电设备安装工程概算定额》中第九章起重设备安装第1节定额形式(节选)见表3-5。

3.3.1.5 《水利工程施工机械台时费定额》

《水利工程施工机械台时费定额》是一种综合式定额,本定额适用于水利建筑安装工程。内容包括土石方机械、混凝土机械、运输机械、起重机械、砂石料加工机械、钻孔灌浆机械、工程船舶、动力机械及其他机械共九类。该定额由两类费用组成,定额表中以(一)、(二)表示。

表 3-5 桥式起重机 (单位:台)

项目	单位	起重能力(t)				
		250	300	350	400	450
工长	工时	434	511	584	654	724
高级工	工时	2 231	2 612	2 981	3 328	3 680
中级工	工时	3 851	4 357	5 202	5 826	6 459
初级工	工时	2 109	2 490	2 859	3 206	3 558
合计	工时	8 625	10 150	11 626	13 014	14 421
钢板	kg	465	547	628	710	795
型钢	kg	745	875	1 006	1 136	1 267
垫铁	kg	233	273	314	355	396
电焊条	kg	61	72	83	94	104
氧气	m^3	61	72	83	94	104
乙炔气	m^3	27	31	36	40	44
汽油 70#	kg	43	50	58	65	72
柴油	kg	93	109	125	142	158
油漆	kg	52	61	70	80	89
棉纱头	kg	74	88	101	113	126
木材	m^3	1.8	2.1	2.3	2.6	2.7
其他材料费	%	30	30	30	30	30
汽车起重机 20 t	台时	43	51			
汽车起重机 30 t	台时			59	65	81
门式起重机 10 t	台时	89	105	121	135	151
卷扬机 5 t	台时	293	349	400	447	498
电焊机 20~30 kVA	台时	89	105	121	135	151
空气压缩机	台时	89	105	121	135	151
载重汽车 5 t	台时	59	70	81	90	101
其他机械费	%	18	18	18	18	18
定额编号		09011	09012	09013	09014	09015

一类费用是价目表式,分为折旧费、修理及替换设备费(含大修理费、经常性修理费)和安装拆卸费,按2000年度价格水平计算并用金额表示。二类费用是实物量式,分为人工、动力、燃料或消耗材料,以工时数量和实物消耗量表示,其费用按国家规定的人工工资计算办法和工程所在地的物价水平分别计算。

《水利工程施工机械台时费定额》综合式表示形式,第一章土石方机械中"单斗挖掘机"定额见表3-6。

表3-6　土石方机械

项目		单位	单斗挖掘机									
			油动		电动							
			斗容(m^3)									
			0.5	1.0	2.0	3.0	4.0	10.0	12.0	0.6	1.0	1.6
(一)	折旧费	元	21.97	28.77	41.56	68.28	175.15	437.40	487.67	32.74	35.63	52.37
	修理及替换设备费	元	20.47	29.63	43.57	55.67	84.67	166.52	188.34	20.21	25.46	32.99
	安装拆卸费	元	1.48	2.42	3.08					1.60	2.18	2.57
	小计	元	43.92	60.82	88.21	123.95	259.82	603.92	676.01	54.55	63.27	87.93
(二)	人工	工时	2.7	2.7	2.7	2.7	2.7	2.9	2.9	2.7	2.7	2.7
	汽油	kg										
	柴油	kg	10.7	14.2						9.5	14.9	
	电	kWh			100.6	128.1	166.8	266.8	373.6			
	风	m^3										
	水	m^3										
	煤	kg										
备注						※	※	※	※			
编号			1001	1002	1003	1004	1005	1006	1007	1008	1009	1010

注:“※”表示该项定额未列安装拆卸费,其费用在“其他施工临时工程”中解决。

3.3.2 水利水电工程历年颁发的定额

水利水电工程历年颁发的定额见表3-7。

表3-7 水利水电工程历年颁发的定额表

颁发年份	定额名称	颁发单位
1954	水利水电工程预算定额(草案)	水利部、燃料部水电总局
	水力发电建筑安装工程施工定额(草案)	
	水力发电建筑安装工程预算定额(草案)	
1956	水力发电建筑安装工程预算定额	电力部
1957	水利工程施工定额(草案)	水利部
1958	水利水电建筑安装工程预算定额	水利电力部
	水力发电设备安装价目表	
1964	水利水电安装工程工、料、机械施工指标	
	水利水电建筑安装工程预算指标(征求意见稿)	
	水力发电设备安装价目表(征求意见稿)	
1965	水利水电工程预算指标(即“65”定稿)	
1973	水利水电建筑安装工程定额(讨论稿)	
1975	水利水电建筑工程概算指标	
	水利水电设备安装工程概算指标	
1980	水利水电工程设计预算定额(试行)	
1983	水利水电建筑安装工程统一劳动定额	水利电力部水电总局
1985	水利水电工程其他工程费用定额	水利电力部
	水利水电建筑安装工程机械台班费定额	
1986	水利水电设备安装工程预算定额	
	水利水电设备安装工程概算定额	
	水利水电建筑工程预算定额	
1988	水利水电建筑工程概算定额	
1989	水利水电工程设计概(估)算费用构成及计算标准	
1990	水利水电工程投资估算指标(试行)	能源部、水利部
1991	水利水电工程勘测设计收费标准(试行)	
	水利水电工程勘测设计生产定额	水利水电规划总院
	水利水电工程施工机械台班费定额	能源部、水利部
1994	水利水电建筑工程补充预算定额	水利部
	水利水电工程设计概(估)算费用构成及计算标准	

续表 3-7

颁发年份	定额名称	颁发单位
1997	水力发电建筑工程概算定额	电力工业部
1997	水力发电设备安装工程概算定额	电力工业部
1997	水力发电工程施工机械台时费定额	电力工业部
1998	水利水电工程设计概(估)算费用构成及计算标准	水利部
1999	水利水电设备安装工程预算定额	水利部
1999	水利水电设备安装工程概算定额	水利部
2000	水力发电设备安装工程概算定额	国家经济贸易委员会
2002	水利建筑工程预算定额(上、下册)	水利部
2002	水利建筑工程概算定额(上、下册)	水利部
2002	水利水电设备安装工程预算定额	水利部
2002	水利水电设备安装工程概算定额	水利部
2002	水利工程施工机械台时费定额	水利部
2002	水利工程设计概(估)算编制规定	水利部
2002	水电工程设计概算编制办法及计算标准	国家经济贸易委员会
2003	水力发电设备安装工程预算定额	国家经济贸易委员会
2007	水电工程设计概算编制规定	国家发展和改革委员会
2007	水电工程设计概算费用标准	国家发展和改革委员会
2007	水电建筑工程概算定额	国家发展和改革委员会
2013	水电工程设计概算编制规定	国家发展和改革委员会
2013	水电工程设计概算费用标准	国家发展和改革委员会

3.3.3 水利工程定额的使用

3.3.3.1 定额的使用方法

定额是编制水利工程造价的重要依据,要准确地使用定额,必须做到以下几点。

1.认真阅读定额的总说明和章节说明

要熟悉定额总说明和章说明中的编制原则、编制依据、适用范围、使用方法、已经考虑和没有考虑的因素及有关问题的说明等。例如,水利定额总说明中“三、本定额适用于海拔小于或等于2 000 m地区的工程项目。海拔大于2 000 m的地区,根据水利枢纽工程所在地的海拔及规定的调整系数计算……”高原地区的项目,人工、机械定额按规定的系数进行调整。

2. 熟悉定额项目的工作内容

根据工程部位、施工方法、施工机械和其他施工条件正确地选用定额项目，做到不错项、不漏项、不重项。

3. 注意定额调整的各种换算关系

当施工条件与定额项目条件不符时，应按定额说明与定额表附注中的有关规定进行换算调整。如各种运输定额的运距换算、各种调整系数的换算等。除特殊说明外，一般系数换算均按连乘计算，使用时还要区分调整系数是全面调整系数，还是对人工工时、材料消耗或机械台时的某一项或几项进行调整。例如《水利建筑工程概算定额》中，第四章第38节"搅拌车运混凝土"定额表下的注"洞内运输，人工、机械定额乘以1.25系数"。

4. 学会使用定额的各种附录

水利工程建筑工程定额中，有附录1土石方松实系数换算表，附录2一般工程土类分级表，附录7混凝土、砂浆配合比及材料用量表等，用于土壤与岩石分级、混凝土与砂浆配合比用量确定等。水利工程安装工程定额中，有附录2水力机械管路材料用量，附录3电缆装置性材料用量等，用于安装费调整和各种装置性材料用量的确定等。

5. 注意定额单位与定额中数字的适用范围

工程项目单价的计量单位要和定额项目的计量单位一致。要区分土石方工程的自然方和压实方；砂石备料中的成品方、自然方与堆方码方；砌石工程中的砌体方与石料方；沥青混凝土中的拌和方与成品方等。

定额中凡数字后用"以上""以外"表示的都不包括数字本身。凡数字后用"以下""以内"表示的都包括数字本身。数字用上、下限表示的，如2 000 ~ 2 500，适用于大于2 000、小于或等于2 500的数据范围。

3.3.3.2 定额使用注意事项

1. 水利建筑工程定额

水利工程概、预算的项目及工程量计算应与定额项目的设置、定额单位相一致。

现行概算定额中，已按现行施工规范和有关规定，计入了不构成建筑工程单价实体的各种施工操作损耗，允许的超挖及超填量，合理的施工附加量及体积变化等所需人工、材料及机械台时消耗量，编制设计概算时，工程量应按设计结构几何轮廓尺寸计算。而现行预算定额中均未计入超挖超填量、合理施工附加量及体积变化等，使用预算定额应按有关规定进行计算。

定额中其他材料费、零星材料费和其他机械费均以百分率(%)形式表示，其计算基数为：其他材料费以主要材料费之和为计算基数；零星材料费以人工费、机械费之和为计算基数；其他机械费以主要机械费之和为计算基数。

2. 水利水电设备安装工程定额

定额中人工工时、材料、机械台时等以实物量表示。其中材料和机械仅列出主要品种的型号、规格及数量，如果品种、型号、规格不同，均不作调整。其他材料和一般小型机械及机具分别按占主要材料费和主要机械费的百分率计列。

定额中零星材料费,以人工费、机械使用费之和为计算基数。

安装费率定额中以设备原价作为计算基础,安装工程人工费、材料费、机械使用费和装置性材料费均以费率(%)形式表示,除人工费外,使用时均不作调整。

装置性材料根据设计确定的品种、型号、规格和数量计算,并计入规定的操作损耗量。

使用电站主厂房桥式起重机进行安装工作时,桥式起重机台时费不计基本折旧费和安装拆卸费。

3.3.4 使用水利定额应注意的问题

3.3.4.1 专业专用

水利水电工程除水工建筑物和水利水电设备安装外,一般还有房屋建筑、公路、铁路、输电线路、通信线路等永久性设施。水工建筑物和水利水电设备安装应采用水利、电力主管部门颁发的定额。其他永久性工程应分别采用所属主管部门颁发的定额,如铁路工程,应采用国家铁路局颁发的铁路工程定额;公路工程,应采用交通运输部颁发的公路工程定额。

3.3.4.2 准确理解把握定额的有关规定

由于各行业、各系统之间的标准、习惯有差异,故使用定额前应先阅读总说明和有关章节说明、工作内容、适用范围,切忌主观臆断。

3.3.4.3 工程定额与费用定额配套使用

在计算各类永久性设施工程投资时,采用的工程定额应执行专业专用的原则,其费用定额也应遵照专业专用的原则,与工程定额相配套。如采用公路工程定额计算永久性公路投资,应采用交通运输部颁发的费用定额。

3.3.4.4 定额的种类应与设计阶段相适应

可行性研究阶段编制投资估算应采用估算指标;初步设计阶段编制设计概算应采用概算定额;施工图设计阶段编制施工图预算应采用预算定额。如因本阶段定额缺项,需采用下一阶段定额,应按规定乘阶段系数。如采用概算定额编制投资估算,应乘以1~10的投资估算调整系数;采用预算定额编制概算时,应乘以1.03~1.05的概算调整系数。

思考与练习题

3-1 简述定额的概念。

3-2 按定额反映的生产要素内容分类有哪些?

3-3 什么是劳动消耗定额?其表现形式有哪些?

3-4 工程建设定额的特点有哪些?

3-5 简述施工定额的作用。

3-6　简述预算定额及其作用。

3-7　简述概算定额的作用。

3-8　什么是企业定额？简述企业定额的作用。

3-9　两算对比中的“两算”指的是什么？

项目4 水利工程基础单价编制

【教学内容】

本项目主要学习人工预算单价、材料预算价格、施工机械台时费、施工用电风水价格、砂石料单价、混凝土及砂浆材料单价等基础单价的概念、组成、计算标准和计算方法。

【教学要求】

掌握人工预算单价、材料预算价格、施工机械台时费、施工用电风水价格、砂石料单价、混凝土及砂浆材料单价的编制方法。

在编制水利水电工程概预算时,需要以国家及工程项目所在地区的有关规定、工程所在地的具体条件、工程规模、施工技术、材料来源等,编制人工预算单价、材料预算价格、施工机械台时费、施工用电风水预算价格、砂石料单价、混凝土材料单价等,作为编制建筑工程单价与安装工程单价的基础性资料。这些预算价格统称为"基础单价"。

任务4.1 人工预算单价

人工预算单价是指在编制概预算时,用来计算直接从事建筑安装工程施工的生产工人人工费时所采用的人工工时价格,是生产工人在单位时间(工时)内所开支的各项费用。它是计算建筑安装工程单价和施工机械台时费中机上人工费的重要基础单价。

4.1.1 人工预算单价的组成

人工预算单价是指生产工人在单位时间(工时)内的费用。结合水利水电工程特点,分别确定了枢纽工程、引水工程、河道工程分级计算标准。生产工人按技术等级不同划分为工长、高级工、中级工、初级工四个档次,与定额中的劳动力等级相对应。

人工预算单价由基本工资和辅助工资两部分组成。

4.1.1.1 基本工资

基本工资由岗位工资、年功工资组成。

(1)岗位工资。按照职工所在岗位从事的各项劳动要素测评结果确定的工资。

(2)年功工资。按照职工工作年限确定的工资,随工作年限增加而增加。

4.1.1.2 辅助工资

辅助工资是指在基本工资之外,以其他形式支付给生产工人的工资性收入,包括根据国家有关规定属于工资性质的各种津贴,主要有艰苦边远地区津贴、施工津贴、夜餐津贴、节假日加班津贴等。

4.1.2　人工预算单价计算标准

目前，按照我国国家和行业的有关规定，结合水利工程的特点，人工预算单价按工程类别（枢纽工程、引水工程及河道工程）和工程所在地的地区类别（国家根据各地区的地理位置、交通条件、经济发展状况，把全国分为一般地区、一至六类地区及西藏四类区共8个人工预算单价地区类别）确定。根据《编规》规定，人工预算单价计算标准按表4-1确定。

表4-1　人工预算单价计算标准　（单位：元/工时）

类别与级	一般地区	一类区	二类区	三类区	四类区	五类区 西藏二类区	六类区 西藏三类区	西藏四类区
枢纽工程								
工长	11.55	11.80	11.98	12.26	12.76	13.61	14.63	15.40
高级工	10.67	10.92	11.09	11.38	11.88	12.73	13.74	14.51
中级工	8.90	9.15	9.33	9.62	10.12	10.96	11.98	12.75
初级工	6.13	6.38	6.55	6.84	7.34	8.19	9.21	9.98
引水工程								
工长	9.27	9.47	9.61	9.84	10.24	10.92	11.73	12.11
高级工	8.57	8.77	8.91	9.14	9.54	10.21	11.03	11.40
中级工	6.62	6.82	6.96	7.19	7.59	8.26	9.08	9.45
初级工	4.64	4.84	4.98	5.21	5.61	6.29	7.10	7.47
河道工程								
工长	8.02	8.19	8.31	8.52	8.86	9.46	10.17	10.49
高级工	7.40	7.57	7.70	7.90	8.25	8.84	9.55	9.88
中级工	6.16	6.33	6.46	6.66	7.01	7.60	8.31	8.63
初级工	4.26	4.43	4.55	4.76	5.10	5.70	6.41	6.73

注：1. 艰苦边远地区划分执行人事部、财政部《关于印发〈完善艰苦边远地区津贴制度实施方案〉的通知》（国人部发〔2006〕61号）及各省（自治区、直辖市）关于艰苦边远地区津贴制度实施意见。一至六类地区的类别划分参见附录3，执行时应根据最新文件进行调整。一般地区指附录3之外的地区。

2. 西藏地区的类别执行西藏特殊津贴制度相关文件规定，其二至四类区划分的具体内容见附录4。

3. 跨地区建设项目的人工预算单价可按主要建筑物所在地确定，也可按工程规模或投资比例进行综合确定。

任务4.2　主要材料预算价格

材料费是建筑安装工程投资的重要组成部分，对于用量多、影响工程投资大的主要材料，如钢材、木材、水泥、粉煤灰、油料、火工产品、电缆及母线等，一般需编制材料预算价格。

材料预算价格是指材料从购买地运到工地分仓库（或相当于工地分仓库的堆放场地）的出库价格，材料从工地分仓库至施工现场用料点的场内运杂费已计入定额内。

4.2.1 几种主要材料代表规格

(1)钢筋。普通钢 HPB235,Φ16～18 mm;低合金钢 HRB335,Φ20～25 mm;其比例由设计确定。

(2)木材。按二类(杉木)、三类(松木)树种各50%,Ⅰ等、Ⅱ等(考虑木材节子尺寸、每米节子数、裂纹、腐朽等状况)各占50%,长度2.0～3.8 m,原松木径级Φ20～28 cm,锯材按中板中枋,杉木径级根据设计由贮木场供应情况确定。

(3)炸药。根据国防科工委及公安部科工〔2008〕203号文,铵梯炸药已属淘汰产品,一般选用2#岩石水胶炸药,3#岩石水胶炸药或2#煤矿水胶炸药,1～9 kg/包。

(4)油料。汽油、柴油根据国家环境保护的要求,选用辛烷值在90以上的汽油;柴油代表规格按工程所在地区气温条件确定。

4.2.2 材料预算价格计算

4.2.2.1 主要材料预算价格

主要材料预算价格一般由材料原价、包装费、运杂费、运输保险费、采购及保管费等五项组成。一般情况下,水利水电工程材料的预算价格计算公式为:

材料预算价格 =(材料原价 + 运杂费)×(1 + 采购及保管费费率)+ 运输保险费 (4-1)

1. 材料原价

材料原价按工程所在地区就近大型物资供应公司、材料交易中心的市场成交价或设计选定的生产厂家的出厂价计算。

2. 包装费

材料包装费是指为便于材料的运输或为保护材料而进行的包装所发生的费用,包括厂家所进行的包装以及在运输过程中所进行的捆扎、支撑等费用。材料的包装费并不是对每种材料都产生。例如,散装材料不存在包装费,有的材料包装费已计入出厂价。材料包装费计取原则如下:

(1)凡是由厂家负责包装并已将包装费计入材料市场价的,在计算材料预算价格时,不计算包装费。

(2)包装费和包装品的价值,因材料品种和厂家处理包装品的方式不同而异,应根据具体情况分别进行计算。

①一般情况下,袋装水泥的包装费按规定计入出厂价,不计回收,不计押金;散装水泥由专用罐车运输,一般不计包装费。

②钢材一般不进行包装,特殊钢材存在少量包装费,但与钢材价格相比,所占比重小,编制其预算价格时可忽略不计。

③木材应按实际发生的情况进行计算。

④炸药及其火工产品包装费已包括在出厂价中。

⑤油料用油罐车运输,一般不存在包装费。

3. 运杂费

运杂费包括各种运输工具的运费、调车费、装卸费、出入库费和其他费用。

铁路运输按铁路部门现行《铁路货物运价规则》及有关规定计算其运杂费。在国有线路上行驶时,其运杂费一律按《铁路货物运价规则》规定计算;属于地方营运的铁路,执行地方的规定;施工单位自备机车车辆在自营专用线上行驶的,运杂费按摊销费计算。

公路及水路运输,按工程所在地交通部门现行规定或市场行情运价计算。

其中:公路运杂费,按工程所在地市场行情运价计算。汽车运输轻浮物时,按实际载重量计算。轻浮物是指每立方米质量不足250 kg的货物。整车运输时,其长、宽、高不得超过交通部门有关规定,以车辆标记吨位计重。零担运输时,以货物包装的长、宽、高各自最大值计算体积,按每立方米折算250 kg计价。

水路运输包括内河运输和海洋运输,其运输费按航运部门现行规定计算。

4.运输保险费

运输保险费按工程所在地或中国人民保险公司的有关规定计算。

材料运输保险费是指向保险公司缴纳的货物保险费用。一般情况下,材料运输保险费的计算公式为:

$$材料运输保险费 = 材料原价 \times 材料保险费费率(\%) \tag{4-2}$$

5.采购及保管费

采购及保管费指材料物资供应部门及仓库为采购、验收、保管和收发材料物资所发生的各项费用。按材料运到工地仓库的价格(不包括运输保险费)作为计算基数,其计算公式为:

$$材料采购及保管费 = (材料原价 + 包装费 + 运杂费) \times 采购及保管费率 \tag{4-3}$$

根据《水利工程营业税改征增值税计价依据调整办法》(办水总〔2016〕132号),采购及保管费,按现行计算标准乘以1.10调整系数。调整后的采购及保管费率见表4-2。

表4-2 采购及保管费率表

序号	材料名称	费率(%)	调整后的费率(%)
1	水泥、碎(砾)石、砂、块石	3.0	3.3
2	钢材	2.0	2.2
3	油料	2.0	2.2
4	其他材料	2.5	2.75

材料原价、运杂费、运输保险费、采购及保管费分别按不含增值税进项税额的价格计算。

4.2.2.2 其他材料预算价格

其他材料预算价格可参考工程所在地区的工业与民用建筑安装工程材料预算价格或信息价格。(不含增值税进项税额的价格)

4.2.2.3 材料补差

主要材料预算价格超过表4-3规定的材料基价时,应按基价计入工程单价参与取费。预算价与基价的差值以材料补差形式计算,材料补差列入单价表中并计取税金。

表 4-3 主要材料基价表

序号	材料名称	单位	基价(元)
1	柴油	t	2 990
2	汽油	t	3 075
3	钢筋	t	2 560
4	水泥	t	255
5	炸药	t	5 150
6	外购砂石料	m^3	70
7	商品混凝土	m^3	200

主要材料预算价格低于基价时,按预算价计入工程单价。

计算施工电、风、水价格时,按预算价参与计算。

【例 4-1】 某水利枢纽工程施工,所用的钢筋需从甲、乙两个钢厂购买。所需普通钢 HPB235 占 30%,出厂价 3 600.00 元/t;低合金钢 HRB335Φ20~25 mm 占 70%,出厂价 3 760.00元/t,其运输保险费率为 5‰,车上交货,运输流程如下图所示:

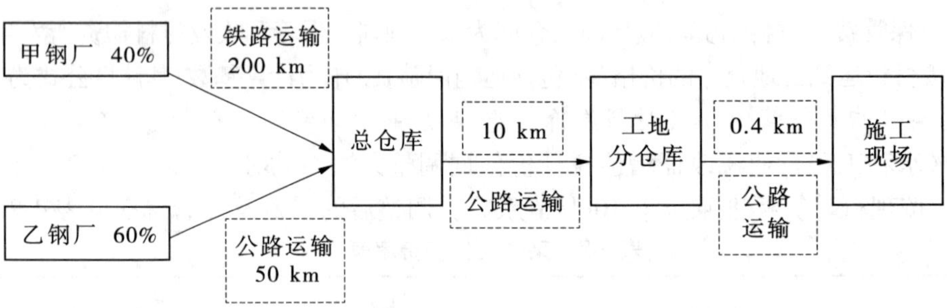

(1)铁路运输。

①运价:运价号 2,发到基价为 7.90 元/t,运行基价为 0.051 元/(t·km)。

②火车装车费 3.50 元/t,火车卸车费 2.00 元/t。

(2)公路运输。

汽车运价 1.10 元/(t·km),汽车装车费 5.00 元/t,卸车费 2.00 元/t。

从钢厂甲经铁路、公路运输,发生了"一装一卸";从钢厂乙经公路运输发生了"一装两卸"。

根据上述条件,计算该水利枢纽工程施工所用的钢筋预算价格。

解 原价 = 3 600.00×30%+3 760.00×70% = 3 712.00(元/t)

运杂费 = [(7.90+0.051×200+3.50+2.00)+(1.10×10+5.00+2.00)]×40%+

[1.10×(50+10)+5.00+2.00+2.00]×60%

= [(7.90+10.20+3.50+2.00)+(11+5+2)]×40%+(66+5+2+2)×60%

= 41.60×40%+75.00×60%

= 61.64(元/t)

采购及保管费 = (3 712.00+61.64)×2.2% = 83.02(元/t)

运输保险费 = 3 712.00×0.5% = 18.56(元/t)

钢筋预算价格 = 材料原价+包装费+运杂费+采购及保管费+运输保险费

= 3 712.00+0+61.64+83.02+18.56

= 3 875.22(元/t)

说明:装车费、卸车费次数需根据实际情况来计算。

【例 4-2】 某水利工程施工时,使用两种普通硅酸盐水泥。水泥使用比例:P.O32.5∶P.O42.5 = 65%∶35%,水泥出厂价:P.O32.5 水泥 396.00 元/t,P.O42.5 水泥 426.00 元/t。水泥运输流程如下图所示:

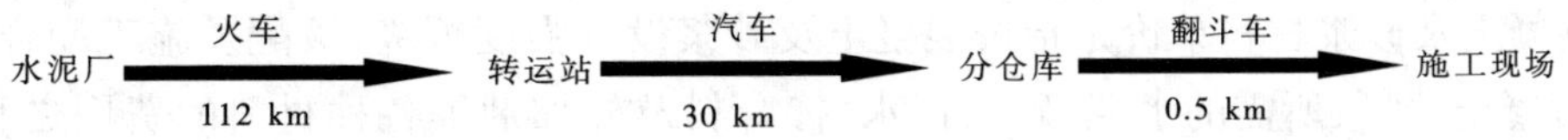

火车综合运价 0.138 元/(t · km),汽车运价 0.59 元/(t · km),装车费为 4.50 元/t,卸车费为 3.50 元/t,水泥运输保险费为 0.2%;水泥经铁路、公路运输到达工地分仓库,按"一装一卸"计算。装车费、卸车费次数根据实际发生情况来计。

根据以上资料,计算该工程所用水泥的预算价格。

解 水泥原价 = 396.00×65%+426.00×35% = 406.50(元/t)

运杂费 = 0.138×112+0.59×30+4.50+3.50 = 41.16(元/t)

运输保险费 = 406.50×0.2% = 0.81(元/t)

采购及保管费 = (406.50+41.16)×3.3% = 14.77(元/t)

水泥预算单价 = 406.50+41.16+0.81+14.77 = 463.24(元/t)

计算结果见表 4-4。

表 4-4 主要材料预算价格计算表

编号	名称及规格	单位	原价依据	单位毛重(t)	每吨运费(元)	价格(元/t)				
						原价	运杂费	运输保险费	采购及保管费	预算单价
1	普通硅酸盐水泥	t	市场价格	1		406.50	41.16	0.81	14.77	463.24

4.2.3 材料的分类

4.2.3.1 按对投资影响划分

(1)主材:如水泥、钢材、木材、柴油、炸药、砂石料、粉煤灰、沥青等。

(2)次材:其余材料。

4.2.3.2 按供用方式划分

(1)外购:大多数材料。

(2)自产:砂石料。

4.2.3.3 按材料性质划分

(1)消耗性材料:如炸药、电焊条、氧气、油料等。

(2)周转性材料:如模板、支撑件等。

(3)装置性材料:如管道、轨道、母线、电缆等。

任务4.3 混凝土及砂浆材料单价

在任务4.2中,介绍了钢筋、水泥等单一材料价格的计算方法。在工程建设中,混凝土、砂浆等混合材料在主体工程中用量多,对工程投资影响大。本任务主要介绍混凝土及砂浆材料单价的计算方法。

混凝土及砂浆材料单价是指按混凝土及砂浆设计强度等级、级配及施工配合比配制1 m^3 混凝土、砂浆所需的水泥、砂、石、水、掺合料及外加剂等各种材料的费用之和,它不包括拌制、运输、浇筑等工序的人工、材料和机械费用,也不包括搅拌损耗外的施工操作损耗及超填量等。

在编制混凝土工程概算单价时,应根据设计选定的不同工程部位的混凝土及砂浆的强度等级、级配和龄期确定出各组成材料的用量,进而计算出混凝土、砂浆材料单价。

1 m^3 混凝土、砂浆中各种材料预算用量分别乘以其材料预算价格,其总和即为定额项目表中混凝土、砂浆的材料单价。

4.3.1 计算方法

混凝土材料单价在混凝土工程单价中占有较大的比重,各混凝土施工配合比是计算混凝土材料单价(或混凝土基价)的基础。

4.3.1.1 混凝土材料用量确定

根据设计确定的不同工程部位的混凝土强度等级、级配和龄期,分别计算出每立方米混凝土材料单价,计入相应的混凝土工程概算单价内。其混凝土配合比的各项材料用量,应根据工程试验提供的资料计算,若无试验资料,也可参照《水利建筑工程概算定额》中附录7“混凝土材料配合表”计算。

4.3.1.2 掺粉煤灰混凝土材料用量

定额附录中掺粉煤灰混凝土配合比的材料用量是按超量取代法(也称超量系数法)确定的,即按照与纯混凝土同稠度、等强度的原则,用超量取代法对纯混凝土中的材料量进行调整,调整系数称为粉煤灰超量系数。按下列步骤计算。

1.掺粉煤灰混凝土的水泥用量

$$C = C_0(1 - f) \tag{4-4}$$

式中 C——掺粉煤灰混凝土的水泥用量,kg;

C_0——与掺粉煤灰混凝土同稠度、等强度的纯混凝土水泥用量,kg;

f——粉煤灰取代水泥百分率,即水泥节约量,其值可参考表4-5选取。

$$f = [(C_0 - C) \div C_0] \times 100\% \tag{4-5}$$

表 4-5 粉煤灰取代水泥百分率(f)参考表

混凝土强度等级	普通硅酸盐水泥	矿渣硅酸盐水泥
≤C15	15% ~25%	10% ~20%
C20	10% ~15%	10%
C25 ~ C30	15% ~20%	10% ~15%

注:1. 32.5(R)水泥及以下取下限,42.5(R)水泥及以上取上限。C20 及以上混凝土宜采用Ⅰ、Ⅱ级粉煤灰,C15 及以下素混凝土可采用Ⅲ级粉煤灰。

2. 粉煤灰等级按《水工混凝土掺用粉煤灰技术规范》标准划分。

2. 确定粉煤灰的掺量

$$F = K(C_0 - C) \tag{4-6}$$

式中 F——粉煤灰掺量,kg;

K——粉煤灰取代(超量)系数,为粉煤灰的掺量与取代水泥节约量的比值,可按表 4-6取值。

表 4-6 粉煤灰的取代(超量)系数表

粉煤灰级别	Ⅰ级	Ⅱ级	Ⅲ级
超量系数	1.0 ~1.4	1.2 ~1.7	1.5 ~2.0

3. 砂、石用量计算

由于采用超量取代法计算的掺粉煤灰混凝土的灰重(水泥及粉煤灰总重)较纯混凝土的灰重大,增加的灰重:

$$\Delta C = C + F - C_0 \tag{4-7}$$

式中 ΔC——增加的灰重,kg。

按与纯混凝土容重相等的原则,掺粉煤灰混凝土砂、石总量应相应减少 ΔC,按含砂率相等的原则,则掺粉煤灰混凝土砂、石重分别按下式计算:

$$S \approx S_0 - \Delta C\ S_0/(S_0 + G_0) \tag{4-8}$$

$$G \approx G_0 - \Delta C\ G_0/(S_0 + G_0) \tag{4-9}$$

式中 S——掺粉煤灰混凝土砂重,kg;

S_0——纯混凝土砂重,kg;

G——掺粉煤灰混凝土石重,kg;

G_0——纯混凝土石重,kg。

由于增加的灰重 ΔC 主要是代替细骨料砂填充粗骨料石的空隙,故简化计算时也可将增加的灰重 ΔC 全部从砂的重量中核减,石重不变。

4. 用水量计算

$$\text{掺粉煤灰混凝土用水量 } W = \text{纯混凝土用水量 } W_0(\mathrm{m}^3) \tag{4-10}$$

5. 外加剂用量计算

外加剂用量 Y 可按掺粉煤灰混凝土的水泥用量 C 的 0.2% ~0.3% 计算,概算定额取 0.2%,即

$$Y = C \times 0.2\% \tag{4-11}$$

根据上述公式,可计算不同的超量系数 K 及不同的粉煤灰取代水泥百分率 f 时掺粉煤灰混凝土的材料用量。

【例4-3】 某C20三级配掺粉煤灰混凝土,水泥强度等级为42.5(R),水灰比为0.6,粉煤灰取代水泥百分率为12%,粉煤灰的取代系数为1.30,计算该混凝土的配合比材料用量。

解 (1)计算掺粉煤灰混凝土水泥用量。

查《水利建筑工程概算定额》附录7表7-7,C20三级配纯混凝土配合比材料用量为:42.5水泥 C_0 =218 kg,粗砂 S_0 =618 kg,卵石 G_0 =1 627 kg,水 W_0 =0.125 m³。则:

$$C = C_0(1-f) = 218 \times (1-12\%) = 192(\text{kg})$$

(2)计算粉煤灰掺量。

$$F = K(C_0 - C) = 1.3 \times (218 - 192) = 34(\text{kg})$$

(3)计算砂、石用量。

$$\Delta C = C + F - C_0 = 192 + 34 - 218 = 8(\text{kg})$$

$$S \approx S_0 - \Delta C S_0/(S_0 + G_0) = 618 - 8 \times 618 \div (618 + 1\,627) = 616(\text{kg})$$

$$G \approx G_0 - \Delta C G_0/(S_0 + G_0) = 1\,627 - 8 \times 1\,627 \div (618 + 1\,627) = 1\,621(\text{kg})$$

(4)计算用水量。

$$W = W_0 = 0.125 \text{ m}^3$$

(5)计算外加剂用量。

$$Y = 192 \times 0.2\% = 0.38(\text{kg})$$

4.3.2 换算系数及有关说明

4.3.2.1 混凝土强度等级与设计龄期的换算

现浇水泥混凝土强度等级的选取,应根据设计对不同水工建筑物的不同运用要求,尽可能利用混凝土的后期强度(60 d、90 d、180 d、360 d),以降低混凝土强度等级,节省水泥用量。现行定额中,不同混凝土配合比所对应的混凝土强度等级均以28 d龄期的抗压强度为准,如设计龄期超过28 d,应进行换算,折算为28 d的强度等级,才能使用定额附录混凝土配合比表材料用量。

换算系数如表4-7所示。当换算结果介于两种强度等级之间时,应选用高一级的强度等级。如某大坝混凝土采用180 d龄期,设计强度等级为C20,则换算为28 d龄期时对应的混凝土强度等级为:C20×0.71≈C14,其结果介于C10与C15之间,则混凝土的强度等级取C15。

表4-7 混凝土龄期与强度等级换算系数

设计龄期(d)	28	60	90	180	360
强度等级换算系数	1.00	0.83	0.77	0.71	0.65

4.3.2.2 原水泥强度等级与代换水泥强度等级的换算

定额配合比表中的水泥用量是按机械拌和拟定的,若采用人工拌和,水泥用量应增加

5%。当工程中采用的水泥强度等级与定额附录配合比表中不同时，应对配合比表中的水泥、粉煤灰用量进行调整，如表4-8所示。

表4-8 水泥强度等级与用量换算系数参考表

原水泥强度等级	代换水泥强度等级		
	32.5	42.5	52.5
32.5	1.00	0.86	0.76
42.5	1.16	1.00	0.88
52.5	1.31	1.13	1.00

4.3.2.3 骨料种类、粒度换算系数

定额附录混凝土配合比表是按粗砂、卵石混凝土拟定的，当工程中采用中细砂或碎石混凝土时，须按表4-9所示系数换算。

表4-9 混凝土骨料换算系数表

项目	水泥	砂	石子	水
卵石换为碎石	1.10	1.10	1.06	1.10
粗砂换为中砂	1.07	0.98	0.98	1.07
粗砂换为细砂	1.10	0.96	0.97	1.10
粗砂换为特细砂	1.16	0.90	0.95	1.16

注：1.水泥按质量计，砂、石子、水按体积计。

2.若实际采用碎石及中细砂，则总的换算系数应为各单项换算系数的连乘积。

3.粉煤灰的换算系数同水泥的换算系数。

4.3.2.4 埋块石混凝土材料用量的调整

大体积混凝土，为了节约水泥和温控的需要，常常采用埋块石混凝土。这时应将混凝土配合比表中的材料用量，扣除埋块石实体的数量。

埋块石混凝土材料用量 = 定额配合比表中的材料用量 ×(1 − 埋块石率) (4-12)

式中，埋块石率(%)由施工组织设计确定，(1 − 埋块石率)为材料用量调整系数。

埋块石混凝土应增加的人工工时数量见表4-10。

表4-10 埋块石混凝土浇筑定额增加的人工工时数量

埋块石率(%)	5	10	15	20
每100 m^3 块石混凝土增加人工工时(工时)	24.0	32.0	42.4	56.8

注：表中列工时不包括块石运输及影响浇筑的工时。

进行工程单价计算时，埋块石混凝土用量，一般分成“混凝土”与“块石(以码方计)”材料两项，二者的用量均可由埋块石率求得。

每100 m^3 块石混凝土中混凝土用量 = 1 − 埋块石率(%) (4-13)

每100 m^3 块石混凝土中块石用量 = 埋块石率(%) × 1.67(m^3，码方) (4-14)

块石折方系数：1 m^3 实体方 = 1.67 m^3 码方。

上述调整后的混凝土，其基价仍用未埋块石的混凝土基价。“块石”在浇筑定额中的

计量单位以码方计,相应块石开采、运输单价的计量单位亦以码方计。

4.3.3 混凝土及砂浆材料单价

混凝土及砂浆材料单价可按下式计算:

$$混凝土材料单价 = \sum 1\ m^3\ 混凝土材料用量 \times 材料的预算价格 \tag{4-15}$$

$$砂浆材料单价 = \sum 1\ m^3\ 砂浆材料用量 \times 材料的预算价格 \tag{4-16}$$

【例4-4】 某水利工程中某部位采用掺粉煤灰混凝土(掺粉煤灰量25%,取代系数1.3),采用的混凝土为C20三级配,混凝土用32.5级普通硅酸盐水泥、中砂、碎石配制。已知混凝土各组成材料的预算价格为:32.5级普通硅酸盐水泥396.00元/t、中砂80元/m^3、碎石60元/m^3、水0.90元/m^3、粉煤灰250元/t、外加剂5元/kg。计算该混凝土材料的预算单价。

解 第一步:查水利部2002年《水利建筑工程概算定额》(下册)附录7表7-10"掺粉煤灰混凝土材料配合表(掺粉煤灰量25%,取代系数1.3)",节选见表4-11。

表4-11 掺粉煤灰混凝土材料配合比

(掺粉煤灰量25%,取代系数1.3) (单位:m^3)

混凝土强度等级	水泥强度等级	水灰比	级配	最大粒径(mm)	预算量							
					水泥(kg)	粉煤灰(kg)	粗砂		卵石		外加剂(kg)	水(m^3)
							kg	m^3	kg	m^3		
C20	32.5	0.55	3	80	178	79	590	0.40	1 622	0.95	0.36	0.125
			4	150	156	69	495	0.32	1 787	1.05	0.32	0.110
	42.5	0.60	3	80	163	71	615	0.42	1 617	0.95	0.33	0.125
			4	150	143	63	517	0.35	1 780	1.05	0.29	0.110

第二步:混凝土骨料用量换算。

表4-11中材料为粗砂、卵石混凝土,实际工程中采用中砂、碎石混凝土,混凝土骨料用量按表4-9的系数换算如下:

水泥:$178 \times 1.10 \times 1.07 = 209.51$(kg)

粉煤灰:$79 \times 1.10 \times 1.07 = 92.98$(kg)(粉煤灰的换算系数同水泥的换算系数)

中砂:$0.40 \times 0.98 \times 1.10 = 0.43$($m^3$)

碎石:$0.95 \times 0.98 \times 1.06 = 0.99$($m^3$)

第三步:计算混凝土材料的基价和价差。

(1)C20混凝土材料基价:

$(178 \times 1.10 \times 1.07) \times 0.255 + (79 \times 1.10 \times 1.07) \times 0.25 + (0.40 \times 0.98 \times 1.10) \times 70 + (0.95 \times 0.98 \times 1.06) \times 60 + 0.36 \times 5 + (0.125 \times 1.07 \times 1.10) \times 0.90 = 53.42 + 23.25 + 30.19 + 59.21 + 1.80 + 0.132 = 168.00$(元/$m^3$)

(2)C20混凝土材料价差:

$178 \times 1.10 \times 1.07 \times (0.396 - 0.255) + 0.40 \times 0.98 \times 1.10 \times (80 - 70) = 29.54 +$

4. 31 = 33. 85(元/m^3)

材料预算价格低于基价的,材料基价栏可不填数据。计算过程见表 4-12。

表 4-12　掺粉煤灰混凝土材料单价计算表　(单位:m^3)

编号	名称及规格	单位	预算量	调整系数	材料预算单价			混凝土材料价格	
					预算价(元)	基价(元)	价差(元)	基价(元)	价差(元)
一	C20(三级配)	m^3						168.00	33.85
1	水泥(32.5 级)	kg	178	1.10×1.07	0.396	0.255	0.141	53.42	29.54
2	粉煤灰	kg	79	1.10×1.07	0.25			23.25	
3	中砂	m^3	0.40	0.98×1.10	80	70	10	30.19	4.31
4	碎石	m^3	0.95	0.98×1.06	60			59.21	
5	外加剂	kg	0.36		5			1.80	
6	水	m^3	0.125	1.07×1.10	0.9			0.132	

【例 4-5】 某工程采用碎石和中砂 C25 混凝土,P. O42. 5 普通硅酸盐水泥二级配。已知混凝土各组成材料的预算价格为:42. 5 级普通硅酸盐水泥 426. 00 元/t、中砂 60 元/m^3、碎石(综合)69 元/m^3、水 0. 90 元/m^3。计算该混凝土材料的预算单价。

解　第一步:确定混凝土的配合比。查水利部 2002 年《水利建筑工程概算定额》(下册)附录 7 表 7-7“纯混凝土材料配合比及材料用量”,节选见表 4-13。

表 4-13　纯混凝土材料配合比及材料用量　(单位:m^3)

混凝土强度等级	水泥强度等级	水灰比	级配	最大粒径(mm)	预算量					
					水泥(kg)	粗砂		卵石		水(m^3)
						kg	m^3	kg	m^3	
C25	42.5	0.55	1	20	321	798	0.54	1 227	0.72	0.170
			2	40	289	733	0.49	1 382	0.81	0.150
			3	80	238	594	0.40	1 637	0.96	0.125
			4	150	208	498	0.34	1 803	1.06	0.110

由表 4-13 可知,每立方米 C25 混凝土 42. 5 级普通硅酸盐水泥(水灰比 0. 55、二级配)材料预算量:42. 5 级普通硅酸盐水泥 289 kg,粗砂 733 kg(0. 49 m^3),卵石 1 382 kg(0. 81 m^3),水 0. 15 m^3。实际工程中采用的是碎石和中砂混凝土,应按表 4-9 系数进行换算。

第二步:代入各组成材料的单价。

在混凝土组成材料中,水泥、外购砂石骨料等的预算价格超过基价时,应按基价计算。

本例中,42.5 级普通硅酸盐水泥预算价格 426.00 元/t 超过了水泥基价 255 元/t,应按基价 255 元/t 计算,超出部分以材料补差形式列入工程单价表中,并计取税金。

第三步:计算混凝土材料单价。

(1)C25 混凝土材料基价:

(289×1.10×1.07)×0.255+(0.49×1.10×0.98)×60.00+(0.81×1.06×0.98)×69.00+(0.15×1.10×1.07)×0.90=176.65(元/m^3)

(2)C25 混凝土价差:

(289×1.10×1.07)×(0.426−0.255)=58.17(元/m^3)

本例如果材料预算价格中砂 72 元/m^3、碎石(综合)75 元/m^3,其他条件相同。则该 C25 混凝土(二级配)材料的基价和价差为:

(1)C25 混凝土材料基价:

(289×1.10×1.07)×0.255+(0.49×1.10×0.98)×70.00+(0.81×1.06×0.98)×70.00+(0.15×1.10×1.07)×0.90=182.77(元/m^3)

(2)C25 混凝土价差:

(289×1.10×1.07)×(0.426−0.255)+(0.49×1.10×0.98)×(72−70)+(0.81×1.06×0.98)×(75−70)=63.43(元/m^3)

当采用商品混凝土时,其材料单价应按基价 200 元/m^3 计入工程单价参加取费,预算价格与基价的差额以材料补差形式进行计算,材料补差列入单价表中并计取税金。

【例 4-6】 某排涝闸工程护坡施工采用 M7.5 浆砌块石,经市场调查:砂 75 元/m^3,32.5 级普通硅酸盐水泥 396.00 元/t,施工用水 0.90 元/m^3,计算该工程 M7.5 砂浆材料单价。

解 第一步:查水利部 2002 年《水利建筑工程概算定额》(下册)附录 7 表 7-15"水泥砂浆材料配合比表(1)砌筑砂浆",节选见表 4-14。

表 4-14 水泥砂浆材料配合比表

(1)砌筑砂浆 (单位:m^3)

砂浆类别	砂浆强度等级	32.5 级水泥(kg)	砂(m^3)	水(m^3)
水泥砂浆	M5	211	1.13	0.127
	M7.5	261	1.11	0.157
	M10	305	1.10	0.183
	M12.5	352	1.08	0.211

由表 4-14 可知,每立方米 M7.5 砌筑砂浆配合比:32.5 级水泥 261 kg,砂 1.11 m^3,水 0.157 m^3。

第二步:计算 M7.5 砂浆材料单价。

M7.5 砂浆材料基价=261×0.255+1.11×70+0.157×0.90=144.40(元/m^3)

M7.5 砂浆材料价差=261×(0.396−0.255)+1.11×(75−70)=42.35(元/m^3)

任务 4.4 砂石料单价

4.4.1 概述

砂石骨料是水利工程中砂、卵(砾)石、碎石、块石、料石等材料的统称。砂石骨料是水利工程中混凝土和堆砌石等构筑物的主要建筑材料。粒径大于 5 mm 的骨料称为粗骨料,即我们常说的石子;粒径小于 5 mm 的骨料称为细骨料,又称为砂。

(1)砂石料。砂石料是砂砾石、砂、砾石、块石、条石等材料的统称。

(2)骨料。骨料亦称"集料",是指经过加工分级后可用于混凝土制备的砂、砾石和碎石的统称。

骨料是指在混凝土及砂浆中起骨架和填充作用的粒状材料。有细骨料和粗骨料两种。细骨料颗粒直径为 0.16～5 mm,一般采用天然砂,如河砂、海砂及山谷砂等,当缺乏天然砂时,也可用坚硬岩石磨碎的人工砂;粗骨料颗粒直径大于 5 mm,常用的有碎石和卵石,在同样条件下,碎石混凝土的强度比卵石混凝土的高,但碎石是由岩石轧碎而成,成本较卵石高。轻骨料混凝土中常用的粗骨料有浮石等天然多孔岩石,陶粒、膨胀矿渣等人造多孔骨料。

砂指粒径不超过 5 mm 的骨料;碎石指经破碎、加工分级后粒径大于 5 mm 的骨料;砾石指砂砾料经加工分级后粒径大于 5 mm 的卵石;碎石原料指未经破碎、加工的岩石开采料;超径石指砂砾料中大于设计骨料最大粒径的卵石;块石指长、宽各为厚度的 2～3 倍,厚度大于 20 cm 的石块;片石指长、宽各为厚度的 3 倍以上、厚度大于 15 cm 的石块;毛条石指长度大于 60 cm 的长条形、四棱方正的石料;料石指毛条石经过修边打荒加工、外露面方正、各相邻面正交、表面凹凸不超过 10 mm 的石料。

砂石料是水利水电工程的主要建筑材料,按其来源不同一般可分为天然砂石料和人工砂石料两种。天然砂石料是岩石经风化和水流冲刷而形成的,有河砂、山砂、海砂及河卵石、山卵石和海卵石等;人工砂石料是采用爆破等方式,开采岩体经机械设备的破碎、筛洗、碾磨加工而成的碎石和人工砂(又称机制砂)。

在水利水电工程建设过程中,由于砂石料的使用量很大,大中型工程一般由施工单位自行采备,自行采备的砂石料必须单独编制单价。根据《编规》规定,水利工程砂石料由施工企业自行采备时,砂石料单价应根据料源情况、开采条件和工艺流程进行计算,并计取间接费、利润及税金。

外购砂、碎石(砾石)、块石、料石等材料预算价格超过 70 元/m^3 时,应按基价 70 元/m^3 计入工程单价参加取费,预算价格与基价的差额以材料补差形式进行计算,材料补差列入单价表中并计取税金。

4.4.2 骨料单价计算

天然骨料料源是砂砾石,由于砂砾石天然级配各级含量和设计选用的各级粒径用量有差异,因此应根据料场资料、混凝土工程量,计算的骨料各级用量及砂石料平衡计算成果,计算确定有关参数。

4.4.2.1 确定有关参数

1. 覆盖层清除摊销率

覆盖层清除摊销率,是指覆盖层的清除量占设计成品骨料总用量的比例。

覆盖层清除摊销率 = 覆盖层清除量(t) ÷ 成品骨料总用量(t) ×100% (4-17)

2. 弃料摊销率

砂石料加工过程中,有部分废弃的砂石料,在砂石骨料单价计算中,施工损耗已在定额中考虑,不再计入弃料处理摊销费,只对级配弃料和超径石弃料、剩余骨料弃料分别计算摊销费。如施工组织设计规定某种弃料需挖装运出至指定弃料地点,则还应计算这一部分运出弃料摊销费。

弃料摊销率 = 弃料量(t) ÷ 成品骨料总用量(t) ×100% (4-18)

级配弃料摊销率 = 级配弃料量(t) ÷ 设计成品骨料总用量(t) ×100% (4-19)

超径石弃料摊销率 = 超径石弃料量(t) ÷ 设计成品骨料总用量(t) ×100% (4-20)

剩余骨料弃料摊销率 = 剩余骨料弃料量(t) ÷ 设计成品骨料总用量(t) ×100% (4-21)

3. 破碎率

破碎率 = 需破碎量(t) ÷ 设计成品骨料总用量(t) ×100% (4-22)

4.4.2.2 各工序单价计算

一般工序如下:

覆盖层清除→砂砾料开采运输→预筛分→筛分冲洗

(1)覆盖层清除。天然砂砾石料场(一般为河滩)表层都有杂草、树木、腐殖土等覆盖,在毛料开采前应剥离清除。采用土方工程定额,计算工序单价,并折算为 100 t。

(2)砂砾料开采运输。指砂砾料从料场开采、运输到毛料筛分厂堆存处的整个过程。该工序费用应根据施工组织设计确定的施工方法,采用现行定额相应子目进行计算,并折算为 100 t。根据加工工艺(有无破碎),记入系数计算复价。

(3)预筛分。预筛分指将砂砾石隔离超径石过程,包括条筛、重型振动筛两种隔离方式。

(4)筛分冲洗。为满足混凝土骨料质量和级配要求,将通过预筛分工序的半成品料,筛分为粒径等级符合设计级配、干净合格的成品料,且分级堆存。筛分为 5 种径级产品,即:砂(细骨料),粒径 0.15 ~ 5 mm,按其粗细程度又可分为粗砂、中砂、细砂 3 种;4 种砾石(粗骨料),粒径 5 ~ 20 mm、20 ~ 40 mm、40 ~ 80 mm、80 ~ 150 mm,分别称为小石、中石、大石和特大石。

4.4.3 砂石料单价计算应注意的问题

(1)本任务定额计量单位,除注明者外,毛料开采、运输一般为成品方(堆方、码方),砂石料加工等为成品质量(t)。

(2)计算人工碎石加工单价时,如生产碎石的同时,附带生产人工砂,其数量不超过总量的 10%,则可采用单独制碎石定额计算其单价;如果生产碎石的同时,生产的人工砂的数量通常超过总量的 11%，则适用于同时制碎石和砂的加工工艺，并套用同时制碎石和砂定额分别计算其单价。

(3)在计算砂砾料(或碎石原料)采运单价时，如果有几个料场，或有几种开采运输方式，应分别编制单价后用加权平均方法计算毛料采运综合单价。

(4)弃料单价应为选定处理工序处的砂石料单价。在预筛分时产生的超径石弃料单价，其筛洗工序单价可按砂砾料筛洗定额中的人工和机械台时数量各乘 0.2 的系数计价，并扣除用水。若弃料需转运到指定地点，其运输单价应按砂石备料工程有关定额子目计算。

(5)根据施工组织设计，砂石加工厂的预筛粗碎车间与成品筛洗车间距离超过 200 m 时，应按半成品料运输方式及相关定额计算其单价。

(6)砂石料密度参考见表 4-15。

表 4-15　砂石料密度参考表

砂石料类别	天然砂石料			人工砂石料		
	松散砂砾混合料	分级砾石	砂	碎石原料	成品碎石	成品砂
密度(t/m^3)	1.74	1.65	1.55	1.76	1.45	1.50

【例 4-7】　某大型水利工程施工中，设计砂石料用量 137.5 万 m^3，其中粗骨料 97.9 万 m^3，砂 39.6 万 m^3；料场覆盖层 15.8 万 m^3，成品储备量 145.2 万 m^3。超径石弃料 3.72 万 m^3，粗骨料级配弃料 23.43 万 m^3，砂级配弃料 5.17 万 m^3。施工企业自行采备砂石料，计算砂石料单价。

解　第一步：按工艺流程计算单价。

砂石料加工工艺流程：覆盖层清除→毛料开采运输→预筛分、超径石破碎运输→筛洗、运输→成品骨料运输。其中预筛分、超径石破碎、筛洗、运输工序中需将其弃料运至指定地点。

经计算：覆盖层清除单价 11.61 元/m^3，弃料运输单价 12.38 元/m^3；

砂：毛料开采运输单价 14.33 元/m^3，预筛分、超径石破碎运输单价 7.16 元/m^3，筛洗、运输单价 8.35 元/m^3，成品骨料运输单价 16.01 元/m^3；

粗骨料：毛料开采运输单价 10.98 元/m^3，预筛分、超径石破碎运输单价 7.06 元/m^3，筛洗、运输单价 9.26 元/m^3，成品骨料运输单价 7.98 元/m^3。

第二步：计算砂石料基本单价。

基本单价 = 毛料开采运输 + 预筛分、超径石破碎运输 + 筛洗、运输 + 成品运输

粗骨料基本单价 = $10.98 + 7.06 + 9.26 + 7.98 = 35.28$(元/$m^3$)

砂基本单价 = $14.33 + 7.16 + 8.35 + 16.01 = 45.85$(元/$m^3$)

第三步：计算砂石料摊销单价。

覆盖层清除摊销单价 = 覆盖层清除单价 × 覆盖层清除摊销率

$= 11.61 \times 15.8 \div 145.2 = 1.26$(元/$m^3$)

超径石弃料摊销单价 = 超径石弃料单价 × 超径石弃料摊销率

$=(10.98+7.06+12.38)\times3.72\div97.9=1.16$(元/$m^3$)

粗骨料级配弃料摊销单价=级配弃料单价×粗骨料级配弃料摊销率

$=(10.98+7.06+9.26+12.38)\times23.43\div97.9$

$=9.50$(元/m^3)

砂级配弃料摊销单价=砂级配弃料单价×砂级配弃料摊销率

$=(14.33+7.16+8.35+12.38)\times5.17\div39.6=5.51$(元/$m^3$)

第四步:计算砂石料综合单价。

砂石料综合单价=基本单价+摊销单价

粗骨料综合单价$=35.28+1.26+1.16+9.50=47.20$(元/$m^3$)

砂综合单价$=45.85+1.26+5.51=52.62$(元/m^3)

任务4.5 施工机械台时费

施工机械台时费指一台机械正常工作1 h所支出和分摊的各项费用之和。台时费是计算建筑安装工程单价中机械使用费的基础单价。

4.5.1 施工机械台时费组成

现行水利部颁发的《水利工程施工机械台时费定额》中规定:施工机械台时费一般由一类费用和二类费用两部分组成。若施工机械须通过公用车道,按工程所在地交通部门规定的收费标准计算三类费用,主要包括养路费、牌照税、车船使用税及保险费等。不领取牌照、不缴纳养路费的非车、船类施工机械不计第三类费用。

由于大型水利工程的施工机械主要在施工场内使用,因此部颁施工机械台时费定额规定只计算一、二类费用。

4.5.1.1 一类费用

一类费用分为折旧费、修理及替换设备费(含大修理费、经常性修理费)和安装拆卸费,按定额编制年的物价水平计算并用金额表示,编制台时费单价时应按主管部门发布的一类费用调整系数进行调整。

4.5.1.2 二类费用

二类费用分为人工、动力、燃料或消耗材料,以工时数量和实物消耗量表示,其费用按国家规定的人工工资计算办法和工程所在地的物价水平分别计算。

编制机械台时费时,其数量指标一般不允许调整。本项费用取决于每台机械的使用情况,只有在机械运输时才发生。

4.5.1.3 各类费用的定义及取费原则

(1)折旧费:指机械在寿命期内回收原值的台时折旧摊销费用。

(2)修理及替换设备费:指机械使用过程中,为了使机械保持正常功能而进行修理所需费用,日常保养所需的润滑油料费、擦拭用品费、机械保管费,以及替换设备、随机使用的工具附具等所需的台时摊销费用。

(3)安装拆卸费：指机械进出工地的安装、拆卸、试运转和场内转移及辅助设施的摊销费用。

部分大型机械(如塔式起重机、高架门机等)的安装拆卸费不在台时费中计列，按现行规定已包括在其他临时工程项内。不需要安装、拆卸的施工机械(如自卸汽车、船舶、拖轮等)，台时费中不计列此项费用。

(4)人工：指机械使用时机上操作人员的工时消耗，包括机械运转时间、辅助时间，用餐、交接班及必要的机械正常中断时间。台时费按中级工计算。

(5)动力、燃料费或消耗材料：指机械正常运转时所需的风(压缩空气)、水、电、油、煤及木柴等费用。其中，机械消耗电量包括机械本身和最后一级降压变压器低压侧至施工用电点之间的线路损耗，风、水消耗包括机械本身和移动支管的损耗。

4.5.2　施工机械台时费计算

$$\text{一类费用} = \text{定额一类费用金额} \times \text{编制年调整系数} \tag{4-23}$$

$$\text{二类费用} = \text{定额机上人工工时数} \times \text{中级工人工预算单价} + \sum(\text{定额动力、燃料消耗量} \times \text{动力、燃料预算价格}) \tag{4-24}$$

一、二类费用之和即为施工机械台时费。

根据水利部《水利工程营业税改征增值税计价依据调整办法》(办水总〔2016〕132号)，施工机械使用费，按调整后的施工机械台时费定额和不含增值税进项税额的基础价格计算。施工机械台时费定额的折旧费除以1.15调整系数，修理及替换设备费除以1.11调整系数，安装拆卸费不变。

掘进机及其他由建设单位采购、设备费单独列项的施工机械，台时费中不计折旧费，设备费除以1.17调整系数。

根据《水利部办公厅关于调整水利工程计价依据增值税计算标准的通知》(办财务函〔2019〕448号)，施工机械台时费定额的折旧费除以1.13调整系数，修理及替换设备费除以1.09调整系数。掘进机及其他由建设单位采购、设备费单独列项的施工机械，设备费采用不含增值税进项税额的价格。

4.5.3　施工机械组时费计算

组合台时(简称组时)是指多台施工机械设备相互衔接或配备形成的机械联合作业系统的台时。

组合台时费等于系统中各施工机械台时费之和。如例4-10中的柴油发电机组组时总费用为柴油发动机250 kW(1台)与柴油发动机200 kW(1台)的台时费之和。

4.5.4　补充施工机械台时费的编制

当施工组织设计选取的施工机械在台时费定额中缺项，或规格、型号不符时，必须编制补充施工机械台时费,其水平要与同类机械相当。编制时一般依据该机械的预算价格、年折旧率、年工作台时、额定功率及额定动力或燃料消耗量等参数,采用施工机械台时费定额编制方法、直线内插法、占基本折旧费比例法等进行编制(具体编制办法本书中不再赘述)。

【例 4-8】 某水利枢纽工程位于一般地区,一类费用调整系数为 1.00,柴油预算价格为 6.00 元/kg。试计算 1 m^3液压挖掘机、59 kW 推土机、10 t 自卸汽车的台时费。

解 第一步:查人工预算单价计算标准,一般地区枢纽工程的中级工人工预算单价为 8.90 元/工时。

第二步:查水利部 2002 年《水利工程施工机械台时费定额》,节选如表 4-16 所示。

表 4-16 土石方机械

项目		单位	单斗挖掘机	推土机	自卸汽车
			液压	功率(kW)	载重量(t)
			斗容	59	10
			1.0		
(一)	折旧费	元	35.63	10.8	30.49
	修理及替换设备费	元	25.46	13.02	18.30
	安装拆卸费	元	2.18	0.49	
	小计	元	63.27	24.31	48.79
(二)	人工	工时	2.7	2.4	1.3
	汽油	kg			
	柴油	kg	14.9	8.4	10.8
	电	kWh			
	风	m^3			
	水	m^3			
	煤	kg			
备注					
编号			1009	1042	3015

第三步:计算 1 m^3 液压挖掘机、59 kW 推土机、10 t 自卸汽车的台时费。

根据《水利部办公厅关于调整水利工程计价依据增值税计算标准的通知》(办财务函〔2019〕448 号),施工机械台时费定额中一类费用的折旧费除以 1.13 调整系数,修理及替换设备费除以 1.09 调整系数。

(1)1 m^3液压挖掘机(定额编号 1009):折旧费 35.63 元/台时,修理及替换设备费 25.46 元/台时,安装拆卸费 2.18 元/台时;机上人工工时数 2.7 工时/台时,柴油消耗量 14.9 kg/台时。

一类费用 = (35.63 ÷ 1.13 + 25.46 ÷ 1.09 + 2.18) × 1.00 = 57.07(元)

二类费用 =2.7×8.90+14.9×2.99=68.58(元)

1 m^3液压挖掘机台时费基价 =57.07+68.58=125.65(元/台时)

1 m^3液压挖掘机台时费价差 =14.9×(6.00-2.99)=44.85(元/台时)

(2)59 kW 推土机(定额编号1042):折旧费10.80元/台时,修理及替换设备费13.02元/台时,安装拆卸费0.49元/台时;机上人工工时数2.4工时/台时,柴油消耗量8.4 kg/台时。

一类费用 =(10.8÷1.13+13.02÷1.09+0.49)×1.00=21.99(元)

二类费用 =2.4×8.90+8.4×2.99=46.48(元)

59 kW 推土机台时费基价 =21.99+46.48=68.47(元/台时)

59 kW 推土机台时费价差 =8.4×(6.00-2.99)=25.28(元/台时)

(3)10 t 自卸汽车(定额编号3015):折旧费30.49元/台时,修理及替换设备费18.30元/台时;机上人工工时数1.3工时/台时,柴油消耗量10.8 kg/台时。

一类费用 =(30.49÷1.13+18.30÷1.09)×1.00=43.77(元)

二类费用 =1.3×8.90+10.8×2.99=43.86(元)

10 t 自卸汽车台时费基价 =43.77+43.86=87.63(元/台时)

10 t 自卸汽车台时费价差 =10.8×(6.00-2.99)=32.51(元/台时)

上述三种机械的施工机械台时费计算结果见表4-17。

表4-17 施工机械台时费计算表(一)

定额编号	机械名称及规格	台时费(元)	台时费基价(元)	台时费价差(元)	一类费用调整系数	一类费用(元)	二类费用定额量						
							人工(工时)	汽油(kg)	柴油(kg)	水(m^3)	电(kWh)	风(m^3)	煤(kg)
1009	液压挖掘机1 m^3	170.50	125.65	44.85	1.00	57.07	2.7		14.9				
1042	推土机59 kW	93.75	68.47	25.28	1.00	21.99	2.4		8.4				
3015	自卸汽车10 t	120.14	87.63	32.51	1.00	43.77	1.3		10.8				

同样,可把本例题改用引水工程、河道工程,分别计算上述三种机械的台时费。

【例4-9】 某水利枢纽工程位于甘肃省兰州市城关区,根据造价管理部门的规定,一类费用调整系数为1.05。该工程施工用电预算单价为1.066元/kWh,柴油预算单价为6.00元/kg。计算5 m^3装载机的机械台时费。

解 第一步:查附录3。甘肃省兰州市城关区属于一般地区,该水利枢纽工程中级工人工预算单价为8.90元/工时。

第二步:查水利部2002年《水利工程施工机械台时费定额》,5 m^3装载机(定额编号1032):折旧费153.46元/台时,修理及替换设备费83.79元/台时;机上人工2.4工时/台时,柴油消耗量39.4 kg/台时。

第三步:计算5 m^3装载机的机械台时费。

一类费用 =(153.46÷1.13+83.79÷1.09)×1.05=212.68×1.05=223.31(元)

二类费用 =2.4×8.90+39.4×2.99=139.17(元)

5 m^3装载机台时费基价 =223.31+139.17=362.48(元/台时)

5 m^3装载机台时费材料补差 = 39.4 × (6.00 − 2.99) = 118.59(元/台时)

5 m^3装载机台时费 = 362.48 + 118.59 = 481.07(元/台时)

计算结果见表4-18。

表4-18 施工机械台时费计算表(二)

定额编号	机械名称及规格	台时费(元)	台时费基价(元)	台时费价差(元)	一类费用调整系数	一类费用(元)	二类费用定额量						
							人工(工时)	汽油(kg)	柴油(kg)	水(m^3)	电(kWh)	风(m^3)	煤(kg)
1032	5 m^3装载机	481.07	362.48	118.59	1.05	212.68	2.4		39.4				

任务4.6 施工用电、水、风预算价格

电、风、水在水利水电工程施工中消耗量很大,其预算价格的准确程度直接影响施工机械台时费和工程单价的高低,从而影响到工程造价。因此,在编制电、风、水预算单价时,要根据施工组织设计所确定的电、风、水的供应方式、布置形式、设备情况和施工企业已有的实际资料分别进行计算。

施工用电、风、水价格是编制水利工程投资的基础价格,其价格组成大致相同,由基本价、能量损耗摊销费、设施维修摊销费三部分组成。

4.6.1 施工用电价格

施工用电按用途可分为生产用电和生活用电两部分。生产用电直接计入工程成本,包括施工机械用电、施工照明用电和其他生产用电。生活用电是指生活文化福利建筑的室内外照明和其他生活用电。水利水电工程概预算中的施工用电电价仅指生产用电。

水利水电工程施工用电一般有两种来源。分别为外购电和自发电。外购电是指由国家或地方电网及其他电厂供电的电网供电。电网供电电价低廉,电源可靠,是施工时的主要电源。自发电是指由施工企业自备柴油发电机、自建水力发电厂或火力发电厂供电。自发电成本较高,一般作为施工企业的备用电源或高峰用电时使用的。

4.6.1.1 电价的组成

电价由基本电价、电能损耗摊销费和供电设施维修摊销费组成。

1. 基本电价

基本电价是施工用电电价的主要部分。

(1)外购电的基本电价,是指施工企业向供电单位购电,按国家或地方规定所需支付的单位供电价格。凡是由国家电网供电的,执行国家规定的基本电价中的非工业标准电价;由地方电网或其他企业中小型电网供电的,执行地方电价主管部门规定的电价。

(2)自发电的基本电价,是指发电厂(或自备发电机)的单位发电成本。

2. 电能损耗摊销费

(1)外购电的电能损耗摊销费,是指施工企业与供电部门从产权分界处(供电单位收

费计量点)起,到现场施工点最后一级降压变压器低压侧止,在所有输配电线路和变配电设备上所发生的电能损耗摊销费。包括了高压输电线路损耗、高压配电线路和变配电设备损耗两部分。前者指高压电网到施工主变压器高压侧之间的高压输电线路损耗,其损耗率可取 3% ~5%;后者指由施工主变压器高压侧至现场各施工点最后一级降压变压器低压侧之间的配电线路损耗和变配电设备上的电能损耗,其损耗率可取 4% ~7%。线路短、用电负荷集中的取小值,反之取大值。

(2)自发电的电能损耗摊销费,指施工企业自建发电厂的出线侧(或电厂变电站出线侧)至现场各施工点最后一级降压变压器低压侧止,所有变配电设备和输配电线路上发生的电能损耗摊销费用。

从最后一级降压变压器低压侧至施工用电点的施工设备和低压配电线路损耗,已包括在各用电施工设备、工器具的台班耗电定额内,电价中不再考虑。

3. 供电设施维修摊销费

供电设施维修摊销费是指摊入电价的变配电设备的大修理折旧费、安装拆除费、设备及输配电线路的移设和运行维护费。

按现行编制规定,施工场外变配电设备可计入临时工程,故供电设施维修摊销费中不包括基本折旧费。

4.6.1.2　电价计算

施工用电价格计算,根据施工组织设计确定的供电方式以及不同电源的电量所占比例,按国家或工程所在省(自治区、直辖市)规定的电网电价和加价进行计算。

1. 外购电电价(电网供电价格)

计算公式为:

$$\begin{aligned}\text{电网供电价格} = &\text{基本电价} \div (1-\text{高压输电线路损耗率}) \div \\ &(1-35\ \text{kV 以下变配电设备及配电线路损耗率}) + \\ &\text{供电设施维修摊销费}\end{aligned} \tag{4-25}$$

2. 柴油发电机供电价格

(1)柴油发电机供电价格(自设水泵供冷却水)计算公式为:

$$\begin{aligned}\text{柴油发电机供电价格} = &\frac{\text{柴油发电机组(台)时总费用}+\text{水泵组(台)时总费用}}{\text{柴油发电机额定容量之和}\times K\times(1-\text{厂用电率})} \div \\ &(1-\text{变配电设备及配电线路损耗率}) + \\ &\text{供电设施维修摊销费}\end{aligned} \tag{4-26}$$

(2)柴油发电机供电价格(采用循环冷却水,不用水泵)计算公式为:

$$\begin{aligned}\text{柴油发电机供电价格} = &\frac{\text{柴油发电机组(台)时总费用}}{\text{柴油发电机额定容量之和}\times K\times(1-\text{厂用电率})} \div \\ &(1-\text{变配电设备及配电线路损耗率}) + \\ &\text{单位循环冷却水费} + \text{供电设施维修摊销费}\end{aligned} \tag{4-27}$$

式中　K——发电机出力系数,一般取 0.80 ~0.85;

厂用电率取 3% ~5%;

高压输电线路损耗率取 3% ~5%;

变配电设备及配电线路损耗率取4% ~7%;

供电设施维修摊销费取0.04~0.05元/kWh;

单位循环冷却水费取0.05~0.07元/kWh。

4.6.1.3 **综合电价计算**

外购电与自发电的比例按施工组织设计确定。有两种或两种以上供电方式的工程,综合电价可按其供电比例加权平均计算。以外购电供电为主的工程,自发电的电量比例一般不宜超过5%。如仅为保安备用,可忽略不计。

【例4-10】 某水利枢纽工程位于一般地区,其施工用电由国家供电网供电95%,自发电5%。基本资料如下,计算其综合电价。

(1)外购电。①基本电价0.869元/kWh。②损耗率:高压输电线路取5%,变配电设备及输电线路取6%。③供电设施维修摊销费0.04元/kWh。

(2)自发电。①自备柴油发动机,容量200 kW、250 kW,各1台;2.2 kW潜水泵,2台,供给冷却水。②发电机出力系数0.80。③供电设施维修摊销费0.05元/kWh。

(3)柴油预算单价为6 000元/t。

解 第一步:分析。

(1)查人工预算单价计算标准,一般地区枢纽工程的中级工人工预算单价为8.90元/工时。

(2)查水利部2002年《水利工程施工机械台时费定额》,计算自发电柴油发电机组所用机械的台时费预算单价(自发电不考虑限价,按基价+价差的预算价计列),计算结果见表4-19。

表4-19 某水利枢纽工程柴油发电机组台时费计算表

定额编号	机械名称及型号规格	单位	数量	台时费计算式	台时费单价(元/台时)
8034	柴油发动机 200 kW	台	1	(9.14÷1.13+11.70÷1.09+1.90)+(3.9×8.90+37.4×6.00)	279.02
8035	柴油发动机 250 kW	台	1	(11.75÷1.13+12.85÷1.09+2.35)+(3.9×8.90+46.8×6.00)	340.05
9038	潜水泵 2.2 kW	台	2	(0.40÷1.13+1.99÷1.09+0.66)+(1.3×8.90+1.9×0.90)	16.12

第二步:计算。

(1)计算外购电电价(电网供电价格),按照式(4-25)得:

外购电电价 $=0.869\div(1-5\%)\div(1-6\%)+0.04=1.013$(元/kWh)

(2)自发电的电价,按照式(4-26)(自设水泵供冷却水)得:

组时总费用 $=279.02\times1+340.05\times1+16.12\times2=651.31$(元/组时)

额定容量 $=250\times1+200\times1=450$(kWh)

厂用电率取5%。

柴油发电机供电价格 = 651.31 ÷ [450 × 0.8 × (1 − 5%)] ÷ (1 − 6%) + 0.05

= 651.31 ÷ 342.00 ÷ 94% + 0.05 = 2.076(元/kWh)

(3)综合电价 = 1.013 × 95% + 2.076 × 5% = 1.066(元/kWh)

取定综合电价为 1.07 元/kWh。

4.6.2 施工用水价格

施工用水价格计算的关键是确定各种供水方式的台时总费用及台时总出水量。

水利水电工程施工用水包括生产用水和生活用水两部分。因水利水电工程多处偏僻山区,一般均自设供水系统。生产用水要符合生产工艺的要求,保证工程用水的水压、水质和水量。

生产用水指直接进入工程成本的施工用水,包括施工机械用水、砂石料筛洗用水、混凝土拌制养护用水、土石坝砂石料压实用水、钻孔灌浆生产用水以及修配、机械加工和房屋建筑用水等。

生活用水主要指职工和家属的饮用和洗涤用水、生活区的公共事业等用水。

水利工程设计概算中的施工用水水价,仅指生产用水水价。生活用水在间接费用内开支,不计入施工用水水价之内。

4.6.2.1 水价的组成

施工用水价格由基本水价、供水损耗摊销费和供水设施维修摊销费组成。

1. 基本水价

基本水价是根据施工组织设计确定的施工期间高峰用水量所配备的供水系统设备,按台时产量分析计算的单位水量的价格。

2. 供水损耗摊销费

供水损耗指施工用水在储存、输送、处理过程中的水量损失。在计算水价时,损耗通常以损耗率的形式表示为:

$$\text{水量损耗率}(\%) = \text{损失水量} \div \text{水泵总出水量} \times 100\% \tag{4-28}$$

供水损耗率一般可按出水量的 6% ~ 10% 计取。供水范围大、扬程高、采用两级以上泵站供水系统的取小值,反之取大值。

3. 供水设施维修摊销费

供水设施维修摊销费是指摊入单位水价的水池、供水管路等供水设施的维修费用。

注:水池、供水管路等供水设施的建筑安装费已计入施工临时工程中的其他临时工程内,不能直接摊入水价成本。

4.6.2.2 水价计算

施工用水价格应根据施工组织设计所配置的供水系统设备组(台)时总费用和组(台)时总有效供水量计算。水价计算公式为:

$$\text{施工用水价格} = \frac{\text{水泵组(台)时总费用}}{\text{水泵额定容量之和} \times K} \div (1 - \text{供水损耗率}) + \text{供水设施维修摊销费} \tag{4-29}$$

式中 K——能量利用系数,取 0.75 ~ 0.85;

供水损耗率取 6% ~10%；

供水设施维修摊销费取 0.04 ~0.05 元/m^3。

注:(1)施工用水为多级提水且中间有分流时,要逐级计算水价。

(2)施工用水有循环用水时,水价要根据施工组织设计的供水工艺流程计算。

4.6.2.3 水价计算时应注意的问题

(1)水泵台时总出水量计算,应根据施工组织设计供水系统配置的水泵设备(不包括备用设备)选定的水泵型号、系统的实际扬程和水泵性能曲线确定。

(2)供水系统为一级供水,台时总出水量按全部工作水泵的总出水量计算。供水系统为多级供水,则:

①当全部水量通过最后一级水泵出水,台时总出水量按最后一级工作水泵的出水量计算,但台时总费用应包括所有各级工作水泵的台时费。

②有部分水量不通过最后一级,而由其他各级分别供水时,要逐级计算水价。

③当最后一级系供生活用水时,则台时总出水量包括最后一级,但该级台时费不应计算在台时总费用内。

(3)凡因生活用水而增加的费用(如净化药品费等)均不应摊入生产用水的单价内。

(4)在计算台时总出水量和台时总费用时,均不包括备用水泵的台时费和容量。

(5)施工用水中有循环用水时,水价要根据施工组织设计的供水工艺流程计算。

4.6.2.4 综合水价计算

生产用水若为多个供水系统,则可按各系统供水量的比例加权平均计算综合水价。

【例 4-11】 某水利工程施工生产用水设两个供水系统。甲系统设 150D30 ×4 水泵 3 台,其中备用 1 台,总扬程 116 m,相应出水量 150 m^3/(h · 台);乙系统设 3 台 100D45 ×3 水泵,其中备用 1 台,总扬程 120 m,相应出水量 90 m^3/(h · 台)。两供水系统供水比例为 65%:35%,均为一级供水。已知水泵台时费分别为 126 元/台时和 95 元/台时。供水损耗率取 10%,维修摊销费取 0.05 元/m^3,能量利用系数取 0.80,求综合水价。

解 第一步:计算各泵站组时出水量。

组时出水量 = 水泵额定容量之和 × 水泵出力系数

甲系统水泵组时出水量 $=150\times(3-1)\times0.80=240(m^3)$

乙系统水泵组时出水量 $=90\times(3-1)\times0.80=144(m^3)$

第二步:计算施工用水水价。

基本水价 = 组时总费用 ÷ 组时出水量

甲系统的水价 $=126\times(3-1)\div(150\times2\times0.8)=1.050$(元/$m^3$)

乙系统的水价 $=95\times(3-1)\div(90\times2\times0.8)=1.319$(元/$m^3$)

第三步:计算施工用水综合单价。

甲系统的水价 $=1.050\div(1-10\%)+0.05=1.217$(元/$m^3$)

乙系统的水价 $=1.319\div(1-10\%)+0.05=1.516$(元/$m^3$)

综合水价 $=1.217\times65\%+1.516\times35\%=1.322$(元/$m^3$)

取定综合水价为 1.32 元/m^3。

4.6.3 施工用风价格

水利工程施工用风主要用于施工机械(如风钻、潜孔钻、风镐、凿岩台车、混凝土喷射机、风水枪等)所需的压缩空气。压缩空气可由固定式空压机和移动式空压机供给。编制设计概算风价时,对分别设置几个供风系统的,应按各系统供风量的比例加权平均计算综合风价。

4.6.3.1 风价组成

施工用风价格由基本风价、供风损耗摊销费和供风设施维修摊销费组成。

1. 基本风价

基本风价是指根据施工组织设计供风系统所配置的空压机设备,按台时总费用除以台时总供风量计算的单位风量价格。

2. 供风损耗摊销费

供风损耗摊销费是指由压气站至用风工作面的固定供风管道,在输送压气过程中所发生的漏气损耗、压气在管道中流动时的阻力风量损耗摊销费用,其大小与管路敷设质量、管道长短有关。供风损耗率按总风量的 6% ~10% 计算,供风管路短的取小值,反之取大值。

3. 供风设施维修摊销费

供风设施维修摊销费是指摊入风价的供风管道的维护、修理费用。

4.6.3.2 风价计算

施工用风价格,根据施工组织设计所配置的空气压缩系统设备组(台)时总费用和组(台)时总有效供风量计算。

(1)采用水泵供冷却水时,计算公式为:

$$\text{施工用风价格}=\frac{\text{空气压缩机组(台)时总费用}+\text{水泵组(台)时总费用}}{\text{空气压缩机额定容量之和}\times 60\ \text{min}\times K}\div(1-\text{供风损耗率})+\text{供风设施维修摊销费} \tag{4-30}$$

(2)采用循环水冷却时,不用水泵,则风价计算公式为:

$$\text{施工用风价格}=\frac{\text{空气压缩机组(台)时总费用}}{\text{空气压缩机额定容量之和}\times 60\ \text{min}\times K}\div(1-\text{供风水损耗率})+\text{单位循环冷却水费}+\text{供风设施维修摊销费} \tag{4-31}$$

式中 K——能量利用系数,取 0.70 ~0.85;

供风损耗率取 6% ~10%;

单位循环冷却水费取 0.007 元/m^3;

供风设施维修摊销费取 0.004 ~0.005 元/m^3。

4.6.3.3 综合风价计算

如果同一工程有两个或两个以上供风系统,综合风价应该根据供风比例加权平均计算。

【例 4-12】 某水库大坝枢纽工程位于一类区,施工用风设置左坝区和右坝区两个区两个气压系统,总容量为 187 m^3/min,施工用风机械配置见表 4-20。

表 4-20　某水库大坝施工用风机械配置表

编号	施工机械名称及型号规格	单位	数量
1	移动式空压机　9 m^3/min	台	3
2	固定式空压机　20 m^3/min	台	6
3	固定式空压机　40 m^3/min	台	1
4	离心水泵　7 kW	台	2

其他资料:空气压缩机能量利用系数 K 取 0.85,供风损耗率取 8%,供风设施维修摊销费取 0.004 元/m^3,综合电价为 1.066 元/kWh。试计算施工用风价格。

解　第一步:分析。

(1)一类区枢纽工程的中级工人工预算单价为 9.15 元/工时。

(2)计算施工用风机械台时费。查水利部 2002 年《水利工程施工机械台时费定额》,计算施工用风中所用机械的台时费预算单价,计算结果见表 4-21。

表 4-21　施工机械台时费计算表(三)

定额编号	名称及规格	定额数量							施工机械台时费
		一类费用			二类费用				
		折旧费(元)	修理及替换设备费(元)	安装拆卸费(元)	人工(工时)	柴油(kg)	电(kWh)	其他	预算价(元)
8011	移动式空压机 9 m^3/min	3.40	4.91	0.85	1.3		45.4		68.65
8019	固定式空压机 20 m^3/min	5.92	6.82	1.01	1.8		98.3		133.76
8020	固定式空压机 40 m^3/min	11.13	13.62	2.33	1.8		189.0		242.62
9021	离心水泵　7 kW	0.19	1.08	0.32	1.3		9.1		23.07

第二步:计算。

采用水泵供冷却水时,按照式(4-30)得:

组时总费用 $=242.62\times1+133.76\times6+68.65\times3+23.07\times2=1\ 297.27$(元)

台时总供风量 $=187\times60\times0.85=9\ 537$($m^3$)

基本风价 $=1\ 297.27\div9\ 537=0.136$(元/$m^3$)

施工用风价格 $=0.136\div(1-8\%)+0.004=0.152$(元/$m^3$)

取定施工用风价格为 0.15 元/m^3。

思考与练习题

4-1　某水利工程所用混凝土采用 42.5 级普通硅酸盐水泥配制，三级配，该混凝土 180 d 强度为 C30。经调查各材料预算价格为：42.5 级水泥 426.00 元/t，中砂 78 元/m^3，碎石 82 元/m^3，水 0.90 元/m^3。计算该混凝土材料的预算单价，计算结果填入表 4-22。

表 4-22　混凝土材料单价计算表

编号	名称及规格	单位	预算量	调整系数	材料单价			混凝土材料价格		
					预算价（元）	基价（元）	价差（元）	预算价（元）	基价（元）	价差（元）

4-2　某水利枢纽工程位于甘肃省张掖市甘州区，根据造价管理部门的规定，一类费用调整系数为 1.06，施工用电预算单价为 1.066 元/kWh，柴油预算单价为 6.00 元/kg，计算 5 m^3 装载机的机械台时费。

4-3　四川省雅安市宝兴县某河道工程，柴油的预算价格 6 000 元/t，计算该工程施工中的液压抓斗 KH180MHL－800 施工机械台时费，计算结果填入表 4-23。

表 4-23　施工机械台时费计算表（四）

定额编号	名称及规格	施工机械台时费			定额数量									
					一类费用			二类费用						
		预算价（元）	基价（元）	价差（元）	折旧费（元）	修理及替换设备费（元）	安装拆卸费（元）	人工（工时）	汽油（kg）	柴油（kg）	水（m^3）	电（kWh）	风（m^3）	煤（kg）
PB001					155.23	86.25		2.9		27.7				

4-4　某埋石混凝土施工，混凝土为 C20 三级配，混凝土采用 32.5 级普通硅酸盐水泥，埋石率为 8%。经调查，混凝土各组成材料的预算价格为：32.5 级普通硅酸盐水泥 390 元/t，中砂 80 元/m^3，碎石 70 元/m^3，水 0.90 元/m^3，块石 85 元/m^3。计算该埋石混凝土的材料预算单价。

4-5　某平面护坡砌筑采用 M10 砌筑砂浆，用 42.5 级水泥拌制。经调查，42.5 级水泥 380 元/t，中砂 75 元/m^3，水 0.80 元/m^3。水泥砂浆材料配合比见表 4-14，计算该 M10 砌筑砂浆的材料基价及材料价差。

4-6　某水利枢纽工程工地距 A 市 73 km，距 B 市火车站 28 km。钢筋由省物资站供应 30%，由 A 市金属材料公司供应 70%。两供应点供应的钢筋，低合金 20MnSi 螺纹钢占 60%，普通 A3 光面钢筋占 40%。低合金 20MnSi 螺纹钢出厂价为 2 400 元/t，普通 A3 光面钢筋出厂价为2 200元/t。

运输流程：省物资站供应的钢筋用火车运至B市火车站，运距150 km，再用汽车运至工地分仓库，运距28 km。A市金属材料公司供应的钢筋直接由汽车运至工地分仓库，运距73 km。

运输费用：火车运输整车零整比7∶3，整车装载系数0.8；火车整车运价20.00元/t，零担运价0.06元/kg；火车出库装车综合费4.60元/t，卸车费1.6元/t。汽车运价0.55元/(t·km)；汽车装车费2.00元/t、卸车费1.8元/t。运输保险费为0.8%，毛重系数为1。

4-7　某混凝土重力坝工程，坝身采用90 d强度等级为C20三级配掺粉煤灰混凝土。掺粉煤灰量25%，取代系数1.3，混凝土用32.5级普通硅酸盐水泥。已知混凝土各组成材料的预算价格为：32.5级普通硅酸盐水泥390元/t，粗砂75元/m^3，碎石60元/m^3，水0.90元/m^3，粉煤灰200元/t，外加剂5.5元/kg。参考表4-24计算该混凝土重力坝工程中混凝土材料的预算单价。

表4-24　掺粉煤灰混凝土材料配合表

（掺粉煤灰量25%，取代系数1.3）　　单位：m^3

序号	混凝土强度等级	水泥强度等级	水灰比	级配	最大粒径(mm)	配合比				预算量							
						水泥	粉煤灰	砂	石子	水泥(kg)	粉煤灰(kg)	粗砂 kg	粗砂 m^3	卵石 kg	卵石 m^3	外加剂(kg)	水(m^3)
1	C10	32.5	0.75	3	80	1	0.433	4.96	12.38	131	57	650	0.44	1 621	0.95	0.27	0.125
				4	150	1	0.433	4.79	15.51	115	50	551	0.36	1 784	1.04	0.24	0.110
2	C15	32.5	0.65	3	80	1	0.433	4.13	10.82	150	66	620	0.42	1 624	0.96	0.31	0.125
				4	150	1	0.433	3.98	13.54	132	58	525	0.34	1 788	1.05	0.27	0.110
3	C20	32.5	0.55	3	80	1	0.433	3.31	9.11	178	79	590	0.40	1 622	0.95	0.36	0.125
				4	150	1	0.433	3.18	11.45	156	69	495	0.32	1 787	1.05	0.32	0.110
		42.5	0.60	3	80	1	0.433	3.78	9.92	163	71	615	0.42	1 617	0.95	0.33	0.125
				4	150	1	0.433	3.62	12.44	143	63	517	0.35	1 780	1.05	0.29	0.110

项目 5　建筑、安装工程单价编制

【教学内容】

本项目主要学习建筑工程、安装工程概算单价的组成与计算，各类建筑工程概算单价编制方法及定额使用注意事项，设备费计算，安装工程单价编制方法及使用定额的注意事项。每道例题都是根据实际生产过程形成编制思路：分析背景资料，选用定额子目（定额节选附上），确定人、材、机等基础单价或基价，选取各项费率，计算材料补差，并列表计算。

【教学要求】

掌握工程单价的概念及组成，掌握建筑工程、安装工程概算单价的计算程序；掌握土方工程、石方工程、土石方填筑工程、混凝土工程、模板工程、钻孔灌浆及锚固工程、疏浚工程和其他工程单价的定额使用注意事项及编制方法。了解现行的水利水电工程设计工程量计算规则。教材中的例题，稍微改变题中的某一个条件，就可以一题多变，举一反三，便于练习。

任务 5.1　建筑及安装工程单价编制方法

工程单价包括建筑工程单价和安装工程单价两部分。工程单价是指完成单位工程量（如 1 m^3、100 m^3、1 t 等）所耗用的直接费、间接费、利润、材料补差和税金五部分费用的总和。它是编制水利水电建筑安装工程概预算的基础。建筑及安装工程的主要工程项目都要计算工程单价。

建筑、安装工程单价编制的主要依据是《水利工程设计概（估）算编制规定》（水总〔2014〕429 号）、《水利工程营业税改征增值税计价依据调整办法》（办水总〔2016〕132 号）、《水利部办公厅关于调整水利工程计价依据增值税计算标准的通知》（办财务函〔2019〕448 号）等。

5.1.1　建筑工程单价

5.1.1.1　直接费

1. 基本直接费

$$\text{人工费}=\text{定额劳动量（工时）}\times\text{人工预算单价（元/工时）} \tag{5-1}$$

$$\text{材料费}=\text{定额材料用量}\times\text{材料预算单价} \tag{5-2}$$

$$\text{机械使用费}=\text{定额机械使用量（台时）}\times\text{施工机械台时费（元/台时）} \tag{5-3}$$

2. 其他直接费

$$\text{其他直接费}=\text{基本直接费}\times\text{其他直接费费率之和} \tag{5-4}$$

5.1.1.2 **间接费**

间接费=直接费×间接费费率 (5-5)

5.1.1.3 **利润**

利润=(直接费+间接费)×利润率 (5-6)

5.1.1.4 **材料补差**

材料补差=(材料预算价格-材料基价)×材料消耗量 (5-7)

5.1.1.5 **税金**

税金=(直接费+间接费+利润+材料补差)×税率 (5-8)

5.1.1.6 **建筑工程单价**

建筑工程单价=直接费+间接费+利润+材料补差+税金 (5-9)

注:建筑工程单价含有未计价材料(如输水管道)时,其格式参照安装工程单价。

5.1.2 安装工程单价

5.1.2.1 **实物量形式的安装单价**

1. 直接费

1)基本直接费

人工费=定额劳动量(工时)×人工预算单价(元/工时) (5-10)

材料费=定额材料用量×材料预算单价 (5-11)

机械使用费=定额机械使用量(台时)×施工机械台时费(元/台时) (5-12)

2)其他直接费

其他直接费=基本直接费×∑其他直接费费率 (5-13)

2. 间接费

间接费=人工费×间接费费率 (5-14)

3. 利润

利润=(直接费+间接费)×利润率 (5-15)

4. 材料补差

材料补差=(材料预算价格-材料基价)×材料消耗量 (5-16)

5. 未计价装置性材料费

未计价装置性材料费=未计价装置性材料用量×材料预算单价 (5-17)

6. 税金

税金=(直接费+间接费+利润+材料补差+未计价装置性材料费)×税率 (5-18)

7. 安装工程单价

单价=直接费+间接费+利润+材料补差+未计价装置性材料费+税金 (5-19)

5.1.2.2 **费率形式的安装单价**

1. 直接费(%)

1)基本直接费(%)

人工费(%)=定额人工费(%) (5-20)

材料费(%)=定额材料费(%) (5-21)

$$装置性材料费(\%)=定额装置性材料费(\%) \tag{5-22}$$

$$机械使用费(\%)=定额机械使用费(\%) \tag{5-23}$$

2)其他直接费(%)

$$其他直接费(\%)=基本直接费(\%)\times\sum其他直接费费率(\%) \tag{5-24}$$

2. 间接费(%)

$$间接费(\%)=人工费(\%)\times间接费费率(\%) \tag{5-25}$$

3. 利润(%)

$$利润(\%)=[直接费(\%)+间接费(\%)]\times利润率(\%) \tag{5-26}$$

4. 税金(%)

$$税金(\%)=[直接费(\%)+间接费(\%)+利润(\%)]\times税率(\%) \tag{5-27}$$

5. 安装工程单价

$$单价(\%)=直接费(\%)+间接费(\%)+利润(\%)+税金(\%) \tag{5-28}$$

$$单价=单价(\%)\times设备原价 \tag{5-29}$$

5.1.3 其他直接费

5.1.3.1 冬雨季施工增加费

根据不同地区,按基本直接费的百分率计算。

(1)西南区、中南区、华东区:0.5%~1.0%。

(2)华北区:1.0%~2.0%。

(3)西北区、东北区:2.0%~4.0%。

(4)西藏自治区:2.0%~4.0%。

西南区、中南区、华东区中,按规定不计冬季施工增加费的地区取小值,计算冬季施工增加费的地区可取大值;华北区中,内蒙古等较严寒地区可取大值,其他地区取中值或小值;西北区、东北区中,陕西、甘肃等省取小值,其他地区可取中值或大值。各地区包括的省(自治区、直辖市)如下:

(1)华北地区:北京、天津、河北、山西、内蒙古等5个省(自治区、直辖市)。

(2)东北地区:辽宁、吉林、黑龙江等3个省。

(3)华东地区:上海、江苏、浙江、安徽、福建、江西、山东等7个省(直辖市)。

(4)中南地区:河南、湖北、湖南、广东、广西、海南等6个省(自治区)。

(5)西南地区:重庆、四川、贵州、云南等4个省(直辖市)。

(6)西北地区:陕西、甘肃、青海、宁夏、新疆等5个省(自治区)。

5.1.3.2 夜间施工增加费

按基本直接费的百分率计算。

(1)枢纽工程:建筑工程0.5%,安装工程0.7%。

(2)引水工程:建筑工程0.3%,安装工程0.6%。

(3)河道工程:建筑工程0.3%,安装工程0.5%。

5.1.3.3 特殊地区施工增加费

特殊地区施工增加费指在高海拔、原始森林、沙漠等特殊地区施工而增加的费用,其中高海拔地区施工增加费已计入定额,其他特殊地区施工增加费应按工程所在地区规定标准计算,地方没有规定的不得计算此项费用。

5.1.3.4 临时设施费

按基本直接费的百分率计算。

(1)枢纽工程:建筑及安装工程3.0%。

(2)引水工程:建筑及安装工程1.8%~2.8%。若工程自采加工人工砂石料,费率取上限;若工程自采加工天然砂石料,费率取中值;若工程采用外购砂石料,费率取下限。

(3)河道工程:建筑及安装工程1.5%~1.7%。灌溉田间工程取下限,其他工程取中上限。

5.1.3.5 安全生产措施费

按基本直接费的百分率计算。

(1)枢纽工程:建筑及安装工程2.0%。

(2)引水工程:建筑及安装工程1.4%~1.8%。一般取下限标准,隧洞、渡槽等大型建筑物较多的引水工程、施工条件复杂的引水工程取上限标准。

(3)河道工程:建筑及安装工程1.2%。

5.1.3.6 其他

按基本直接费的百分率计算。

(1)枢纽工程:建筑工程1.0%,安装工程1.5%。

(2)引水工程:建筑工程0.6%,安装工程1.1%。

(3)河道工程:建筑工程0.5%,安装工程1.0%。

特别说明:

(1)砂石备料工程其他直接费费率取0.5%。

(2)掘进机施工隧洞工程其他直接费取费费率执行以下规定:土石方类工程、钻孔灌浆及锚固类工程,其他直接费费率为2%~3%;掘进机由建设单位采购、设备费单独列项时,台时费中不计折旧费,土石方类工程、钻孔灌浆及锚固类工程其他直接费费率为4%~5%。敞开式掘进机费率取低值,其他掘进机取高值。

【示例】 计算浙江省某水利枢纽工程的建筑工程其他直接费费率、安装工程其他直接费率。

解 (1)计算该枢纽工程建筑工程的其他直接费率。

①冬雨季施工增加费。浙江省属华东区,其冬季施工增加费费率为0.5%~1.0%,冬雨季施工增加费按基本直接费的0.5%~1.0%计算。

②夜间施工增加费。按基本直接费的0.5%计算。

③特殊地区施工增加费。地方没有规定的不计算此项费用。

④临时设施费。按基本直接费的3.0%计算。

⑤安全生产措施费。按基本直接费的2.0%计算。

⑥其他。按基本直接费的1.0%计算。

则该枢纽工程建筑工程的其他直接费率范围为:(0.5%~1.0%)+0.5%+0+3.0%+2.0%+1.0%=7.0%~7.5%。

(2)计算该枢纽工程安装工程的其他直接费率。

同该枢纽工程建筑工程的其他直接费率计算方法,计算出该枢纽工程安装工程的其他直接费率范围为:(0.5% ~1.0%) +0.7% +0 +3.0% +2.0% +1.5% =7.7% ~8.2%。

如果该示例为浙江省某引水工程,其建筑工程的其他直接费率范围为:(0.5% ~1.0%) +0.3% +0 +(1.8% ~2.8%) +(1.4% ~1.8%) +0.6% =4.6% ~6.5%。

其引水工程安装工程的其他直接费率范围为:(0.5% ~1.0%) +0.6% +0 +(1.8% ~2.8%) +(1.4% ~1.8%) +1.1% =5.4% ~7.3%。

5.1.4 间接费

依据《水利工程营业税改征增值税计价依据调整办法》(办水总〔2016〕132号),根据工程性质不同,间接费标准划分为枢纽工程、引水工程、河道工程三部分标准,调整后的间接费费率见表5-1。

表5-1 间接费费率表

序号	工程类别	计算基础	间接费费率(%)		
			枢纽工程	引水工程	河道工程
一	建筑工程				
1	土方工程	直接费	8.5	5~6	4~5
2	石方工程	直接费	12.5	10.5~11.5	8.5~9.5
3	砂石备料工程(自采)	直接费	5	5	5
4	模板工程	直接费	9.5	7~8.5	6~7
5	混凝土浇筑工程	直接费	9.5	8.5~9.5	7~8.5
6	钢筋制安工程	直接费	5.5	5	5
7	钻孔灌浆工程	直接费	10.5	9.5~10.5	9.25
8	锚固工程	直接费	10.5	9.5~10.5	9.25
9	疏浚工程	直接费	7.25	7.25	6.25~7.25
10	掘进机施工隧洞工程(1)	直接费	4	4	4
11	掘进机施工隧洞工程(2)	直接费	6.25	6.25	6.25
12	其他工程	直接费	10.5	8.5~9.5	7.25
二	机电、金属结构设备安装工程	人工费	75	70	70

注:引水工程:一般取下限标准,隧洞、渡槽等大型建筑物较多的引水工程、施工条件复杂的引水工程取上限标准。

河道工程:灌溉田间工程取下限,其他工程取上限。

工程类别划分说明:

1. 土方工程。包括土方开挖与填筑等。

2. 石方工程。包括石方开挖与填筑、砌石、抛石工程等。

3. 砂石备料工程。包括天然砂砾料和人工砂石料的开采加工。

4. 模板工程。包括现浇各种混凝土时制作及安装的各类模板工程。

5. 混凝土浇筑工程。包括现浇和预制各种混凝土、伸缩缝、止水、防水层、温控措施等。

6. 钢筋制安工程。包括钢筋制作与安装工程等。

7. 钻孔灌浆工程。包括各种类型的钻孔灌浆、防渗墙、灌注桩工程等。

8. 锚固工程。包括喷混凝土(浆)、锚杆、预应力锚索(筋)工程等。

9. 疏浚工程。指用挖泥船、水力冲挖机组等机械疏浚江河、湖泊的工程。

10. 掘进机施工隧洞工程(1)。包括掘进机施工土石方类工程、钻孔灌浆及锚固类工程等。

11. 掘进机施工隧洞工程(2)。包括掘进机设备单独列项采购并且在台时费中不计折旧费的土石方类工程、钻孔灌浆及锚固类工程等。

12. 其他工程。指除表中所列11类工程以外的其他工程。

5.1.5 利润

利润按直接费与间接费之和的7%计算。利润按规定应计入建筑安装工程费用中。

5.1.6 税金

税金指应计入建筑安装工程费用内的增值税销项税额。按办财务函〔2019〕448号,现行的税金税率为9%,自采砂石料税率为3%。

国家对税率标准调整时,可以相应调整计算标准。

5.1.7 建筑工程概预算单价编制原则、步骤和方法

5.1.7.1 编制原则

(1)严格执行《水利工程设计概(估)算编制规定》(水总〔2014〕429号)、《水利工程营业税改征增值税计价依据调整办法》(办水总〔2016〕132号)、《水利部办公厅关于调整水利工程计价依据增值税计算标准的通知》(办财务函〔2019〕448号)。

(2)正确选用现行定额。现行使用的定额为2002年《水利建筑工程概算定额》《水利建筑工程预算定额》《水利工程施工机械台时费定额》等部颁定额。

(3)正确套用定额子目:概预算编制者必须熟读定额的总说明、章节说明、定额表附注及附录的内容,熟悉各定额子目的适用范围、工作内容及有关定额系数的使用方法,根据合理的施工组织设计确定的有关技术条件,选用相应的定额子目。

(4)现行《水利建筑工程概算定额》《水利建筑工程预算定额》中没有的工程项目,可编制补充定额;对于非水利水电专业工程,按照专业专用的原则,执行有关专业部门颁发的相应定额,如公路工程执行交通运输部《公路工程设计概算定额》《公路工程设计预算定额》等。但费用标准仍执行水利部现行取费标准,对选定的定额子目内容不得随意更改或删除。

(5)现行《水利建筑工程概算定额》《水利建筑工程预算定额》各定额子目中,已按现行施工规范和有关规定,计入了不构成建筑工程单位实体的各种施工操作损耗、允许超挖及超填量、合理的施工附加量及体积变化等所需增加的人工、材料及机械台时消耗量,编制工程概算时,应一律按设计几何轮廓尺寸计算的工程量计算。

(6)使用现行《水利建筑工程概算定额》《水利建筑工程预算定额》编制建筑工程概

算、预算单价时，除定额中规定允许调整外，均不得对定额中的人工、材料、施工机械台时数量及施工机械的名称、规格、型号进行调整。

(7)如定额参数(建筑物尺寸、运距等)介于概算定额两子目之间时，可采用插入法调整定额值。计算公式如下：

$$A = B + \frac{(C - B)(a - b)}{c - b} \tag{5-30}$$

式中　A——所求定额值；

B——小于 A 而接近 A 的定额值；

C——大于 A 而接近 A 的定额值；

a——A 项定额值的运距；

b——B 项定额值的运距；

c——C 项定额值的运距。

5.1.7.2　编制步骤

(1)了解工程概况，熟悉设计图纸，收集基础资料，弄清工程地质条件，确定取费标准。

(2)根据工程特征和施工组织设计确定的施工条件、施工方法及采用的机械设备情况，正确选用定额子目。

(3)根据工程的基础单价和有关费用标准，计算直接工程费、间接费、企业利润、材料补差和税金，并加以汇总求得建筑工程单价。

5.1.7.3　计算程序

水利部现行规定的建筑工程单价计算程序如表5-2所示。

表5-2　建筑工程单价计算程序表

序号	项目	计算方法
(一)	直接费	(1)+(2)
(1)	基本直接费	①+②+③
①	人工费	Σ定额人工工时数×(对应的)人工预算单价
②	材料费	Σ定额材料用量×(对应的)材料预算价格(或材料基价)
③	施工机械使用费	Σ定额机械台时用量×(对应的)机械台时费(或台时费基价)
(2)	其他直接费	(1)×其他直接费率
(二)	间接费	(一)×间接费费率
(三)	利润	[(一)+(二)]×利润率
(四)	材料补差	Σ定额材料消耗量×(对应的)材料差价
(五)	税金	[(一)+(二)+(三)+(四)]×税率
(六)	建筑工程单价	(一)+(二)+(三)+(四)+(五)

5.1.7.4　编制方法

建筑工程单价的编制一般采用表格法，按照水利部水总〔2014〕429号文中所用表格形式,如表5-3所示。

表5-3　建筑工程单价表(一)

单价编号		项目名称			
定额编号				定额单位	
施工方法	(填写施工方法、土或岩石类别、运距等)				
编号	名称及规格	单位	数量	单价(元)	合计(元)

(1)将定额编号、项目名称、定额单位、施工方法等分别填入表5-3中相应栏内。其中:“名称及规格”一栏,应填写详细和具体,如施工机械的型号、混凝土的强度等级和级配等。

(2)将定额中查出的人工、材料、机械台时消耗量填入表5-3的“数量”栏中。

(3)将相应的人工预算单价、材料预算价格(或基价)和机械台时费填入表5-3的“单价”栏中。

(4)按“消耗量×单价”得出相应的人工费、材料费和机械使用费,分别填入表5-3相应的“合计”栏中,相加得出基本直接费。

(5)根据规定的费率标准,计算其他直接费、间接费、利润、材料补差、税金等,汇总后即得出该工程项目的工程单价。

任务5.2　土方工程单价编制

5.2.1　项目划分和定额选用

5.2.1.1　项目划分

(1)按组成内容分。土方开挖工程由开挖和运输两个主要工序组成。计算土方开挖工程单价时,应计算土方开挖和运输工程综合单价。

(2)按施工方法分。土方开挖工程可分为机械施工和人力施工两种,人力施工效率低而且成本高,只有工作面狭窄或施工机械进入困难的部位才采用,如小断面沟槽开挖、陡坡上的小型土方开挖等。

(3)按开挖尺寸分。土方开挖工程可分为一般土方开挖、渠道土方开挖、沟槽土方开挖、柱坑土方开挖、平洞土方开挖、斜井土方开挖、竖井土方开挖等。在编制土方开挖工程单价时,应按下述规定来划分项目。

①一般土方开挖工程是指一般明挖土方工程和上口宽大于16 m的渠道及上口面积大于80 m^2的柱坑土方工程。

②渠道土方开挖工程是指上口宽不大于16 m的梯形断面、长条形、底边需要修整的渠道土方工程。

③沟槽土方开挖工程是指上口宽不大于8 m的矩形断面或边坡陡于1:0.5的梯形断

面、长度大于宽度3倍的长条形、只修底不修边坡的土方工程。如截水墙、齿墙等各类墙基和电缆沟等。

④柱坑土方开挖工程是指上口面积不大于80 m^2、长度小于宽度3倍、深度小于上口短边长度或直径、四侧垂直或边坡陡于1:0.5、不修边坡只修底的坑挖工程,如集水坑工程。

⑤平洞土方开挖工程是指水平夹角不大于6°、断面面积大于2.5 m^2 的洞挖工程。

⑥斜井土方开挖工程是指水平夹角为6°~75°、断面面积大于2.5 m^2 的洞挖工程。

⑦竖井土方开挖工程是指水平夹角为75°、断面面积大于2.5 m^2、深度大于上口短边长度或直径的洞挖工程,如抽水井、通风井等。

(4)按土质级别和运距分。不同的土质和运距均应分别列项计算工程单价。

5.2.1.2 定额选用

(1)了解土类级别的划分:土类的级别是按开挖的难易程度来划分的,除冻土外,现行部颁定额均按土石十六级分类法划分,土类级别共分为Ⅰ~Ⅳ级。

(2)熟悉影响土方工程工效的主要因素。主要影响因素有土的级别、取(运)土的距离、施工方法、施工条件、质量要求。例如,土的级别越高,其密度(t/m^3)越大,开挖的阻力也越大,土方开挖、运输的工效就会降低。再如,水下土方开挖施工、开挖断面小深度大的沟槽及长距离的土方运输等都会降低施工工效,相应的工程单价就会提高。

(3)正确选用定额子目:因为土方定额大多是按影响工效的参数来划分节和子目的,所以了解工程概况,掌握现场的地质条件和施工条件,根据合理的施工组织设计确定的施工方法及选用的机械设备来确定影响参数,才能正确地选用定额子目,这是编好土方开挖工程单价的关键。

5.2.2 使用定额编制土方开挖工程概算单价的注意事项

(1)土方工程定额中使用的计量单位有自然方、松方和实方三种类型。

①自然方是指未经扰动的自然状态的土方。

②松方是指自然方经人工或机械开挖松动过的土方或备料堆置土方。

③实方是指土方填筑(回填)并经过压实后的符合设计干密度的成品方。

④在计算土方开挖、运输工程单价时,计量单位均按自然方计算。

(2)在计算砂砾(卵)石开挖和运输工程单价时,应按Ⅳ类土定额进行计算。

(3)当采用推土机或铲运机施工时,推土机的推土距离和铲运机的铲运距离是指取土中心至卸土中心的平均距离;推土机推松土时,定额中推土机的台时数量应乘以0.8的系数。

(4)当采用挖掘机、装载机挖装土料自卸汽车运输的施工方案时,定额中是按挖装自然方拟定的;挖装松土时,定额中的人工工时及挖装机械的台时数量应乘以0.85的系数。

(5)在查机械台时数量定额时,应注意以下两个问题:

①凡一种机械名称之后,同时并列几种型号规格的,如压实机械中的羊足碾、运输定额中的自卸汽车等,表示这种机械只能选用其中一种型号规格的机械定额进行计价。

②凡一种机械分几种型号规格与机械名称同时并列的,则表示这些名称相同而规格不同的机械定额都应同时进行计价。

(6)定额中的其他材料费、零星材料费、其他机械费均以费率(%)形式表示,其计量基数如下:

①其他材料费:以主要材料费之和为计算基数。

②零星材料费:以人工费、机械费之和为计算基数。

③其他机械费:以主要机械费之和为计算基数。

(7)当采用挖掘机或装载机挖装土方自卸汽车运输的施工方案时,定额子目是按土类级别和运距来划分的。关于运距计算和定额选用有下列几种情况:

①当运距小于5 km且又是整数运距时,如1 km、2 km、3 km,直接按表中定额子目选用。若遇到0.6 km、4.3 km、6.6 km、12.9 km时,可采用插入法计算其定额值,计算公式见式(5-30)。

当运距小于1 km(如0.7 km)时,其定额值计算如下:

$$定额值(运距0.7\ km) = 1\ km值 - (2\ km值 - 1\ km值) \times (1 - 0.7) \tag{5-31}$$

例如:按表3-3定额表,计算5 t自卸汽车运0.7 km的定额值:10.23 -(13.39 - 10.23)×(1 -0.7) =9.28(台时)。

②当运距为5~10 km时,其定额值计算如下:

$$定额值 = 5\ km值 + (运距 - 5) \times 增运1\ km值 \tag{5-32}$$

例如:按表3-3定额表,计算8 t自卸汽车运6.60 km的定额值:13.92 +(6.60 -5)× 1.52 =16.35(台时)。

③当运距大于10 km时,其定额值计算如下:

$$定额值 = 5\ km值 + 5 \times 增运1\ km值 + (运距 - 10) \times 增运1\ km值 \times 0.75 \tag{5-33}$$

例如:按表3-3定额表,计算10 t自卸汽车运12.90 km的定额值:12.36 +5 ×1.28 + (12.90 -10) ×1.28 ×0.75 =21.54(台时)。

当使用定额编制土方开挖工程预算单价时,应根据《水利建筑工程预算定额》第一章土方工程的说明。

需要说明的是挖掘机、轮斗挖掘机或装载机挖装土(含渠道土方)自卸汽车运输各节,适用于Ⅲ类土。Ⅰ、Ⅱ类土和Ⅳ类土按表3-1所列系数进行调整。

5.2.3 土方开挖工程概算单价编制

【工程实例分析5-1】

1.项目背景

安徽省合肥市长丰县某河道工程,基础土方为Ⅲ类土,其基础土方开挖工程采用1 m^3挖掘机挖装、10 t自卸汽车运3.9 km至弃料场弃料。

2.工作任务

计算该河道工程基础土方开挖运输的概算单价。

3. 分析与解答

1) 套定额,选定额子目

根据该工程特征和施工组织设计确定的施工条件、施工方法、土类级别及采用的机械设备情况,选用水利部2002年《水利建筑工程概算定额》(上册)第一－36节,定额见表3-3。

运距3.9 km,在3 km与4 km之间,选用定额子目10624、10625。

2) 编制基础单价

(1)分析人工预算单价。

安徽省为一般地区,根据《水利工程设计概(估)算编制规定》(水总〔2014〕429号)的人工预算单价计算标准,一般地区河道工程的四个档次人工预算单价为:工长8.02元/工时,高级工7.40元/工时,中级工6.16元/工时,初级工取4.26元/工时。

(2)确定材料预算价格。

经市场调查:柴油预算价格6 000元/t,施工用水价格1.32元/m^3,施工用电价格1.07元/kWh,施工用风价格0.15元/m^3。

(3)计算机械台时费基价。

查水利部2002年《水利工程施工机械台时费定额》,土石方机械定额节选见项目4表4-16,机上人工按中级工人工预算单价6.16元/工时计算。计算过程如下:

①1 m^3液压挖掘机(定额编号1009)。

折旧费35.63元,修理及替换设备费25.46元,安装拆卸费2.18元;机上人工工时数2.7工时,柴油消耗量14.9 kg。则:

一类费用 = (35.63 ÷ 1.13 + 25.46 ÷ 1.09 + 2.18) × 1.00 = 57.07(元/台时)

二类费用 = 2.7 × 6.16 + 14.9 × 2.99 = 61.18(元/台时)

1 m^3液压挖掘机台时费基价 = 57.07 + 61.18 = 118.25(元/台时)

②59 kW推土机(定额编号1042)。

折旧费10.80元,修理及替换设备费13.02元,安装拆卸费0.49元;机上人工工时数2.4工时,柴油消耗量8.4 kg。则:

一类费用 = (10.8 ÷ 1.13 + 13.02 ÷ 1.09 + 0.49) × 1.00 = 21.99(元/台时)

二类费用 = 2.4 × 6.16 + 8.4 × 2.99 = 39.90(元/台时)

59 kW推土机台时费基价 = 21.99 + 39.90 = 61.89(元/台时)

③10 t自卸汽车(定额编号3015)。

折旧费30.49元,修理及替换设备费18.30元;机上人工工时数1.3工时,柴油消耗量10.8 kg。则:

一类费用 = (30.49 ÷ 1.13 + 18.30 ÷ 1.09) × 1.00 = 43.77(元/台时)

二类费用 = 1.3 × 6.16 + 10.8 × 2.99 = 40.30(元/台时)

10 t自卸汽车台时费基价 = 43.77 + 40.30 = 84.07(元/台时)

上述三种施工机械的台时费计算,见表5-4。

表 5-4 施工机械台时费计算表(一)

编号	名称及规格	台时费(元)	台时费基价(元)	台时费价差(元)	一类费用调整系数	定额数量							
						一类费用(元)	人工(工时)	汽油(kg)	柴油(kg)	水(m^3)	电(kWh)	风(m^3)	煤(kg)
1009	液压挖掘机 1 m^3	167.57	118.25	49.32	1.00		2.7		14.9				
1042	推土机 59 kW	89.69	61.89	27.80	1.00		2.4		8.4				
3015	自卸汽车 10 t	119.82	84.07	35.75	1.00		1.3		10.8				

3)计算 10 t 自卸汽车运距 3.9 km 时的定额值

运距 3.9 km,10 t 自卸汽车的定额台时数量,用定额编号 10624 与 10625 的定额值,按式(5-30) 进行内插计算。

10 t 自卸汽车运距 3.9 km 的定额值 = 9.51 + (10.96 − 9.51) ÷ (4 − 3) × (3.9 − 3) = 10.82(台时)

4)确定取费费率

(1)其他直接费率。

安徽省属华东区,冬雨季施工增加费费率 0.5% ~1.0%,本例中取上限 1.0% 计算,其他直接费率 = 1.0% + 0.3% + 0 + 1.7% + 1.2% + 0.5% = 4.7%。

(2)间接费费率。

查间接费费率表,河道工程土方工程的间接费费率为 4% ~5%,本例间接费费率取上限 5%。

(3)利润率为 7%。

(4)税金率取 9%。

5)计算土方开挖运输工程直接费、间接费、利润

(1)土方开挖运输工程直接费。

将定额中的人工、材料、机械台时消耗量填入建筑工程单价表中的"数量"栏中,相应的人工预算单价、材料预算价格(或基价)和机械台时费基价填入表中的"单价"栏中。按"消耗量 × 单价"得出相应的人工费、材料费和机械使用费填入"合计"栏中(见表 5-5)。

注意:零星材料费的计算基础为人工费与机械使用费之和,本例中人工费与机械使用费之和为:29.82 + 1 064.80 = 1 094.62(元)。

基本直接费 = 29.82 + 43.78 + 1 064.80 = 1 138.40(元)

其他直接费 = 1 138.40 × 4.7% = 53.50(元)

直接费 = 1 138.40 + 53.50 = 1 191.90(元)

(2)土方开挖运输工程间接费。

根据确定的间接费费率 5%,间接费 = 1 191.90 × 5% = 59.60(元)

(3)土方开挖运输工程利润。

利润 = (1 191.90 + 59.60) × 7% = 87.61(元)

6)计算材料补差

本例中三种土方机械消耗的都是柴油,每台时 1 m^3 液压挖掘机消耗的柴油 14.9 kg,

59 kW 推土机消耗的柴油 8.4 kg,10 t 自卸汽车消耗的柴油 10.8 kg,则:

柴油消耗量 = 14.9 × 1.04 + 8.4 × 0.52 + 10.8 × 10.82 = 136.72(kg)

柴油的差价 = 6.00 − 2.99 = 3.01(元/kg)

材料补差 = 136.72 × 3.01 = 411.53(元)

7)计算土方开挖运输的工程单价

税金 = (1 191.90 + 59.60 + 87.61 + 411.53) × 9% = 157.56(元)

单价合计 = 1 191.90 + 59.60 + 87.61 + 411.53 + 157.56 = 1 908.20(元/100 m^3)

计算结果,会有一点误差。这与计算过程是连续运算还是分步运算有关,与每一步保留的小数点有效位数有关。

土方开挖运输建筑工程概算单价计算过程详见表 5-5,结果为 19.08 元/m^3。

表 5-5 建筑工程单价表(二)

单价编号		项目名称	土方开挖运输工程		
定额编号	10624,10625			定额单位	100 m^3(自然方)
施工方法	1 m^3 液压挖掘机挖装 10 t 自卸汽车运 3.9 km 弃料				
编号	名称及规格	单位	数量	单价(元)	合计(元)
一	直接费	元			1 191.90
(一)	基本直接费	元			1 138.40
1	人工费	元			29.82
(1)	工长	工时		8.02	0.00
(2)	高级工	工时		7.40	0.00
(3)	中级工	工时		6.16	0.00
(4)	初级工	工时	7	4.26	29.82
2	材料费	元			43.78
(1)	零星材料费	%	4	1 094.62	43.78
3	机械使用费	元			1 064.80
(1)	挖掘机液压 1 m^3	台时	1.04	118.25	122.98
(2)	推土机 59 kW	台时	0.52	61.89	32.18
(3)	自卸汽车 10 t	台时	10.82	84.07	909.64
(二)	其他直接费	%	4.7	1 138.40	53.50
二	间接费	%	5	1 191.90	59.60
三	利润	%	7	1 251.50	87.61
四	材料补差				411.53
(1)	柴油	kg	136.72	3.01	411.53
五	税金	%	9	1 750.64	157.56
六	单价合计	元			1 908.20

任务5.3 石方开挖工程单价编制

5.3.1 项目划分和定额选用

石方工程包括石方开挖和石渣运输等项目。项目划分分述如下。

5.3.1.1 石方开挖项目划分

1.按施工条件分

石方开挖按施工条件分为明挖石方和暗挖石方两大类。

2.按施工方法分

石方开挖按施工方法主要分为风钻钻孔爆破开挖、浅孔钻钻孔爆破开挖、液压钻孔爆破开挖和掘进机开挖等几种。钻孔爆破方法一般有浅孔爆破法、深孔爆破法、洞室爆破法和控制爆破法(定向、光面、预裂、静态爆破等)。掘进机是一种新型的开挖专用设备,掘进机开挖是对岩石进行纯机械的切割或挤压破碎,并使掘进与出渣、支护等作业能平行连续地进行,施工安全、工效较高。但掘进机一次性投入大,费用高。

3.按开挖形状及对开挖面的要求分

石方开挖按开挖形状及对开挖面的要求主要分为一般石方开挖、一般坡面石方开挖、沟槽石方开挖、坑挖石方开挖、基础石方开挖、平洞石方开挖、斜井石方开挖、竖井石方开挖等。在编制石方开挖工程概算单价时,应按《概算定额》石方开挖工程的章说明来具体划分,介绍如下:

(1)一般石方开挖定额,适用于一般明挖石方和底宽超过7 m的沟槽石方、上口面积大于160 m^2的坑挖石方,以及倾角小于或等于20°并垂直于设计面平均厚度大于5 m的坡面石方等开挖工程。

(2)一般坡面石方开挖定额,适用于设计倾角大于20°、垂直于设计面的平均厚度小于或等于5 m的石方开挖工程。

(3)沟槽石方开挖定额,适用于底宽小于或等于7 m、两侧垂直或有边坡的长条形石方开挖工程,如渠道、截水槽、排水沟、地槽等。

(4)坡面沟槽石方开挖定额,适用于槽底轴线与水平夹角大于20°的沟槽石方开挖工程。

(5)坑挖石方开挖定额,适用于上口面积小于或等于160 m^2,深度小于或等于上口短边长度或直径的石方开挖工程。如墩基、柱基、机座、混凝土基坑、集水坑等。

(6)基础石方开挖定额,适用于不同开挖深度的基础石方开挖工程。如混凝土坝、水闸、溢洪道、厂房、消力池等基础石方开挖工程。其中潜孔钻钻孔定额系按100型潜孔钻拟定,使用时不作调整。

(7)平洞石方开挖定额,适用于水平夹角小于或等于6°的洞挖工程。

(8)斜井石方开挖定额,适用于水平夹角为45°~75°的井挖工程。水平夹角为6°~45°的斜井,按斜井石方开挖定额乘以0.9系数计算。

(9)竖井石方开挖定额,适用于水平夹角大于75°,上口面积大于5 m^2,深度大于上口短边长度或直径的洞挖工程。如调压井、闸门井等。

(10)地下厂房石方开挖定额,适用于地下厂房或窑洞式厂房的开挖工程。

(11)平洞、斜井、竖井等各节石方开挖定额的开挖断面,系指设计开挖断面。

(12)石方开挖定额中所列"合金钻头",系指风钻(手持式、气腿式)所用的钻头;"钻头"系指液压履带钻或液压凿岩台车所用的钻头。

(13)洞井石方开挖定额中通风机台时量系指按一个工作面长度 400 m 拟定。如工作面长度超过 400 m 时,应按表 5-6 系数调整通风机台时定额量。

表 5-6　通风机调整系数表

工作面长度(m)	系数	工作面长度(m)	系数	工作面长度(m)	系数
400	1.00	1 000	1.80	1 600	2.50
500	1.20	1 100	1.91	1 700	2.65
600	1.33	1 200	2.00	1 800	2.78
700	1.43	1 300	2.15	1 900	2.90
800	1.50	1 400	2.29	2 000	3.00
900	1.67	1 500	2.40		

(14)当岩石级别高于XIV级时,按各节XIII ~ XIX级岩石开挖定额乘以表 5-7 中的系数进行调整。

表 5-7　岩石级别调整系数

项目	系数		
	人工	材料	机械
风钻为主各节定额	1.30	1.10	1.40
潜孔钻为主各节定额	1.20	1.10	1.30
液压钻、多臂钻为主各节定额	1.15	1.10	1.15

(15)装石渣汽车运输定额,其露天与洞内定额的区分,按挖掘机或装载机装车地点确定。

5.3.1.2　石渣运输项目划分

(1)按施工方法主要分为人力运输和机械运输。

①人力运输即人工装双胶轮车、轻轨斗车运输等,适用于工作面狭小、运距短、施工强度低的工程或工程部位。

②机械运输即挖掘机(或装载机)配自卸汽车运输,它的适应性较大,故一般工程都可采用;电瓶机车可用于洞井出渣,内燃机车适于较长距离的运输。

(2)按作业环境主要分为洞内运输与洞外运输。在各节运输定额中,一般都有"露天""洞内"两部分内容。

5.3.1.3　定额选用

1. 了解岩石级别的分类

岩石级别的分类是按其成分和性质划分的,现行部颁定额是按土石十六级分类法划分的,其中Ⅴ至ⅩⅥ级为岩石。

2. 熟悉影响石方开挖工效的因素

石方开挖的工序由钻孔、装药、爆破、翻渣、清理等组成。影响开挖工序的主要因素如下:

(1)岩石级别。岩石级别越高,其强度越高,钻孔的阻力越大,钻孔工效越低;同时对爆破的抵抗力也越大,所需炸药也越多。所以,岩石级别是影响开挖工效的主要因素之一。

(2)石方开挖的施工方法。石方开挖所采用的钻孔设备、爆破的方法、炸药的种类、开挖的部位不同,都会对石方开挖的工效产生影响。

(3)石方开挖的形状及设计对开挖面的要求,根据工程设计的要求,石方开挖往往需开挖成一定的形状,如沟、槽、坑、洞、井等,其爆破系数(每平方米工作面上的炮孔数)较没有形状要求的一般石方开挖要大得多,爆破系数越大,爆破效率越低,耗用爆破器材(炸药、雷管、导线)也越多。为了防止不必要的超挖、欠挖,工程设计对开挖面有基本要求(如爆破对建基面的损伤限制、对开挖面平整度的要求等)时,需对钻孔、爆破、清理等工序在施工方法和工艺上采取措施。例如,为了限制爆破对建基面的损伤,往往在建基面以上设置一定厚度的保护层(保护层厚度一般以 1.5 m 计),保护层开挖大多采用浅孔小炮,爆破系数很高,爆破效率很低,有时甚至不允许放炮,采用人工开挖。再如,有时为了满足开挖面平整度的要求,须在开挖面进行专门的预裂爆破。综上所述,设计对开挖形状及开挖面的要求,也是影响开挖工效的主要因素。

3. 正确选用定额子目

因为石方开挖定额大多按开挖形状及部位来分节,各节再按岩石级别来划分定额子目,所以在编制石方工程单价时,应根据施工组织设计确定的施工方法、运输线路、建筑物施工部位的岩石级别及设计开挖断面的要求等来正确选用定额子目。

5.3.2 使用现行定额编制石方开挖工程概算单价的注意事项

(1)在编制石方开挖及运输工程单价时,均以自然方为计量单位。

(2)石方开挖各节定额中,均包括了允许的超挖量和合理的施工附加量所增加的人工、材料及机械台时消耗量。使用本定额时,不得在工程量计算中另计超挖量和施工附加量。

(3)各节石方开挖定额,均已按各部位的不同要求,根据规范规定,分别考虑了保护层开挖等措施。如预裂爆破、光面爆破等,编制概算单价时一律不作调整。

(4)石方开挖定额中炸药的代表型号规格,应根据不同施工条件和开挖部位选取品种、规格。

(5)石方运输单价与开挖综合单价关系。在概算中,石方运输费用不单独表示,而是在开挖费用中体现。因此,在石方开挖各节定额子目中均列有"石渣运输"项目。编制概算单价时,应按定额石渣运输量乘以石方运输单价(仅需计算基本直接费),计算开挖综合单价。

(6)在计算石方运输单价时,各节运输定额一般都有"露天""洞内"两部分内容。洞内运输部分,套用"洞内"定额基本运距(装运卸)及"增运"子目;洞外运输部分,套用"露天"定额及"增运"子目(仅有运输工序)。若既有洞内又有洞外运输时,应分别套用。

(7)在查石方开挖定额中的材料消耗量时,应注意下列两个问题:

①凡一种材料名称之后,同时并列几种不同型号、规格的,如石方开挖工程定额导线中的火线和电线,表示这种材料只能选用其中一种型号规格的定额进行计价。

②凡一种材料分几种型号规格与材料名称同时并列的,如石方开挖工程定额中同时并列的导火线和导电线,则表示这些名称相同而型号规格不同的材料都应同时计价。

5.3.3　石方开挖工程概算单价编制

【工程实例分析 5-2】

1. 项目背景

河北省石家庄市灵寿县某水电站工程,其基础岩石级别为Ⅺ级,基础石方开挖采用风钻钻孔爆破,开挖深度为 1.8 m,石渣运输采用 1.5 m^3装载机装 10 t 自卸汽车运 2 km 弃渣。

2. 工作任务

计算该水电站工程基础石方开挖运输的概算单价。

3. 分析与解答

1)套定额,选定额子目

该基础石方开挖的施工方法为风钻钻孔爆破,开挖深度为 1.8 m(开挖深度不大于 2 m);岩石级别为Ⅺ级。则定额选用水利部 2002 年《水利建筑工程概算定额》(上册)第二–11 节 20131 子目,定额如表 5-8 所示。

表 5-8　基础石方开挖——风钻钻孔(开挖深度不大于 2 m)　　单位:100 m^3

项目	单位	岩石级别			
		Ⅴ~Ⅷ	Ⅸ~Ⅹ	Ⅺ~Ⅻ	ⅩⅢ~ⅩⅣ
工长	工时	5.4	6.6	8.2	10.7
高级工	工时				
中级工	工时	52.5	75.8	104.1	147.6
初级工	工时	205.0	251.0	300.9	371.2
合计	工时	262.9	333.4	413.2	529.5
合金钻头	个	2.89	4.75	6.8	9.57
炸药	kg	46	59	69	79
火雷管	个	264	331	382	432
导火线	m	392	493	569	644
其他材料费	%	7	7	7	7
风钻 手持式	台时	11.72	19.92	31.52	51.52
其他机械费	%	10	10	10	10
石渣运输	m^3	110	110	110	110
编号		20129	20130	20131	20132

石渣运输采用 1.5 m^3装载机装 10 t 自卸汽车运 2 km 弃料。则石渣运输定额选用

20514 子目,定额如表5-9 所示。

表 5-9　1.5 m^3 装载机装石渣汽车运输(露天)　　单位:100 m^3

项目	单位	运距(km)					增运
		1	2	3	4	5	1 km
工长	工时						
高级工	工时						
中级工	工时						
初级工	工时	14.2	14.2	14.2	14.2	14.2	
合计	工时	14.2	14.2	14.2	14.2	14.2	
零星材料费	%	2	2	2	2	2	
装载机　1.5 m^3	台时	2.67	2.67	2.67	2.67	2.67	
推土机　88 kW	台时	1.34	1.34	1.34	1.34	1.34	
自卸汽车　8 t	台时	11.01	13.97	16.69	19.24	21.69	2.27
10 t	台时	9.92	12.29	14.46	16.51	18.48	1.81
12 t	台时	8.70	10.67	12.48	14.19	15.83	1.51
编号		20513	20514	20515	20516	20517	20518

2)编制基础单价

(1)分析人工预算单价。

由题意:该工程地处河北省石家庄市灵寿县,属一类区;工程性质为枢纽工程。查人工预算单价计算标准,一类区枢纽工程的人工预算单价为:工长 11.80 元/工时,高级工 10.92 元/工时,中级工 9.15 元/工时,初级工 6.38 元/工时。

(2)确定材料预算价格。

经市场调查:合金钻头 56.00 元/个,炸药综合价 8.30 元/kg,火雷管 1.90 元/个,导火线 0.80 元/m,柴油预算价格 6 000 元/t,施工用水、电、风价格同工程实例分析 5-1。

(3)计算机械台时费基价。

查《水利工程施工机械台时费定额》,本例所用的施工机械定额量为:

①1.5 m^3 装载机(定额编号 1029)。折旧费 16.81 元/台时,修理及替换设备费 10.92 元/台时;机上人工工时数 1.3 工时/台时,柴油消耗量 9.8 kg/台时。

②88 kW 推土机(定额编号 1044)。折旧费 26.72 元/台时,修理及替换设备费 29.07 元/台时,安装拆卸费 1.06 元/台时;机上人工工时数 2.4 工时/台时,柴油消耗量 12.6 kg/台时。

③10 t 自卸汽车(定额编号 3015)。折旧费 30.49 元/台时,修理及替换设备费 18.30 元/台时;机上人工工时数 1.3 工时/台时,柴油消耗量 10.8 kg/台时。

④手持式风钻(定额编号 1096)。折旧费 0.54 元/台时,修理及替换设备费 1.89 元/台时;风 180.1 m^3/台时,水 0.3 m^3/台时。

1.5 m^3 装载机台时费基价 $= (16.81 \div 1.13 + 10.92 \div 1.09) + (1.3 \times 9.15 + 9.8 \times 2.99)$

$=24.89+41.20=66.09$(元/台时)

88 kW 推土机台时费基价 $=(26.72\div1.13+29.07\div1.09+1.06)+(2.4\times9.15+12.6\times2.99)$

$=51.38+59.63=111.01$(元/台时)

10 t 自卸汽车台时费基价 $=(30.49\div1.13+18.30\div1.09)+(1.3\times9.15+10.8\times2.99)$

$=43.77+44.19=87.96$(元/台时)

手持式风钻台时费基价 $=(0.54\div1.13+1.89\div1.09)+(180.1\times0.14+0.3\times0.90)$

$=2.21+25.48=27.69$(元/台时)

本例一类费用调整系数为1.00,在计算式中已省略。

3)确定取费费率

(1)其他直接费率:河北省属华北区,其冬雨季施工增加费费率为1.0%~2.0%,(1.0%~2.0%)+0.5%+0+3.0%+2.0%+1.0%=7.5%~8.5%,本例取下限7.5%。

(2)间接费费率:枢纽工程石方工程间接费率取12.5%。

(3)利润率:7%。

(4)税金率:9%。

4)计算石渣运输基本直接费

把人工预算单价、机械台时费基价和定额子目20514的数值,填入表5-10相应各栏中进行计算。计算过程详见表5-10,石渣运输基本直接费单价为15.27元/m^3。

表5-10 建筑工程单价表(三)

单价编号		项目名称	石渣运输工程		
定额编号	20514			定额单位	100 m^3(自然方)
施工方法	1.5 m^3装载机装10 t自卸汽车运2 km弃料				
编号	名称及规格	单位	数量	单价(元)	合计(元)
一	直接费	元			
(一)	基本直接费	元			1 526.78
1	人工费	元			90.60
(1)	工长	工时		11.80	0.00
(2)	高级工	工时		10.92	0.00
(3)	中级工	工时		9.15	0.00
(4)	初级工	工时	14.2	6.38	90.6
2	材料费	元			29.94
(1)	零星材料费	%	2	1 496.84	29.94
3	机械使用费	元			1 406.24
(1)	装载机 1.5 m^3	台时	2.67	66.09	176.46
(2)	推土机 88 kW	台时	1.34	111.01	148.75
(3)	自卸汽车 10 t	台时	12.29	87.96	1 081.03

注:柴油量 $=9.8\times2.67+12.6\times1.34+10.8\times12.29=175.78$(kg)。

5)计算石方开挖运输综合单价

将已知的各项基础单价、取定的费率及定额子目20131中的各项数值填入表5-11中(石渣运输单价用表5-10的计算结果)。

石方开挖运输综合单价为116.76元/m^3。

表5-11 建筑工程单价表(四)

单价编号		项目名称		基础石方开挖	
定额编号	20131			定额单位	100 m^3(自然方)
施工方法	岩石级别为Ⅺ级,采用手风钻钻孔爆破				
编号	名称及规格	单位	数量	单价(元)	合计(元)
一	直接费	元			8 234.65
(一)	基本直接费	元			7 660.14
1	人工费	元			2 969.02
(1)	工长	工时	8.2	11.80	96.76
(2)	高级工	工时		10.92	0.00
(3)	中级工	工时	104.1	9.15	952.52
(4)	初级工	工时	300.9	6.38	1 919.74
2	材料费	元			2 051.35
(1)	合金钻头	个	6.8	56.00	380.80
(2)	炸药	kg	69	5.15	355.35
(3)	火雷管	个	382	1.90	725.80
(4)	导火线	m	569	0.80	455.20
(5)	其他材料费	%	7	1 917.15	134.20
3	机械使用费	元			960.07
(1)	风钻 手持式	台时	31.52	27.69	872.79
(2)	其他机械费	%	10	872.79	87.28
4	石渣运输	m^3	110	15.27	1 679.70
(二)	其他直接费	%	7.5	7 660.14	574.51
二	间接费	%	12.5	8 234.65	1 029.33
三	利润	%	7	9 263.98	648.48
四	材料补差				799.36
(1)	炸药	kg	69	3.15	217.35
(2)	柴油	kg	193.36	3.01	582.01
五	税金	%	9	10 711.82	964.06
六	单价合计				11 675.88

注:柴油量 = 175.78 × 1.1 = 193.36(kg)。

注意:其他材料费的计算基础为主要材料费之和,其他机械费的计算基础为主要机械费之和。计算过程详见表5-11,表中基本直接费包括人工费、材料费、施工机械使用费、石渣运输四项。

任务 5.4　土石填筑工程单价编制

5.4.1　项目划分与定额选用

土石填筑工程主要包括抛石、砌石、土料及砂石料压实等。其中砌石工程又分为干砌石、浆砌石等,因其能就地取材、施工技术简单、造价低,故在我国水利工程中应用较普遍。在编制土石填筑工程概算单价时,一般应根据工程类别、结构部位、施工方法和材料种类等来选用相应的定额子目。在项目划分上要注意区分工程部位的含义和主要材料规格与标准。

5.4.1.1　区分工程部位的含义

(1)护坡。指坡面与水平面夹角(α)在 $10° < \alpha \leqslant 30°$范围内,砌体平均厚度 0.5 m 以内(含勒脚),主要起保护作用的砌体。

(2)护底。指护砌面与水平面夹角在 10°以下,包括齿墙和围坎。

(3)挡土墙。指坡面与水平面夹角(α)在 $30° < \alpha \leqslant 90°$范围内,承受侧压力,主要起挡土作用的砌体。

(4)墩墙。指砌体一般与地面垂直,能承受水平和垂直荷载的砌体,包括闸墩和桥墩。

5.4.1.2　定额石料规格及标准说明

(1)碎石。指经破碎、加工分级后,粒径大于 5 mm 的石块。

(2)卵石。指最小粒径大于 20 cm 的天然河卵石,呈不规则圆形。

(3)块石。指厚度大于 20 cm,长、宽各为厚度的 2 ~ 3 倍,上下两面平行且大致平整,无尖角、薄边的石块。

(4)片石。指厚度大于 15 cm,长、宽各为厚度的 3 倍以上,无一定规则形状的石块。

(5)毛条石。指一般长度大于 60 cm 的长条形四棱方正的石料。

(6)料石。指毛条石经过修边打荒加工,外露面方正,各相邻面正交,表面凹凸不超过 10 mm 的石料。

(7)砂砾料。指天然砂卵(砾)石混合料。

(8)堆石料。指山场岩石经爆破后,无一定规格、无一定大小的任意石料。

(9)反滤料、过渡料。指土石坝或一般堆砌石工程的防渗体与坝壳(土料、砂砾料或堆石料)之间的过渡区石料,由粒径、级配均有一定要求的砂、砾石(碎石)等组成。

(10)水泥砂浆。由水泥、细骨料和水,即水泥 + 砂 + 水,按一定的比例拌和而成的。通常所说的 1∶3水泥砂浆是用 1 重量水泥和 3 重量砂配合,实际上忽视了水的成分,水一般在 0.6 左右比例,即应成为 1∶3∶0.6,水泥砂浆的密度为 2 000 kg/m^3。它强度高,防水性能好,多用于重要建筑物及建筑物的水下部位。水泥砂浆的强度等级是以试件 28 d 抗压强度作为标准。

(11)混合砂浆。在水泥砂浆中掺入一定数量的石灰膏、黏土混合而成的,一般由水泥、石灰膏、砂拌和而成,它适用于强度要求不高的小型工程或次要建筑物的水上部位。混合砂浆由于加入了石灰膏,改善了砂浆的和易性,操作起来比较方便,有利于砌体密实度和工效的提高。

(12)细骨料混凝土。一般是指粗骨料最大粒径不大于15 mm的混凝土,用水泥、砂、水和骨料按规定级配配合而成,可节省水泥,提高砌体强度。细石混凝土不得使用火山灰质水泥;砂采用粒径0.3～0.5 mm的中粗砂。

5.4.2 使用现行定额编制土石填筑工程概算单价注意事项

(1)注意定额中的计量单位。

①定额中材料的计量单位。对砂、碎石、堆石料、过渡料和反滤料,按堆方计;对块石、卵石,按码方计;对条石、料石按清料方计。块石的实方指堆石坝坝体方,块石松方就是块石的堆方。松实系数是指土石料体积的比例关系,供一般土石方工程换算时参考,在一般土石方工程换算时可参考表5-12。

表5-12 土石方松实系数换算表

项目	自然方	松方	实方	码方
土方	1	1.33	0.85	
石方	1	1.53	1.31	
砂方	1	1.07	0.94	
混合料	1	1.19	0.88	
块石	1	1.75	1.43	1.67

②定额计量单位。土石填筑工程定额计量单位,除注明者外,均按建筑实体方(或称成品方)计算。其中,抛石护底护岸工程为抛投方,铺筑砂石垫层、干砌石、浆砌石为砌体方,土石坝物料压实为实方。概算单价的单位应与定额计量单位相一致。

(2)在土石填筑工程概算定额中,材料部分列有砂、石料的定额量,均已考虑了施工操作损耗和体积变化因素。砂、石料自料场运至施工现场堆放点的运输费用应包括在石料单价内。施工现场堆放点至工作面的场内运输已包括在砌石工程定额内。编制砌石工程概算单价时,不得重复计算石料运输费。砂、石料如为外购,则按材料预算价格计算。

(3)编制堆砌石工程概算单价时,应考虑在开挖石渣中检集块(片)石的可能性,以节省开采费用,其利用数量应根据开挖石渣的多少和岩石质量情况合理确定。

(4)浆砌石定额中已计入了一般要求的勾缝,如设计有防渗要求的开槽勾缝,应增加相应的人工费和材料费。

(5)料石砌筑定额中包括了砌体外露面的一般修凿,如设计要求作装饰性修凿,应另行增加修凿所需的人工费。

(6)土石坝物料压实定额是按自料场直接运输上坝与自成品供料场运输上坝两种情况分别编制,根据施工组织设计方案采用相应的定额子目。定额已包括压实过程中所有损耗量以及坝面施工干扰因素。如不是土石堤、坝的一般土料、砂石料压实，其人工、机械定额应乘以0.8的系数。

反滤料压实定额中的砂及碎（卵）石数量和组成比例，按设计资料进行调整。

（7）土石填筑工程定额未编列土石坝物料的运输定额。编制概算时，可根据定额所列物料运输数量采用概算定额相关章节子目计算物料运输上坝费用，并乘以坝面施工干扰系数1.02。

5.4.3 土石填筑工程概算单价编制

土石填筑工程单价包括堆石单价、砌石单价及土方填筑单价，分别叙述如下。

5.4.3.1 **堆石单价**

堆石单价包括备料单价、压实单价和综合单价。

1. 备料单价

堆石坝的石料备料单价计算，同一般块石开采一样，包括覆盖层清理、石料钻孔爆破和工作面废渣处理。覆盖层的清理费用，以占堆石料的百分率，摊入计算。石料钻孔爆破施工工艺同石方工程。堆石坝分区填筑对石料有级配要求，主、次堆石区石料最大粒（块）径可达1.0 m及以上，而垫层料、过渡层料仅为0.08 m、0.3 m左右，虽在爆破设计中尽可能一次获得级配良好的堆石料，但不少石料还须分级处理（如轧制加工等）。故各区料所耗工料相差很多，而一般石方开挖定额很难体现这一因素，单价编制时要注意这一问题。

石料运输，根据不同的施工方法，套用相应的定额计算。现行概算定额的综合定额，其堆石料运输所需的人工、机械等数量，已经计入压实工序的相应项目中，不在备料单价中体现。爆破、运输采用石方工程开挖定额时，须加计损耗和进行定额单位换算。石方开挖单位为自然方，石方填筑单位为坝体压实方。

2. 压实单价

压实单价包括平整、洒水、压实等费用。压实定额中均包括了体积换算、施工损耗等因素。注意“零星材料费”的计算基数不含堆石料的运输费用。考虑到各区堆石料粒（块）径大小、层厚尺寸、碾压遍数的不同，压实单价应按过渡料、堆石料等分别编制。

3. 综合单价

堆石单价计算有以下两种形式。

（1）综合定额法。采用现行概算定额编制堆石单价时，一般应按综合定额计算。可将备料单价作为堆石料（包括反滤料、过渡料）材料预算价格，计入填筑单价即可。

（2）综合单价法。当采用其他定额或施工方法与现行概算综合定额不同时，须套用相应的单项定额，分别计算各工序单价，再进行单价综合计算。

5.4.3.2 **砌石单价**

砌石单价包括备料单价和砌筑单价，其中砌筑单价包括干砌石和浆砌石两种。

1. 计算备料单价

备料单价作为砌筑工程定额中的一项材料单价，计算时应根据施工组织设计确定的施工方法，套用砂石备料工程定额相应开采、运输定额子目计算（仅需计算定额基本直接费,这样可直接代入砌筑工程单价计算表,避免重复计算其他直接费、间接费、利润和税金)。如为外购块石、条石或料石时,按材料预算价格计算。

2. 计算砌筑单价

砌筑单价应根据不同的施工项目、施工部位、施工方法及所用材料套用相应定额进行计算。如为浆砌石,则需先计算胶结材料的半成品价格。砌筑定额中的石料数量均已考虑了施工操作损耗和体积变化因素,其材料价格采用备料价格;一般砂、碎石(砾石)、块石、料石等预算价格应控制在70元/m^3左右,超过部分计取税金后列入相应部分之后。

5.4.3.3 土方填筑单价

土方填筑工程施工工序一般包括料场覆盖层清除、土料开采运输、土料翻晒和铺土压实等工序。在计算土方填筑工程单价时,应与上述工序相对应,一般包括覆盖层清除摊销费、土料翻晒备料单价、土方开挖运输单价、土方压实单价四部分,具体组成内容应根据施工组织设计确定的施工因素来选择。

1. 覆盖层清除摊销费

根据填筑土料的质量要求,料场表层覆盖的杂草、乱石、树根及不合格的表土等必须予以清除,以确保土方的填筑质量。其清除费用按清除量乘以清除单价来计算。覆盖层清除摊销费就是将其清除费用摊入填筑设计成品方中,即单位设计成品方应摊入的清除费用。可用式(5-34)计算:

$$\begin{aligned}\text{覆盖层清除摊销费} &= \text{覆盖层清除总费用} \div \text{设计成品方量}\\ &= \text{覆盖层清除单价} \times \text{覆盖层清除量} \div \text{设计成品方量}\\ &= \text{覆盖层清除单价} \times \text{覆盖层清除摊销率}\end{aligned} \tag{5-34}$$

2. 土料翻晒备料单价

若取土区土料含水量偏大,不能直接用于填筑施工,则在料场必须先行犁耙翻晒,必要时堆置土牛以备填筑用料。计算时查水利部2002年《水利建筑工程预算定额》(上册)第一-43节10463子目。

3. 土方开挖运输单价

其内容同本项目任务5.2。

4. 土方压实单价

土方压实主要工作内容包括平土、洒水、刨毛、碾压、削坡及坝面各种辅助工作。压实定额按自料场直接运输上坝与自成品供料场运输上坝两种情况分别编制。计算压实单价时,应根据施工组织设计确定的施工方案、设计要求压实后需达到的干密度正确选用相应的定额子目。土方压实单价的单位为实方。

5. 土方填筑综合单价

土方填筑综合单价由若干个分项工序单价组成。

(1)编制概算单价时,土石填筑工程定额中未编列土石坝物料的运输定额,在土石坝填筑概算定额中土石坝物料运输量已算好,列在定额最后一行。土石坝物料压实定额中已计入超填量及施工附加量,并考虑坝面干扰因素;土石坝物料运输量,包括超填及附加量,雨后清理、削坡、施工沉陷等损耗及物料折实因素等。计算概算单价时,可根据定额所列物料运输数量采用概算定额相关子目计算物料运输上坝费用,并乘以坝面施工干扰系数 1.02。

(2)编制预算单价时，压实工序以前的施工工序定额或单价(即开挖运输单价、翻晒备料单价)都要乘以综合折实系数，即：

$$综合折实系数 = (1 + A\%) \times 设计干密度/天然干密度 \tag{5-35}$$

则

$$土方填筑预算综合单价 = 覆盖层清除单价 \times 摊销率 + (翻晒单价 \times 翻晒比例 + 挖运单价) \times 综合折实系数 + 压实单价 \tag{5-36}$$

综合系数 A 包括开挖、上坝运输、雨后清理、边坡削坡、接缝削坡、施工沉陷、取土坑、试验坑和不可避免的压坏等损耗因素，其值应根据不同的施工方法和坝料按表 5-13 选取，使用时不再调整。

表 5-13　综合系数选用表

项目	A(%)
机械填筑混合坝坝体土料	5.86
机械填筑均质坝坝体土料	4.93
机械填筑心(斜)墙土料	5.70
人工填筑坝体土料	3.43
人工填筑心(斜)墙土料	3.43
坝体砂砾料、反滤料	2.20
坝体堆石料	1.40

5.4.4　土石填筑工程概算单价编制

【工程实例分析 5-3】

1. 项目背景

安徽省某河道工程，其护底采用 M7.5 浆砌块石施工，用 32.5 级普通硅酸盐水泥，所有砂石材料均需外购，已知基本资料如下。

(1)人工预算单价：安徽省为一般地区，其河道工程的人工预算单价工长 8.02 元/工时，高级工 7.40 元/工时，中级工 6.16 元/工时，初级工 4.26 元/工时。

(2)材料预算价格：经市场调查，32.5 级普通硅酸盐水泥 396.00 元/t，砂 78 元/m^3，块石 73 元/m^3，施工用水价格 1.32 元/m^3，施工用电价格 1.07 元/kWh。

(3)M7.5 水泥砂浆每立方米配合比：32.5 水泥 261.00 kg，砂 1.11 m^3，水 0.157 m^3。

2. 工作任务

计算该河道工程 M7.5 浆砌块石护底工程概算单价。

3. 分析与解答

1)套定额，选定额子目

浆砌块石护底，定额选用水利部 2002 年《水利建筑工程概算定额》(上册)第三－8 节 30031 子目，定额如表 5-14 所示。

表 5-14　浆砌块石

工作内容:选石、修石、冲洗、拌制砂浆、砌筑、勾缝。　　单位:100 m^3 砌体方

项目	单位	护坡		护底	基础	挡土墙	桥墩闸墩
		平面	曲面				
工长	工时	17.3	19.8	15.4	13.7	16.7	18.2
高级工	工时						
中级工	工时	356.5	436.2	292.6	243.3	339.4	387.8
初级工	工时	490.1	531.2	457.2	427.4	478.5	504.7
合计	工时	863.9	987.2	765.2	684.4	834.6	910.7
块石	m^3	108	108	108	108	108	108
砂浆	m^3	35.3	35.3	35.3	34.0	34.4	34.8
其他材料费	%	0.5	0.5	0.5	0.5	0.5	0.5
砂浆搅拌机　0.4 m^3	台时	6.54	6.54	6.54	6.30	6.38	6.45
胶轮车	台时	163.44	163.44	163.44	160.19	161.18	162.18
编号		30029	30030	30031	30032	30033	30034

2)计算砂浆材料单价

查概算定额附录 7 水泥砂浆材料配合比(项目 4 中例 4-6 表 4-14),计算如下:

M7.5 砂浆基价 = 261.00 ×0.255 +1.11 ×70 +0.157 ×1.32 =144.46(元/m^3)

M7.5 砂浆价差 = 261.00 ×(0.396 −0.255) +1.11 ×(78 −70) =45.68(元/m^3)

水泥以 255 元/t 基价,砂以 70 元/m^3 限价计算砂浆基价,超过的部分计入材料价差。

3)计算机械台时费

①胶轮车(定额编号 3074):

0.26 ÷1.13 +0.64 ÷1.09 =0.82(元/台时)

②0.4 m^3 砂浆搅拌机(定额编号 2002):

(3.29 ÷1.13 +5.34 ÷1.09 +1.07) +(1.3 ×6.16 +8.6 ×1.07) =26.09(元/台时)

4)确定取费费率

该工程性质属于河道工程,地处安徽省,其他直接费率取 4.7%(取上限);间接费率取 9.5%(取上限),利润率为 7%,税金率取 9%。

5)计算浆砌石工程单价

将基础单价、各项费率及定额子目 30031 中的消耗量,填入建筑工程单价表里相应的栏目。计算过程详见表 5-15,浆砌块石护底的工程单价为 247.09 元/m^3。

表5-15 建筑工程单价表(五)

单价编号		项目名称	浆砌块石护底		
定额编号	30031			定额单位	100 m^3(砌体方)
施工方法	选石、修石、冲洗、拌制砂浆、砌筑、勾缝				
编号	名称及规格	单位	数量	单价(元)	合计(元)
一	直接费	元			17 695.34
(一)	基本直接费	元			16 900.99
1	人工费	元			3 873.60
(1)	工长	工时	15.4	8.02	123.51
(2)	高级工	工时		7.40	0.00
(3)	中级工	工时	292.6	6.16	1 802.42
(4)	初级工	工时	457.2	4.26	1 947.67
2	材料费	元			12 722.74
(1)	块石	m^3	108	70	7 560.00
(2)	砂浆 M7.5	m^3	35.3	144.46	5 099.44
(3)	其他材料费	%	0.5	12 659.44	63.30
3	机械使用费	元			304.65
(1)	砂浆拌和机 0.4 m^3	台时	6.54	26.09	170.63
(2)	胶轮车	台时	163.44	0.82	134.02
(二)	其他直接费	%	4.7	16 900.99	794.35
二	间接费	%	9.5	17 695.34	1 681.06
三	利润	%	7	19 376.40	1 356.35
四	材料补差				1 936.50
(1)	块石	m^3	108	3.00	324.00
(2)	砂浆 M7.5	m^3	35.3	45.68	1 612.50
五	税金	%	9	22 669.25	2 040.23
六	单价合计				24 709.48

表5-15单价表中,材料补差以块石、M7.5砂浆材料计列。如果砂浆材料补差是以其配合比材料中的水泥、砂单独计列,计算过程详见表5-16。

由于计算步骤不同,表5-15、表5-16计算结果会有一点误差。

表5-16 建筑工程单价表(六)

单价编号		项目名称	浆砌块石护底		
定额编号	30031			定额单位	100 m^3(砌体方)
施工方法	选石、修石、冲洗、拌制砂浆、砌筑、勾缝				
编号	名称及规格	单位	数量	单价(元)	合计(元)
一	直接费	元			17 695.34
(一)	基本直接费	元			16 900.99
1	人工费	元			3 873.60
(1)	工长	工时	15.4	8.02	123.51
(2)	高级工	工时		7.40	0.00
(3)	中级工	工时	292.6	6.16	1 802.42
(4)	初级工	工时	457.2	4.26	1 947.67
2	材料费	元			12 722.74
(1)	块石	m^3	108	70	7 560.00
(2)	砂浆 M7.5	m^3	35.3	144.46	5 099.44
(3)	其他材料费	%	0.5	12 659.44	63.30
3	机械使用费	元			304.65
(1)	砂浆拌和机 0.4 m^3	台时	6.54	26.09	170.63
(2)	胶轮车	台时	163.44	0.82	134.02
(二)	其他直接费	%	4.7	16 900.99	794.35
二	间接费	%	9.5	17 695.34	1 681.06
三	利润	%	7	19 376.40	1 356.35
四	材料补差				1 936.05
(1)	块石	m^3	108	3.00	324.00
(2)	水泥	t	9.21	141.00	1 298.61
(3)	砂	m^3	39.18	8.00	313.44
五	税金	%	9	22 668.80	2 040.19
六	单价合计				24 708.99

注: 水泥量 = 261×35.3/1 000 = 9.21(t);砂量 = 1.11×35.3 = 39.18(m^3)。

【工程实例分析5-4】

1. 项目背景

安徽省合肥市大房郢水库,其主坝、副坝都为均质土坝。料场土类级别为Ⅲ级,坝体土料设计干密度为16.5 kN/m³,土料天然干密度为14.5 kN/m³。料场覆盖层清除单价5.90元/m³(自然方),覆盖层清除摊销率为5%。土方回填采用2.75 m³铲运机从土料场运500 m直接上坝,拖拉机碾压。

2. 工作任务

计算该土坝工程土方填筑的概算综合单价。

3. 分析与解答

1)分析资料,套用定额

根据施工方法,土方运输采用2.75 m³铲运机从土料场运500 m,选用水利部2002年《水利建筑工程概算定额》(上册)第一－33节10574子目,定额见表5-17。

表5-17 2.75 m³铲运机铲运土(Ⅲ类土) 单位:100 m³

项目	单位	运距(m)				
		100	200	300	400	500
工长	工时					
高级工	工时					
中级工	工时					
初级工	工时	3.7	6.0	7.9	9.7	11.3
合计	工时	3.7	6.0	7.9	9.7	11.3
零星材料费	%	10	10	10	10	10
铲运机 2.75 m³	台时	3.00	4.79	6.33	7.72	9.07
拖拉机 55 kW	台时	3.00	4.79	6.33	7.72	9.07
推土机 55 kW	台时	0.30	0.48	0.63	0.77	0.91
编号		10570	10571	10572	10573	10574

土料是自料场直接运输上坝,采用拖拉机碾压,且土料设计干密度为16.5 kN/m³,定额选用水利部2002年《水利建筑工程概算定额》(上册)第三－19节30075子目,定额见表5-18。

表5-18 土石坝物料压实(土料自料场直接运输上坝)

工作内容:推平、刨毛、压实,削坡、洒水、补夯边及坝面各种辅助工作。 单位:100 m³实方

项目	单位	拖拉机压实		羊脚碾压实	
		干密度(kN/m³)			
		≤16.67	>16.67	≤16.67	>16.67
工长	工时				
高级工	工时				
中级工	工时				
初级工	工时	21.8	25.1	26.8	29.4
合计	工时	21.8	25.1	26.8	29.4

续表 5-18

项目	单位	拖拉机压实		羊脚碾压实	
		干密度(kN/m³)			
		≤16.67	>16.67	≤16.67	>16.67
零星材料费	%	10	10	10	10
羊脚碾 5~7 t 拖拉机 59 kW	组时			1.81	2.33
8~12 t 74 kW	组时			1.30	1.68
拖拉机 74 kW	台时	2.06	0.65		
推土机 74 kW	台时	0.55	0.55	0.55	0.55
蛙式打夯机 2.8 kW	台时	1.09	1.09	1.09	1.09
刨毛机	台时	0.55	0.55	0.55	0.55
其他机械费	%	1	1	1	1
土料运输(自然方)	m³	126	126	126	126
编号		30075	30076	30077	30078

2)确定基础单价

(1)人工预算单价:工长 11.55 元/工时,高级工 10.67 元/工时,中级工 8.90 元/工时,初级工 6.13 元/工时。

(2)材料预算价格:经市场调查,柴油预算价格 6.00 元/kg,施工用水价格 1.32 元/m³,施工用电价格 1.07 元/kWh,施工用风价格 0.15 元/m³。

(3)计算机械台时费:刨毛机台时按照《补充定额》勘误。机械台时费计算见表 5-19。

表 5-19 施工机械台时费计算表(二)

定额编号	名称及规格	定额数量							施工机械台时费		
		一类费用			二类费用						
		折旧费(元)	修理及替换设备费(元)	安装拆卸费(元)	人工(工时)	柴油(kg)	电(kWh)	其他	基价(元)	价差(元)	预算价(元)
1067	铲运机 2.75 m³	4.35	5.61	0.57					9.57	0	9.57
1060	拖拉机 55 kW	3.8	4.56	0.22	2.4	7.4			51.25	24.49	75.74
1041	推土机 55 kW	7.14	12.5	0.44	2.4	7.9			63.21	26.15	89.36
1062	拖拉机 74 kW	9.65	11.38	0.54	2.4	9.9			70.48	32.77	103.25
1043	推土机 74 kW	19	22.81	0.86	2.4	10.6			91.65	35.09	126.74
1095	蛙式打夯机 2.8 kW	0.17	1.01		2		2.5		21.55	0	21.55
1094	刨毛机	5.07	5.62	0.22	2.4	7.4			53.35	24.49	77.84

3)分析资料,确定取费费率

该工程性质属于枢纽工程,其他直接费率取7.5%(取上限),土方工程的间接费率取8.5%,利润率为7%,税金率取9%。

4)计算土方运输单价

因为"土方运输"在土石坝物料压实定额中,与人工费、材料费、机械使用费"并列"着,所以,土方运输单价只需计算到"基本直接费"这一步,计算过程见表5-20。土方运输基本直接费单价为7.46元/m^3(自然方)。

表5-20 建筑工程单价表(七)

单价编号		项目名称	土方运输工程		
定额编号	10574			定额单位	100 m^3(自然方)
施工方法	2.75 m^3铲运机铲装运500 m上坝				
编号	名称及规格	单位	数量	单价(元)	合计(元)
一	直接费	元			
(一)	基本直接费	元			746.27
1	人工费	元			69.27
(1)	工长	工时		11.15	
(2)	高级工	工时		10.67	
(3)	中级工	工时		8.90	
(4)	初级工	工时	11.3	6.13	69.27
2	材料费	元			67.84
(1)	零星材料费	%	10	678.43	67.84
3	机械使用费	元			609.16
(1)	铲运机 2.75 m^3	台时	9.07	9.57	86.80
(2)	拖拉机 55 kW	台时	9.07	51.25	464.84
(3)	推土机 55 kW	台时	0.91	63.21	57.52

注:柴油量 = 7.4×9.07+7.9×0.91=74.307(kg)。

注意:本定额所用的机械中,55 kW拖拉机、55 kW推土机两种机械消耗的燃料是柴油,柴油发生的材料差价,代入到土料压实单价的材料补差中计算。

5)计算土方压实单价

根据土石填筑工程定额说明:"土石填筑工程定额未编列土石坝物料的运输定额。编制概算时,可根据定额所列物料运输数量采用本概算定额相关章节子目计算物料运输上坝费用,并乘以坝面施工干扰系数1.02"。

则　　土料运输(自然方)量=126×1.02 =128.52(m^3)

再把表5-21计算的土方运输基本直接费,嵌套入压实定额单价中。

土方压实单价计算过程见表5-21,结果为22.92元/m^3(实方)。

6)计算土方填筑概算综合单价

料场覆盖层清除单价为5.90元/m³(自然方),覆盖层清除摊销率为5%。

则:　　土方填筑综合单价 $=5.90\times5\%+22.92=23.22$(元/m³)

表5-21　建筑工程单价表(八)

单价编号		项目名称	土料压实工程		
定额编号	30075			定额单位	100 m³实方
施工方法	拖拉机压实,Ⅲ类土,设计干密度:16.5 kN/m³				
编号	名称及规格	单位	数量	单价(元)	合计(元)
一	直接费	元			1 485.38
(一)	基本直接费	元			1 381.75
1	人工费	元			133.63
(1)	工长	工时			
(2)	高级工	工时			
(3)	中级工	工时			
(4)	初级工	工时	21.8	6.13	133.63
2	材料费	元			38.45
(1)	零星材料费	%	10	385.24	38.45
3	机械使用费	元			250.91
(1)	拖拉机　74 kW	台时	2.06	70.48	145.19
(2)	推土机　74 kW	台时	0.55	91.65	50.41
(3)	蛙式打夯机　2.8 kW	台时	1.09	21.55	23.49
(4)	刨毛机	台时	0.55	53.35	29.34
(5)	其他机械费	%	1	248.43	2.48
4	土料运输(自然方)	m³	128.52	7.46	958.76
(二)	其他直接费	%	7.5	1 381.75	103.63
二	间接费	%	8.5	1 485.38	126.26
三	利润	%	7	1 611.64	112.81
四	材料补差	元			378.63
(1)	柴油	kg	125.79	3.01	378.63
五	税金	%	9	2 103.08	189.28
六	单价合计				2 292.36

注:柴油量 $=(7.4\times9.07+7.9\times0.91)\times1.26\times1.02+(9.9\times2.06+10.6\times0.55+7.4\times0.55)=125.79$(kg)。

任务5.5　混凝土工程单价编制

5.5.1　项目划分与定额选用

5.5.1.1　项目划分

混凝土工程按施工工艺可分为现浇混凝土和预制混凝土两大类。现浇混凝土又可分为常态混凝土、碾压混凝土和沥青混凝土。混凝土具有强度高、抗渗性、耐久性好等优点，在水利工程建设中应用十分广泛，如常态混凝土适用于坝、闸涵、船闸、水电站厂房、隧洞衬砌等工程；沥青混凝土适用于堆石坝、砂壳坝的心墙和斜墙及均质坝的上游防渗工程等。

5.5.1.2　定额选用

根据设计提供的资料，确定建筑物的施工部位，选定正确的施工方法及运输方案，确定混凝土的强度等级和级配，并根据施工组织设计确定的拌和系统布置形式等来选用相应的定额。

5.5.2　使用现行定额编制混凝土工程概算单价注意事项

现行部颁定额包括常态混凝土、碾压混凝土和沥青混凝土、混凝土预制及安装、钢筋制作及安装，以及混凝土拌制、运输、止水等定额。

5.5.2.1　注意定额的计量单位

（1）除注明者外，混凝土浇筑的计量单位均为建筑物及构筑物的成品实体方。

（2）混凝土拌制及混凝土运输定额的计量单位均为半成品方，不包括干缩、运输、浇筑和超填等损耗的消耗量在内。

（3）止水、沥青砂柱止水、混凝土管安装计量单位为“延长米”；钢筋制作与安装的计量单位为“t”；防水层、伸缩缝、沥青混凝土涂层、斜墙碎石垫层涂层计量单位为“m^2”。

5.5.2.2　熟悉混凝土定额的主要工作内容

（1）常态混凝土浇筑包括冲(凿)毛、冲洗、清仓、铺水泥砂浆、平仓浇筑、振捣、养护，工作面运输及辅助工作。混凝土浇筑定额包括浇筑和工作面运输所需全部人工、材料和机械的数量及费用，但是混凝土拌制、混凝土浇筑定额中不包括骨料预冷、加冰、通水等温控所需人工、材料、机械的数量和费用。地下工程混凝土浇筑施工照明用电已计入浇筑定额的其他材料费中。

（2）碾压混凝土浇筑包括冲毛、冲洗、清仓、铺水泥砂浆、平仓、碾压、切缝、养护，工作面运输及辅助工作。

（3）沥青混凝土浇筑包括配料、混凝土加温、铺筑、养护，模板制作、安装、拆除、修整，以及场内运输和辅助工作。

（4）预制混凝土包括预制场冲洗、清理、配料、拌制、浇筑、振捣、养护，模板制作、安装、拆除、修整，现场冲洗、拌浆、吊装、砌筑、勾缝，以及预制场和安装现场场内运输及辅助工作。混凝土构件预制及安装定额包括预制及安装过程中所需人工、材料、机械的数量和费用。若预制混凝土构件单位重量超过定额中起重机械的起重量时,可用相应起重量的机械替换,但是"台时量"不变。预制混凝土定额中的模板材料为单位混凝土成品方的摊销量,已考虑了周转。

(5)混凝土拌制定额是按常态混凝土拟定的。混凝土拌制包括配料、加水、加外加剂,搅拌、出料、清洗及辅助工作。

(6)混凝土运输包括装料、运输、卸料、空回、冲洗、清理及辅助工作。现浇混凝土运输是指混凝土自搅拌楼或搅拌机出料口至浇筑现场工作面的全部水平运输和垂直运输。预制混凝土构件运输,指预制场至安装现场之间的运输,预制混凝土构件在预制场和安装现场的运输已包括在预制及安装定额内。

(7)钢筋制作与安装定额中,其钢筋定额消耗量已包括钢筋制作与安装过程中的加工损耗、搭接损耗及施工架立筋附加量。

5.5.2.3 关于"模板"问题

在混凝土工程定额中,常态混凝土和碾压混凝土定额中不包含模板制作与安装,模板的费用应按模板工程定额另行计算;预制混凝土及沥青混凝土定额中已包括了模板的相关费用,计算时不得再算模板费用。

5.5.2.4 注意"节"定额表下面的"注"

在使用有些定额子目时,应根据"注"的要求来调整人工、机械的定额消耗量。如概算定额"四-45 搅拌车运混凝土"中"注:①如采用6 m^3混凝土搅拌车,机械定额乘以0.52系数;②洞内运输,人工、机械定额乘以1.25系数"。

5.5.3 混凝土工程概算单价编制

混凝土工程概算单价主要包括现浇混凝土单价、预制混凝土单价、钢筋制作安装单价和止水单价等,对于大型混凝土工程还要计算混凝土温控措施费。

5.5.3.1 现浇混凝土单价编制

1.混凝土材料单价

混凝土半成品的单价是指为配制每立方米混凝土所需水泥、砂、石、水、掺和料及其外加剂等的费用之和,不包括拌制、运输、浇筑等工序的人工、材料和机械费用,也不包含除搅拌损耗外的施工操作损耗及超填量等。

混凝土材料单价在混凝土工程单价中占有较大比重,编制概算单价时,各项材料用量定额,按本工程的混凝土级配试验资料计算。如无试验资料,可参照《水利建筑工程概算定额》附录7计算混凝土材料单价。

2.混凝土拌制单价

混凝土拌制包括配料、运输、搅拌、出料等工序。在进行混凝土拌制单价计算时,应根据所采用的拌制机械来选用现行《水利建筑工程概算定额》第四章35~37节中的相应子目,进行工程单价计算。一般情况下,混凝土拌制单价作为混凝土浇筑定额中的一项内容,构成混凝土浇筑单价中的定额基本直接费。为避免重复计算其他直接费、间接费、利润和税金,混凝土拌制单价只计算定额基本直接费。混凝土搅拌系统布置视工程规模大

小、工期长短、混凝土数量多少,以及地形条件、施工技术要求和设备拥有情况来具体拟定。在使用定额时,要注意以下两点:

(1)混凝土拌制定额按拌制常态混凝土拟定,若拌制加冰、加掺和料等其他混凝土,则应按表5-22所规定的系数对混凝土拌制定额进行调整。

表5-22 混凝土拌制定额调整表

拌和楼规格	混凝土级别			
	常态混凝土	加冰混凝土	加掺和料混凝土	碾压混凝土
1×2.0 m^3强制式	1.00	1.20	1.00	1.00
2×2.5 m^3强制式	1.00	1.17	1.00	1.00
2×1.0 m^3自落式	1.00	1.00	1.10	1.30
2×1.5 m^3自落式	1.00	1.00	1.10	1.30
3×1.5 m^3自落式	1.00	1.00	1.10	1.30
2×3.0 m^3自落式	1.00	1.00	1.10	1.30
4×3.0 m^3自落式	1.00	1.00	1.10	1.30

(2)各节用搅拌楼拌制现浇混凝土定额子目中,以"组时"表示的"骨料系统"和"水泥系统"是指骨料、水泥进入搅拌楼之前与搅拌楼相衔接而必须配备的有关机械设备,包括自搅拌楼骨料仓下廓道内接料斗开始的胶带输送机及其供料设备;自水泥罐开始的水泥提升机械或空气输送设备、胶带运输机、吸尘设备,以及袋装水泥的拆包机械等。其组时费用根据施工组织设计选定的施工工艺和设备配备数量自行计算。

3. 混凝土运输单价

混凝土运输是指混凝土自搅拌机(楼)出料口至浇筑现场工作面的运输,是混凝土工程施工的一个重要环节,包括水平运输和垂直运输两部分。水利工程多采用数种运输设备相互配合的运输方案,不同的施工阶段,不同的浇筑部位,可能采用不同的运输方式。但使用现行《水利建筑工程概算定额》时须注意,各节现浇混凝土定额中"混凝土运输"作为浇筑定额的一项内容,它的数量已包括完成每一定额单位有效实体所需增加的超填量和施工附加量等。编制概算单价时,一般应根据施工组织设计选定的运输方式来选用运输定额子目,为避免重复计算其他直接费、间接费、利润和税金,混凝土运输单价只计算定额基本直接费,并以该运输单价乘以混凝土浇筑定额中所列的"混凝土运输"数量,构成混凝土运输单价的费用项目。

4. 混凝土浇筑单价

混凝土浇筑的主要子工序包括基础面清理、施工缝处理、入仓、平仓、振捣、养护、凿毛等。影响浇筑工序的主要因素有仓面面积、施工条件等。仓面面积大,便于发挥人工及机械效率,工效高。施工条件对混凝土浇筑工序的影响很大,计算混凝土浇筑单价时,需注意以下几点:

(1)现行混凝土浇筑定额中包括浇筑和工作面运输(不含浇筑现场垂直运输)所需全部人工、材料和机械的数量和费用。

(2)混凝土浇筑仓面清洗用水,地下工程混凝土浇筑施工照明用电,已分别计入浇筑定额的用水量及其他材料费中。

(3)平洞、竖井、地下厂房、渠道等混凝土衬砌定额中所列示的开挖断面和衬砌厚度按设计尺寸选取。若定额与设计厚度不符,可用插入法计算。

(4)混凝土材料定额中的"混凝土",系指完成单位产品所需的混凝土成品量,其中包括干缩、运输、浇筑和超填等损耗量在内。

5.5.3.2 预制混凝土单价

预制混凝土单价一般包括混凝土拌和、运输、预制、预制构件运输及安装等工序单价。现行《水利建筑工程概算定额》中混凝土预制及安装定额包括混凝土拌和及预制、场内混凝土运输工序,场外混凝土运输、预制件运输需根据所采用的运输机械选用相应的定额,另计运输单价。

混凝土预制构件运输包括装车、运输、卸车,应按施工组织设计确定的运输方式、装卸和运输机械、运输距离选择定额。

混凝土预制构件安装与构件重量、设计要求安装有关的准确度以及构件是否分段等有关。当混凝土构件单位重量超过定额中起重机械起重量时,可用相应起重机械替换,但台时量不变。

5.5.3.3 混凝土温度控制费用的计算

在水利工程中,为防止拦河大坝等大体积混凝土由于温度应力而产生裂缝和坝体接缝灌浆后接缝再度拉裂,根据现行设计规程和混凝土坝设计及施工规范的要求,混凝土坝等大体积混凝土工程的施工,都必须进行混凝土温控设计,提出温控标准和降温防裂措施。温控措施很多,至于采用哪些温控措施,应根据不同地区的气温条件、不同坝体结构的温控要求、不同工程的特定施工条件及建筑材料的要求等综合因素,分别采用风或水预冷骨料,采用水化热较低的水泥,减少水泥用量,加冰或冷水拌制混凝土,对坝体混凝土进行一、二期通水冷却及表面保护等措施。

1. 温控措施费用的计算原则和标准

大体积混凝土温控措施的费用,应根据坝址夏季月平均气温、设计要求温控标准、混凝土冷却降温后的降温幅度和混凝土的浇筑温度参照表5-23 进行计算。

2. 基本参数的选择和确定

(1)工程所在地区的多年月平均气温、水温、寒潮降温幅度和次数等气象数据。

(2)设计要求的混凝土出机口温度、浇筑温度和坝体的容许温差。

(3)拌制1 m^3混凝土所需加冰或加水的数量、时间及相应措施的混凝土数量。

(4)混凝土骨料预冷的方式,平均预冷1 m^3混凝土骨料所需消耗冷风、冷水的数量,预冷时间与温度,1 m^3混凝土需预冷骨料的数量及需进行骨料预冷的混凝土数量。

(5)坝体的设计稳定温度,接缝灌浆的时间,坝体混凝土一、二期通低温水的时间、流量、冷水温度及通水区域。

(6)各制冷或冷冻系统的工艺流程,配置设备的名称、规格、型号、数量和制冷剂消耗指标等。

(7)混凝土表面保护方式,保护材料的品种、规格及1 m^3混凝土的保护材料数量。

表5-23 混凝土温控措施费用计算标准参考表

夏季月平均气温(℃)	降温幅度(℃)	温控措施	占混凝土总量比例(%)
20以下		个别高温时段,加冰或加冷水拌制混凝土	20
20以下	5	加冰、加冷水拌制混凝土 坝体一、二期通水冷却及混凝土表面保护	35 100
20~25	5~10	风或水预冷大骨料 加冰、加冷水拌制混凝土 坝体一、二期通水冷却及混凝土表面保护	25~35 40~45 100
20~25	10以上	风预冷大、中骨料 加冰、加冷水拌制混凝土 坝体一、二期通水冷却及混凝土表面保护	35~40 45~55 100
25以上	10~15	风预冷大、中、小骨料 加冰、加冷水拌制混凝土 坝体一、二期通水冷却及混凝土表面保护	35~45 55~60 100
25以上	15以上	风和水预冷大、中、小骨料 加冰、加冷水拌制混凝土 坝体一、二期通水冷却及混凝土表面保护	50 60 100

注:降温幅度指夏季月平均气温与混凝土出机口温度之差。

3. 混凝土温控措施费用计算步骤

(1)根据夏季月平均气温、水温计算混凝土用砂、石骨料的自然温度和常温混凝土出机口温度。如常温混凝土出机口温度能满足设计要求,则不需采用特殊降温措施(计算方法见《水利建筑工程概算定额》附录10表10-1)。

(2)根据温控设计确定的混凝土出机口温度,确定应预冷材料(石子、砂、水等)的冷却温度,并据此验算混凝土出机口温度能否满足设计要求。1 m^3混凝土加片冰数量一般为40~60 kg,加冷水量=配合比用水量-加片冰数量-骨料含水量,机械热可用插值法计算。

(3)计算风冷骨料、冷水、片冰、坝体通水等温控措施的分项单价,然后计算出1 m^3混凝土温控综合直接费。

(4)计算直接费、间接费、利润及税金,然后计算1 m^3混凝土温控综合单价。

(5)根据需温控混凝土占混凝土总量的比例,计算1 m^3混凝土温控加权平均单价。

5.5.3.4 钢筋制作安装单价编制

钢筋是水利工程的主要建筑材料,常用钢筋多为直径40~61 mm。建筑物或构筑物所用钢筋的安装方法有散装法和整装法两种。散装法是将加工成型的散钢筋运到工地,再逐根绑扎或焊接。整装法是在钢筋加工厂内制作好钢筋骨架,再运至工地安装就位。水利工程因结构复杂,断面庞大,多采用散装法。

在进行钢筋制作安装单价计算时,现行《水利建筑工程概算定额》中不分工程部位和钢筋规格型号,把"钢筋制作与安装"定额综合成一节,定额编号为第四－23节40123子目,计量单位为t;其钢筋定额消耗量已包括切断及焊接损耗、截余短头废料损耗,以及搭接帮条等附加量。该节概算定额适用于水工建筑物各部位的现浇及预制混凝土。

5.5.4 混凝土工程概算单价编制

【工程实例分析5-5】

1.项目背景

安徽省某大型水闸工程施工,闸底板采用现浇钢筋混凝土,底板厚度为1.0 m,混凝土强度等级为C25,二级配。施工方法采用0.8 m^3搅拌机拌制混凝土,1 t机动翻斗车装混凝土运400 m至仓面进行浇筑。已知基本资料如下。

(1)材料预算价格:42.5级普通硅酸盐水泥450.00元/t,中砂72元/m^3,碎石(综合)62元/m^3,柴油预算价格6 000元/t,施工用水价格1.32元/m^3,施工用电价格1.07元/kWh,施工用风价格0.15元/m^3。

(2)混凝土材料单价:查水利部2002年《水利建筑工程概算定额》附录7可知,每立方米C25混凝土、42.5级普通硅酸盐水泥、二级配混凝土材料用量节选见表5-24。

表5-24 纯混凝土材料配合比及材料用量

混凝土强度等级	水泥强度等级	水灰比	级配	最大粒径(mm)	预算量					
					水泥(kg)	粗砂		卵石		水(m^3)
						kg	m^3	kg	m^3	
C25	42.5	0.55	2	40	289	733	0.49	1 382	0.81	0.150

2.工作任务

计算该大型水闸闸底板现浇混凝土工程的概算单价。

3.分析与解答

1)分析资料并套用定额

(1)混凝土拌制定额。

采用0.8 m^3搅拌机拌制混凝土,选用《水利建筑工程概算定额》(上册)第四－35节40172子目,定额见表5-25。

(2)混凝土运输定额。

采用1 t机动翻斗车运混凝土400 m,选用《水利建筑工程概算定额》(上册)第四－40节40195子目,定额见表5-26。

该工程混凝土运输只发生了水平运输,如果同时有混凝土垂直运输,则要根据施工组织设计中混凝土垂直运输所用的方式,选套定额,计算混凝土垂直运输基本直接费。

表 5-25 搅拌机拌制混凝土

适用范围:各种级配常态混凝土。 单位:100 m^3

项目	单位	搅拌机出料(m^3)	
		0.4	0.8
工长	工时		
高级工	工时		
中级工	工时	126.2	93.8
初级工	工时	167.2	124.4
合计	工时	293.4	218.2
零星材料费	%	2	2
搅拌机	工时	18.90	9.07
胶轮车	工时	87.15	87.15
编号		40171	40172

表 5-26 机动翻斗车运混凝土

适用范围:人工给料。 单位:100 m^3

项目	单位	运距(m)					增运 100 m
		100	200	300	400	500	
工长	工时						
高级工	工时						
中级工	工时	37.6	37.6	37.6	37.6	37.6	
初级工	工时	30.8	30.8	30.8	30.8	30.8	
合计	工时	68.4	68.4	68.4	68.4	68.4	
零星材料费	%	5	5	5	5	5	
机动翻斗车 1 t	台时	20.32	23.73	26.93	29.87	32.76	2.78
编号		40192	40193	40194	40195	40196	40197

注:如果是洞内运输混凝土,则定额人工、机械乘 1.25 系数。

(3)混凝土浇筑定额。

现浇钢筋混凝土闸底板,底板厚度为 1.0 m,选用《水利建筑工程概算定额》(上册)第四-10 节 40057 子目,定额见表 5-27。

2)确定人工预算单价

安徽省属一般地区,大型水闸为枢纽工程,则:工长 11.55 元/工时,高级工 10.67 元/工时,中级工 8.90 元/工时,初级工 6.13 元/工时。

3)计算 C25 混凝土材料单价

查表 5-24 得:二级配 42.5 级水泥 289 kg,粗砂 0.49 m^3,卵石 0.81 m^3,水 0.150 m^3。混凝土配合比表系粗砂、卵石混凝土,采用中砂、碎石混凝土,须按表 4-9 系数进行换算。

表 5-27 底板

适用范围:溢流堰、护坦、铺盖、阻滑板、趾板等。　　单位:100 m^3

项目	单位	厚度(cm)		
		100	200	400
工长	工时	17.6	11.8	8.1
高级工	工时	23.4	15.8	10.9
中级工	工时	310.6	209.3	143.8
初级工	工时	234.4	157.9	108.5
合计	工时	586.0	394.8	271.3
混凝土	m^3	112	108	106
水	m^3	133	107	74
其他材料费	%	0.5	0.5	0.5
振动器 1.1 kW	台时	45.84	44.16	43.31
风水枪	台时	17.08	11.51	7.91
其他机械费	%	3	3	3
混凝土拌制	m^3	112	108	106
混凝土运输	m^3	112	108	106
编号		40057	40058	40059

换算后的C25混凝土材料基价:

$(289\times1.10\times1.07)\times0.255+(0.49\times1.10\times0.98)\times70+(0.81\times1.06\times0.98)\times62+(0.150\times1.10\times1.07)\times1.32=176.12$(元/$m^3$)

C25混凝土材料价差:

$(289\times1.10\times1.07)\times(0.45-0.255)+(0.49\times1.10\times0.98)\times(72-70)=67.39$(元/$m^3$)

4)计算施工机械台时费

查《水利工程施工机械台时费定额》,计算结果见表5-28。

表 5-28 施工机械台时费计算表(三)

定额编号	名称及规格	定额数量								施工机械台时费		
		一类费用			二类费用							
		折旧费(元)	修理及替换设备费(元)	安装拆卸费(元)	人工(工时)	柴油(kg)	电(kWh)	风(m^3)	水(m^3)	基价(元)	价差(元)	预算价(元)
2003	搅拌机 0.8 m^3	4.39	6.30	1.35	1.3		18.0			41.84	0	41.84
3074	胶轮车	0.26	0.64							0.82	0	0.82
3075	机动翻斗车 1 t	1.22	1.22		1.3	1.5				18.25	4.52	22.77
2047	插入式振动器 1.1 kW	0.32	1.22				0.8			2.26	0	2.26
2080	风水枪	0.24	0.42					202.5	4.1	36.38	0	36.38

5)分析资料确定取费费率

该工程性质属于枢纽工程,其他直接费率取7.5%,间接费率取9.5%,利润率为7%,税金率取9%。

6)计算混凝土拌制单价(只计算定额基本直接费)

混凝土拌制单价计算过程见表5-29,结果为20.89元/m^3。

表5-29 建筑工程单价表(九)

单价编号		项目名称	混凝土拌制		
定额编号	40172			定额单位	100 m^3
施工方法	0.8 m^3搅拌机拌制混凝土				
编号	名称及规格	单位	数量	单价(元)	合计(元)
一	直接费	元			
(一)	基本直接费	元			2 089.31
1	人工费	元			1 597.39
(1)	工长	工时		11.55	0.00
(2)	高级工	工时		10.67	0.00
(3)	中级工	工时	93.8	8.90	834.82
(4)	初级工	工时	124.4	6.13	762.57
2	材料费	元			40.97
(1)	零星材料费	%	2	2 048.34	40.97
3	机械使用费	元			450.95
(1)	搅拌机 0.8 m^3	台时	9.07	41.84	379.49
(2)	胶轮车 1 t	台时	87.15	0.82	71.46

7)计算混凝土运输单价(只计算定额基本直接费)

混凝土运输(水平)单价计算过程见表5-30,结果为11.22元/m^3。

表5-30 建筑工程单价表(十)

单价编号		项目名称	混凝土运输		
定额编号	40195			定额单位	100 m^3
施工方法	1 t机动翻斗车运混凝土400 m				
编号	名称及规格	单位	数量	单价(元)	合计(元)
一	直接费	元			
(一)	基本直接费	元			1 122.00
1	人工费	元			523.44
(1)	工长	工时		11.55	0.00

续表 5-30

编号	名称及规格	单位	数量	单价(元)	合计(元)
(2)	高级工	工时		10.67	0.00
(3)	中级工	工时	37.6	8.90	334.64
(4)	初级工	工时	30.8	6.13	188.80
2	材料费	元			53.43
(1)	零星材料费	%	5	1 068.57	53.43
3	机械使用费	元			545.13
(1)	机动翻斗车 1 t	台时	29.87	18.25	545.13

注:柴油量=1.5×29.87=44.805(kg)。

8)计算混凝土浇筑概算单价

将混凝土拌制、混凝土运输并入基本直接费,混凝土浇筑工程概算单价计算过程见表5-31,结果为482.02元/m^3。

表 5-31 建筑工程单价表(十一)

单价编号		项目名称	底板混凝土浇筑		
定额编号	40057			定额单位	100 m^3
施工方法	1 t 机动翻斗车装混凝土运 400 m 至仓面,1.1 kW 插入式振动器振捣				
编号	名称及规格	单位	数量	单价(元)	合计(元)
一	直接费	元			31 172.55
(一)	基本直接费	元			28 997.72
1	人工费	元			4 654.17
(1)	工长	工时	17.6	11.55	203.28
(2)	高级工	工时	23.4	10.67	249.68
(3)	中级工	工时	310.6	8.90	2 764.34
(4)	初级工	工时	234.4	6.13	1 436.87
2	材料费				20 000.51
(1)	混凝土 C25	m^3	112	176.12	19 725.44
(2)	水	m^3	133	1.32	175.56
(3)	其他材料费	%	0.5	19 901.00	99.51
3	机械使用费				746.72
(1)	振动器 1.1 kW	台时	45.84	2.26	103.60
(2)	风水枪	台时	17.08	36.38	621.37
(3)	其他机械费	%	3	724.97	21.75

续表 5-31

编号	名称及规格	单位	数量	单价(元)	合计(元)
4	混凝土拌制	m^3	112	20.89	2 339.68
5	混凝土运输(水平)	m^3	112	11.22	1 256.64
(二)	其他直接费	%	7.5	28 997.72	2 174.83
二	间接费	%	9.5	31 172.55	2 961.39
三	利润	%	7	34 133.94	2 389.38
四	材料补差				7 698.72
(1)	混凝土　C25	m^3	112	67.39	7 547.68
(2)	柴油	kg	50.18	3.01	151.04
五	税金	%	9	44 222.04	3 979.98
六	单价合计				48 202.02

注:柴油量=1.5×29.87×1.12 =50.18(kg)。

【工程实例分析 5-6】

1.项目背景

在工程实例分析 5-5 的大型水闸工程施工中,闸底板和闸墩所用的钢筋型号有 A3 光面钢筋 Φ18,MnSiΦ25 钢筋。钢筋综合单价 3 960 元/t,铁丝 5.8 元/kg,电焊条 4.5 元/kg,汽油 6.66 元/kg。人工预算单价、其他材料价格、所取费率等同工程实例分析 5-5。

2.工作任务

计算该大型水闸工程钢筋制作与安装概算单价。

3.分析与解答

1)分析资料并套用定额

在现行的概算定额中,钢筋不分工程部位和规格型号,“钢筋制作与安装”定额综合成一节,选用《水利建筑工程概算定额》(上册)第四-23 节 40123 子目,定额见表 5-32。

表 5-32　钢筋制作与安装

适用范围:水工建筑物各部位。

工作内容:回直、除锈、切断、弯制、焊接、绑扎及加工场至施工场地运输。　　单位:1 t

项目	单位	数量
工长	工时	10.6
高级工	工时	29.7
中级工	工时	37.1
初级工	工时	28.6
合计	工时	106.0

续表 5-32

项目	单位	数量
钢筋	t	1.07
铁丝	kg	4
电焊条	kg	7.36
其他材料费	%	1
钢筋调直机　14 kW	台时	0.63
风砂枪	台时	1.58
钢筋切断机　20 kW	台时	0.42
钢筋弯曲机　Φ6～40	台时	1.10
电焊机　25 kVA	台时	10.50
电弧对焊机 150 型	台时	0.42
载重汽车　5 t	台时	0.47
塔式起重机　10 t	台时	0.11
其他机械费	%	2
编号		40123

2)计算施工机械台时费

施工用电 1.07 元/kWh,水 1.32 元/m^3,风 0.15 元/m^3。5 t 载重汽车消耗的是汽油,计算过程见表 5-33。

表 5-33　施工机械台时费计算表(四)

定额编号	名称及规格	定额数量								施工机械台时费		
		一类费用			二类费用							
		折旧费(元)	修理及替换设备费(元)	安装拆卸费(元)	人工(工时)	汽油(kg)	电(kWh)	风(m^3)	水(m^3)	基价(元)	价差(元)	预算价(元)
9147	钢筋调直机　14 kW	1.60	2.69	0.44	1.3		7.2			23.60	0	23.60
2080	风水(砂)枪	0.24	0.42					202.5	4.1	36.38	0	36.38
9146	钢筋切断机　20 kW	1.18	1.71	0.28	1.3		17.2			32.87	0	32.87
9143	钢筋弯曲机	0.53	1.45	0.24	1.3		6.0			20.03	0	20.03
9126	电焊机　25 kVA	0.33	0.30	0.09			14.5			16.17	0	16.17
9135	电弧对焊　150 型	1.35	3.20	0.65	1.3		80.1			102.00	0	102.06
3004	载重汽车　5 t	7.77	10.86			7.2				38.98	25.81	64.79
4030	塔式起重机　10 t	41.37	16.89	3.1	2.7		36.7			118.51	0	118.51

3)计算钢筋制作与安装工程概算单价

载重汽车消耗的汽油差价为:6.66－3.075＝3.585(元/kg),计算过程见表 5-34,钢筋制作与安装工程概算单价为 7 105.66 元/t。

表5-34　建筑工程单价表(十二)

单价编号		项目名称	钢筋制作与安装		
定额编号	40123			定额单位	1 t
施工方法	回直、除锈、切断、弯制、焊接、绑扎及加工场至施工场地运输				
编号	名称及规格	单位	数量	单价(元)	合计(元)
一	直接费	元			4 437.11
(一)	基本直接费	元			4 127.54
1	人工费	元			944.84
(1)	工长	工时	10.6	11.55	122.43
(2)	高级工	工时	29.7	10.67	316.90
(3)	中级工	工时	37.1	8.9	330.19
(4)	初级工	工时	28.6	6.13	175.32
2	材料费				2 823.48
(1)	钢筋	t	1.07	2 560	2 739.20
(2)	铁丝	kg	4	5.8	23.20
(3)	电焊条	kg	7.36	4.5	33.12
(4)	其他材料费	%	1	2 795.52	27.96
3	机械使用费				359.22
(1)	钢筋调直机　14 kW	台时	0.63	23.60	14.87
(2)	风砂枪	台时	1.58	36.38	57.48
(3)	钢筋切断机　20 kW	台时	0.42	32.87	13.81
(4)	钢筋弯曲机　Φ6～40	台时	1.1	20.03	22.03
(5)	电焊机　25 kVA	台时	10.5	16.17	169.79
(6)	电弧对焊机　150型	台时	0.42	102.00	42.84
(7)	载重汽车　5 t	台时	0.47	38.98	18.32
(8)	塔式起重机　10 t	台时	0.11	118.51	13.04
(9)	其他机械费	%	2	352.18	7.04
(二)	其他直接费	%	7.5	4 127.54	309.57
二	间接费	%	5.5	4 437.11	244.04
三	利润	%	7	4 681.15	327.68
四	材料补差	元			1 510.12
(1)	钢筋	t	1.07	1 400	1 498.00
(2)	汽油	kg	3.38	3.585	12.12
五	税金	%	9	6 518.95	586.71
六	单价合计				7 105.66

注: 汽油量 $=7.2\times0.47=3.384$(kg)。

任务5.6 模板工程单价编制

5.6.1 项目划分和定额选用

5.6.1.1 项目划分

模板工程是指混凝土浇筑工程中使用的平面模板、曲面模板、异形模板、滑动模板等的制作、安装及拆除等。模板的主要作用就是支撑流态混凝土的重量和侧压力,使之按设计要求的形状凝固成型。

(1)按型式,模板可分为平面模板、曲面模板、异形模板(如渐变段、厂房蜗壳及尾水管等)、针梁模板、滑模、钢模台车。

(2)按材质,模板可分为木模板、钢模板、预制混凝土模板。木模板的周转次数少、成本高、易于加工,大多用于异形模板。钢模板的周转次数多,成本低,广泛用于水利工程建设中。

(3)按安装性质,模板可分为固定模板和移动模板。固定模板每使用一次,就拆除一次。移动模板与支撑结构构成整体,使用后整体移动,如隧洞中常用的钢模台车或针梁模板。使用这种模板能大大缩短模板安拆的时间和人工、机械费用,也提高了模板的周转次数,故广泛应用于较长的隧洞中。边浇筑边移动的模板称滑动模板(简称滑模),采用滑模浇筑具有进度快、浇筑质量高、整体性好等优点,故广泛应用于大坝及溢洪道的溢流面、闸(桥)墩、竖井、闸门井等部位。

(4)按模板自身结构,模板可分为悬臂组合钢模板、普通标准钢模板、普通曲面模板等。

(5)按使用部位,模板可分为尾水肘管模板、蜗壳模板、牛腿模板、渡槽槽身模板等。

5.6.1.2 定额选用

1.立模面积

模板制作与安装拆除定额,均以100 m^2立模面积为计量单位,立模面积应按混凝土与模板的接触面积计算,即按混凝土结构物体形及施工分缝要求所需的立模面积计算。

在编制概(预)算时,模板工程量应根据设计图纸及混凝土浇筑分缝图计算。在初步设计之前没有详细图纸时,可参考《水利建筑工程概算定额》附录9“水利工程混凝土建筑物立模面系数参考表”中的数据进行估算,即:模板工程量 = 相应工程部位混凝土概算工程量 × 相应的立模面系数(m^2)。立模面系数是指每单位混凝土(100 m^3)所需的立模面积(m^2)。立模面系数与混凝土的体积、形状有关,也就是与建筑物的类型和混凝土的工程部位有关。

2.定额的使用

(1)模板单价包括模板及其支撑结构的制作、安装、拆除、场内运输及修理等全部工序的人工、材料和机械费用。

(2)模板材料均按预算消耗量计算,包括了制作、安装、拆除、维修的损耗和消耗,并考虑了周转和回收。

(3)模板定额中的材料,除模板本身外,还包括支撑模板的立柱、围囹、桁(排)架及铁件等。对于悬空建筑物(如渡槽槽身)的模板,计算到支撑模板结构的承重梁为止。承重梁以下的支撑结构应包括在"其他施工临时工程"中。

(4)在隧洞衬砌钢模台车、针梁模板台车、竖井衬砌的滑模台车及混凝土面板滑模台车中,所用到的行走机构、构架、模板及支撑型钢,电动机、卷扬机、千斤顶等动力设备,均作为整体设备以工作台时计入定额。但定额中未包括轨道及埋件,只有溢流面滑模定额中含轨道及支撑轨道的埋件、支架等材料。

(5)大体积混凝土(如坝、船闸等)中的廊道模板,均采用一次性预制混凝土板(浇筑后作为建筑物结构的一部分)。混凝土模板预制及安装,可参考混凝土预制及安装定额编制其单价。

5.6.2　使用定额编制模板工程概算单价注意事项

《水利建筑工程概算定额》中列有模板制作定额,并在"模板安装拆除"定额子目中嵌套模板制作数量100 m^2,这样便于计算模板综合工程单价。而预算定额中将模板制作和安装拆除定额分别计列,使用预算定额时将模板制作及安装拆除工程单价算出后再相加,即为模板综合单价。

使用《水利建筑工程概算定额》计算模板综合单价时,模板制作单价有以下两种计算方法:

(1)若施工企业自制模板,按模板制作定额计算出基本直接费(不计入其他直接费、间接费、利润和税金),作为模板的预算价格代入安装拆除定额统一计算模板综合单价。

(2)若外购模板,安装拆除定额中的模板预算价格应为模板使用一次的摊销价格,其计算公式为:

$$\text{模板预算价格} = \text{外购模板预算价格}(1 - \text{残值率}) \div \text{周转次数} \times \text{综合系数} \quad (5\text{-}37)$$

式(5-37)中残值率为10%,周转次数为50次,综合系数为1.15(含露明系数及维修损耗系数)。

概算定额中凡嵌套有"模板100 m^2"的子目,计算"其他材料费"时,计算基数不包括模板本身的价值。

5.6.3　模板工程概算单价编制

【工程实例分析5-7】

1. 项目背景

在工程实例分析5-5的水闸工程中,岩石基础底板混凝土模板采用普通标准钢模板。材料预算价格:组合钢模板6.50元/kg,型钢3.26元/kg,卡扣件6.60元/kg,铁件6.50元/kg,电焊条4.50元/kg,C25预制混凝土柱600.00元/m^3。其他同工程实例分析5-5。

2. 工作任务

计算该水闸岩石基础底板混凝土的模板工程概算单价。

3. 分析与解答

1)分析资料并套用定额

选用《水利建筑工程概算定额》(上册)第五－12节50062子目,定额见表5-35。

表5-35 普通模板制作

适用范围:标准钢模板:直墙、挡土墙、防浪墙、闸墩、底板、趾板、板、梁、柱等。
平面木模板:混凝土坝、厂房下部结构等大体积混凝土的直立面、斜面,混凝土墙、墩等。
曲面模板:混凝土墩头、进水口下侧收缩曲面等弧形柱面。

工作内容:标准钢模板:铁件制作、模板运输。
平面木模板:模板制作、立柱、围囹制作、铁件制作、模板运输。
曲面模板:钢架制作、面板拼装、铁件制作、模板运输。

单位:100 m^2

项目	单位	标准钢模板	平面木模板	曲面模板
工长	工时	1.2	4.1	4.5
高级工	工时	3.8	12.1	14.7
中级工	工时	4.2	33.6	30.3
初级工	工时	1.5	12.8	11.9
合计	工时	10.7	62.6	61.4
锯材	m^3		2.3	0.4
组合钢模板	kg	81		106
型钢	kg	44		498
卡扣件	kg	26		43
铁件	kg	2	25	36
电焊条	kg	0.6		11.0
其他材料费	%	2	2	2
圆盘锯	台时		4.69	
双面刨床	台时		3.91	
型钢剪断机　13 kW	台时			0.98
型材弯曲机	台时			1.53
钢筋切断机　20 kW	台时	0.07	0.17	0.19
钢筋弯曲机　Φ6～40	台时		0.44	0.49
载重汽车　5 t	台时	0.37	1.68	0.43
电焊机　25 kVA	台时	0.72		8.17
其他机械费	%	5	5	5
编号		50062	50063	50064

2)计算施工机械台时费

(1)5 t汽车起重机(定额编号4085)基价＝(12.92÷1.13＋12.42÷1.09＋0)＋(2.7×8.90＋5.8×3.075)＝64.69(元/台时)。

(2)5 t载重汽车(定额编号3004)基价(同工程实例分析5-5)为38.98元/台时。

5 t载重汽车、5 t汽车起重机消耗的汽油,以3 075元/t基价计入二类费用中。

3)计算底板钢模板制作单价

底板钢模板制作单价计算过程见表5-36,结果为10.05元/m^2。

5 t载重汽车的汽油价差,代入到模板制安单价表(见表5-38)材料补差中计算。

表5-36 建筑工程单价表(十三)

单价编号		项目名称	底板钢模板制作		
定额编号	50062			定额单位	100 m^2
施工方法	铁件制作、模板运输				
编号	名称及规格	单位	数量	单价(元)	合计(元)
一	直接费	元			
(一)	基本直接费	元			1 005.15
1	人工费				100.99
(1)	工长	工时	1.2	11.55	13.86
(2)	高级工	工时	3.8	10.67	40.55
(3)	中级工	工时	4.2	8.90	37.38
(4)	初级工	工时	1.5	6.13	9.20
2	材料费				874.38
(1)	组合钢模板	kg	81	6.50	526.50
(2)	型钢	kg	44	3.26	143.44
(3)	卡扣件	kg	26	6.60	171.60
(4)	铁件	kg	2	6.50	13.00
(5)	电焊条	kg	0.6	4.50	2.70
(6)	其他材料费	%	2	857.24	17.14
3	机械使用费				29.78
(1)	钢筋切断机 20 kW	台时	0.07	32.87	2.30
(2)	载重汽车 5 t	台时	0.37	38.98	14.42
(3)	电焊机 25 kVA	台时	0.72	16.17	11.64
(4)	其他机械费	%	5	28.36	1.42

注:汽油量=7.2×0.37=2.664(kg)。

4)模板安装、拆除定额修改

选用《水利建筑工程概算定额》(上册)第五-1节50001子目,根据2005年《水利工程概预算补充定额》中"水利工程修改定额""五-1普通模板的修改"修改后的定额见表5-37。

表5-37 普通模板

适用范围:标准钢模板:直墙、挡土墙、防浪墙、闸墩、底板、趾板、板、梁、柱等。

平面木模板:混凝土坝、厂房下部结构等大体积混凝土的直立面、斜面,混凝土墙、墩等。

曲面模板:混凝土墩头、进水口下侧收缩曲面等弧形柱面。

工作内容:模板安装、拆除、除灰、刷脱模剂,维修、倒仓。

单位:100 m^2

项目	单位	标准模板		平面木模板	曲面模板
		一般部位	梁板柱部位		
工长	工时	14.6	18.3	11.0	14.1
高级工	工时	49.5	61.8	7.4	59.3
中级工	工时	83.7	104.6	111.2	167.2
初级工	工时	39.8	49.7	27.7	37.2
合计	工时	187.6	234.4	157.3	277.8
模板	m^2	100	100	100	100
铁件	kg	124	30	321	357
预制混凝土柱	m^3	0.3		1.0	
电焊条	kg	2.0	2.0	5.2	5.8
其他材料费	%	2	2	2	2
汽车起重机 5 t	台时	14.6	8.75	11.95	12.88
电焊机 25 kVA	台时	2.06	2.06	6.71	2.06
其他机械费	%	5	5	5	10
编号		50001	50002	50003	50004

注:底板、趾板为岩石基础时,标准钢模板定额人工乘1.2系数,其他材料费按8%计算。

5)计算底板钢模板制作、安装和拆除综合单价

根据定额下面的注释,岩石基础底板混凝土的标准钢模板定额人工乘1.2系数,则定额50001子目人工定额量调整:

工长:14.6×1.2=17.52(工时)

高级工:49.5×1.2=59.4(工时)

中级工:83.7×1.2=100.44(工时)

初级工:39.8×1.2=47.76(工时)

另:其他材料费按8%计算。

本工程为枢纽工程,其模板工程间接费率取9.5%,其他费率同工程实例分析5-5。

底板钢模板制作、安装和拆除综合单价计算过程详见表5-38,计算结果为73.83元/m^2。

表5-38　建筑工程单价表(十四)

单价编号		项目名称	底板钢模板制作、安装和拆除		
定额编号	50001			定额单位	100 m^2
施工方法	模板安装、拆除、除灰、刷脱模剂、维修、倒仓				
编号	名称及规格	单位	数量	单价(元)	合计(元)
一	直接费	元			5 513.80
(一)	基本直接费	元			5 129.12
1	人工费	元			2 022.85
(1)	工长	工时	17.52	11.55	202.36
(2)	高级工	工时	59.4	10.67	633.80
(3)	中级工	工时	100.44	8.90	893.92
(4)	初级工	工时	47.76	6.13	292.77
2	材料费				2 079.60
(1)	模板	m^2	100	10.05	1 005.00
(2)	铁件	kg	124	6.50	806.00
(3)	预制混凝土柱　C25	m^3	0.3	600	180.00
(4)	电焊条	kg	2	4.50	9.00
(5)	其他材料费	%	8	995.00	79.60
3	机械使用费				1 026.67
(1)	汽车起重机　5 t	台时	14.6	64.69	944.47
(2)	电焊机　25 kVA	台时	2.06	16.17	33.31
(3)	其他机械费	%	5	977.78	48.89
(二)	其他直接费	%	7.5	5 129.12	384.68
二	间接费	%	9.5	5 513.80	523.81
三	利润	%	7	6 037.61	422.63
四	材料补差	元			313.11
(1)	汽油	kg	87.34	3.585	313.11
五	税金	%	9	6 773.35	609.60
六	单价合计				7 382.95

注:汽油量 $=7.2\times0.37+5.8\times14.6=87.34$(kg)。

注意:计算其他材料费时,其计算基数不包括模板本身1 005.00元的价值,只以“铁件、预制混凝土柱、电焊条”三项材料的材料费之和995.00元为计算基础。

任务5.7 钻孔灌浆及锚固工程单价编制

5.7.1 钻孔灌浆

钻孔灌浆工程指水工建筑物为提高地基承载能力、改善和加强其抗渗性能及整体性所采取的处理措施。包括帷幕灌浆、固结灌浆、回填(接触)灌浆、防渗墙、减压井等工程。灌浆就是利用灌浆机施加一定的压力,将浆液通过预先设置的钻孔或灌浆管,灌入岩石、土或建筑物中,使其胶结成坚固、密实而不透水的整体。灌浆是水利工程基础处理中最常用的有效手段。

5.7.1.1 灌浆的分类

1. 按灌浆材料分

按灌浆材料分,灌浆主要有水泥灌浆、水泥黏土灌浆、黏土灌浆、沥青灌浆和化学灌浆等五类。

2. 按灌浆作用分

(1)帷幕灌浆。即在坝基形成一道阻水帷幕以防止坝基及绕坝渗漏,降低坝底扬压力而进行的深孔灌浆。

(2)固结灌浆。即提高地基整体性、均匀性和承载能力而进行的灌浆。

(3)接触灌浆。即加强坝体混凝土和基岩接触面的结合能力,使其有效传递应力,提高坝体的抗滑稳定性而进行的灌浆。接触灌浆多在坝体下部混凝土固化收缩基本稳定后进行。

(4)接缝灌浆。大体积混凝土由于施工需要而形成了许多施工缝,为了恢复建筑物的整体性,利用预埋的灌浆系统,对这些缝进行的灌浆。

(5)回填灌浆。为使隧道顶拱岩面与衬砌的混凝土面,或压力钢管与底部混凝土接触面结合密实而进行的灌浆。

5.7.1.2 岩基灌浆施工工艺流程及影响因素

1. 工艺流程

灌浆工艺流程一般为:施工准备→钻孔→冲洗→表面处理→压水试验→灌浆→封孔→质量检查。

(1)施工准备。包括场地清理、劳动组合、材料准备、孔位放样、电风水布置、机具设备就位、检查等。

(2)钻孔。采用手风钻、回转式钻机和冲击钻等钻孔机械进行。

(3)冲洗。用水将残存在孔内的岩粉和铁砂末冲出孔外,并将裂隙中的充填物冲洗干净,以保证灌浆效果。

(4)表面处理。为防止有压情况下浆液沿裂隙冒出地面而采取的塞缝、浇盖面混凝土等措施。

(5)压水试验。压水试验的目的是确定地层的渗透特性,为岩基处理设计和施工提供依据。压水试验是在一定压力下将水压入孔壁四周缝隙,根据压入流量和压力,计算出代表岩层渗透特性的技术参数。规范规定,渗透特性用透水率表示,单位为吕容(Lu),定义为:压水压力为1 MPa时,1 m试段长度1 min注入水量1 L时,称为1 Lu。

(6)灌浆。按照灌浆时浆液灌注和流动的特点,可分为纯压式和循环式两种灌浆方式。

①纯压式灌浆:单纯地把浆液沿灌浆管路压入钻孔,再扩张到岩层裂隙中。适用于裂隙较大、吸浆量多和孔深不超过15 m的岩层。这种方式设备简单,操作方便,当吃浆量逐渐变小时,浆液流动慢,易沉淀,影响灌浆效果。

②循环式灌浆:浆液通过进浆管进入钻孔后,一部分被压入裂隙,另一部分由回浆管返回拌浆筒。这样可使浆液始终保持流动状态,防止水泥沉淀,保证了浆液的稳定和均匀,提高灌浆效果。

按照灌浆顺序,灌浆方法有一次灌浆法和分段灌浆法。后者又可分为自上而下分段、自下而上分段及综合灌浆法。

①一次灌浆法:将孔一次钻到设计深度,再沿全孔一次灌浆。施工简便,多用于孔深10 m内、基岩较完整、透水性不大的地层。

②分段灌浆法又可分为以下几种:

a. 自上而下分段灌浆法。自上而下钻一段(一般不超过5 m)后,冲洗、压水试验、灌浆。待上一段浆液凝结后,再进行下一段钻、灌工作。如此钻、灌交替,直至设计深度。此法灌浆压力较大,质量好,但钻、灌工序交叉,工效低。多用于岩层破碎、竖向节理裂隙发育地层。

b. 自下而上分段灌浆法。一次将孔钻到设计深度,然后自下而上利用灌浆塞逐段灌浆。这种方法钻、灌连续,速度较快,但不能采用较高压力,质量不易保证。一般适用于岩层较完整坚固的地层。

c. 综合灌浆法。通常接近地表的岩层较破碎,越往下则越完整,上部采用自上而下分段,下部采用自下而上分段,使之既能保证质量,又可加快速度。

(7)封孔。人工或机械(灌浆及送浆)用砂浆封填孔口。

(8)质量检查。质量检查的方法较多,最常用的是打检查孔检查,取岩芯、做压水试验,检查透水率是否符合设计和规范要求。检查孔的数量,一般帷幕灌浆为灌浆孔的10%,固结灌浆为5%。

2. 影响灌浆施工工效的主要因素

(1)岩石(地层)级别。岩石(地层)级别是钻孔工序的主要影响因素。岩石级别越高,对钻进的阻力越大,钻进工效越低,钻具消耗越多。

(2)岩石(地层)的透水性。透水性是灌浆工序的主要影响因素。透水性强(透水率高)的地层可灌性好,吃浆量大,单位灌浆长度的耗浆量大;反之,灌注每吨浆液干料所需的人工、机械台班(时)用量就少。

(3)施工方法。一次灌浆法和自下而上分段灌浆法的钻孔和灌浆两大工序互不干扰,工效高。自上而下分段灌浆法钻孔与灌浆相互交替,干扰大、工效低。

(4)施工条件。露天作业,机械的效率能正常发挥。隧洞或廊道内作业影响机械效率的正常发挥,尤其是对较小的隧洞或廊道,限制了钻杆的长度,增加了接换钻杆次数,降低了工效。

5.7.1.3 钻孔灌浆定额使用

《水利建筑工程概算定额》中钻孔灌浆及锚固工程包括钻灌浆孔、帷幕灌浆、固结灌浆、回填灌浆、劈裂灌浆、高压喷射灌浆、接缝灌浆、防渗墙造孔及浇筑、振冲桩、冲击钻造灌注桩孔、灌注混凝土桩、减压井、锚杆支护、预应力锚索、喷混凝土、喷浆、挂钢筋网等。

1. 定额选用

在计算钻孔灌浆工程单价时，应根据设计确定的孔深、灌浆压力等参数以及岩石的级别、透水率等，按施工组织设计确定的钻机、灌浆方式、施工条件来选择概预算定额相应的定额子目，这是正确计算钻孔灌浆工程单价的关键。

(1)灌浆工程定额中的水泥用量是指概算基本量，如有实际资料，可按实际消耗量调整。

(2)灌浆工程定额中的灌浆压力划分标准为：高压 >3.0 MPa，中压 1.5 ~3.0 MPa，低压 <1.5 MPa。

(3)灌浆定额中水泥强度等级的选择应符合设计要求，设计未明确的可按以下标准选择：回填灌浆 32.5，帷幕与固结灌浆 32.5，接缝灌浆 42.5，劈裂灌浆 32.5，高喷灌浆 32.5。

(4)工程的项目设置、工程量数量及其单位均必须与概算定额的设置、规定相一致。如不一致，应进行科学的换算。

①帷幕灌浆：现行概算定额分造孔及帷幕灌浆两部分，造孔和灌浆均以单位延长米(m)计，帷幕灌浆概算定额包括制浆、灌浆、封孔、孔位转移、检查孔钻孔、压水试验等内容。预算定额则需另计检查孔压水试验，检查孔压水试验按试段计。

②固结灌浆：现行概算定额分造孔及固结灌浆两部分，造孔和灌浆均以单位延长米(m)计。固结灌浆定额包括已计入灌浆前的压水试验和灌浆后的补浆及封孔灌浆等工作。预算定额灌浆后的压水试验要另外计算。

③劈裂灌浆：多用于土坝(堤)除险加固坝体的防渗处理。概算定额分钻机钻土坝(堤)灌浆孔和土坝(堤)劈裂灌浆，均以单位延长米(m)计。劈裂灌浆定额已包括检查孔、制浆、灌浆、劈裂观测、冒浆处理、记录、复灌、封孔、孔位转移、质量检查。定额是按单位孔深干料灌入量不同而分类的。

④回填灌浆：现行概算定额分隧洞回填灌浆和钢管道回填灌浆。隧洞回填灌浆适用于混凝土衬砌段。隧洞回填灌浆定额的工作内容包括预埋管路、简易平台搭拆、风钻通孔、制浆、灌浆、封孔、检查孔钻孔、压浆试验等。定额是以设计回填面积为计量单位的，按开挖面积分子目。

⑤坝体接缝灌浆：现行概算定额分预埋铁管法和塑料拔管法，定额适用于混凝土坝体，按接触面积(m^2)计算。

2. 岩土的平均级别和平均透水率

岩土的级别和透水率分别为钻孔和灌浆两大工序的主要参数，正确确定这两个参数对钻孔灌浆单价有重要意义。由于水工建筑物的地基绝大多数不是单一的地层，通常多达十几层或几十层。各层的岩土级别、透水率各不相同，为了简化计算，几乎所有的工程都采用一个平均的岩石级别和平均的透水率来计算钻孔灌浆单价。在计算这两个重要参数的平均值时，一定要注意计算的范围要和设计确定的钻孔灌浆范围完全一致，也就是说，不要简单地把水文地质剖面图中的数值拿来平均，要注意把上部开挖范围内的透水性强的风化层和下部不在设计灌浆范围的相对不透水地层都剔开。

3. 定额系数调整

(1)在使用《水利建筑工程概算定额》第七－1节“钻机钻岩石层帷幕灌浆孔”（自下而上灌浆法）及第七－3节“钻岩石层排水孔、观测孔”（钻机钻孔）时，应注意下列事项：

①当终孔孔径 >91 mm 或孔深 >70 m 时，钻机应改用300型钻机。

②在廊道或隧洞内施工时，人工、机械定额应乘以表5-39中的系数。

表5-39 人工、机械定额调整系数表(一)

廊道或隧洞高度(m)	0~2.0	2.0~3.5	3.5~5.0	5.0
系数	1.19	1.10	1.07	1.05

③上述两节中各定额是按平均孔深30~50 m拟订的。当孔深 <30 m 或孔深 >50 m 时，其人工、钻机定额应乘以表5-40所列系数。

表5-40 人工、机械定额调整系数表(二)

孔深(m)	≤30	30~50	50~70	70~90	>90
系数	0.94	1.00	1.07	1.17	1.31

(2)当采用地质钻机钻灌不同角度的灌浆孔或观察孔、试验孔时，其人工、机械、合金片、钻头和岩芯管定额应乘以表5-41所列系数。

表5-41 人工、机械及材料定额调整系数表

钻机与水平夹角	0°~60°	60°~75°	75°~85°	85°~90°
系数	1.19	1.05	1.02	1.00

(3)压水试验适用范围：现行概算定额中，压水试验已包含在灌浆定额中。预算定额中的压水试验适用于灌浆后的压水试验。灌浆前的压水试验和灌浆后的补灌及封孔灌浆已计入定额。压水试验一个压力点法适用于固结灌浆，三压力五阶段法适用于帷幕灌浆。压浆试验适用于回填灌浆。

(4)钻孔工程量按实际钻孔深度计算，计量单位为m。计算钻孔工程量时，应按不同岩石类别分项计算，混凝土钻孔一般按X类岩石级别计算。

灌浆工程量从基岩面起计算，计算单位为 m^2。计算工程量时，应按不同岩层的不同单位吸水率或单位干料耗量分别计算。

隧洞回填灌浆，一般在顶拱中心角90°~120°范围内的拱背面积计算工程量，高压管道回填灌浆按钢管外径面积计算工程量。

4. 混凝土防渗墙

建筑在冲积层上的挡水建筑物，一般设置混凝土防渗墙是一种有效的防渗处理措施。

防渗墙施工包括造孔和浇筑混凝土两部分内容。

1)造孔

防渗墙的成墙方式大多采用槽孔法。造孔采用冲击钻、反循环钻、液压开槽机等机械进行。一般用冲击钻较多,其施工程序包括造孔前的准备、泥浆制备、造孔、终孔验收、清孔换浆等。

2)浇筑混凝土

防渗墙也称地下连续墙,概算定额中分为地下连续墙成槽、地下连续墙浇筑混凝土两部分。

防渗墙采用导管法浇筑水下混凝土。其施工工艺为浇筑前的准备、配料拌和、浇筑混凝土、质量验收。由于防渗墙混凝土不经振捣,因而混凝土应具有良好的和易性。要求入孔时坍落度为18~22 cm,扩散度为34~38 cm,最大骨料粒径不大于4 cm。

混凝土防渗墙一般都将造孔和浇筑分列,概算定额均以阻水面积(100 m^2)为单位,按墙厚分列子目;而预算定额造孔用折算进尺(100 折算米)为单位,防渗墙混凝土用100 m^3为单位,所以一定要按科学的换算方式进行换算。

定额中,浇筑混凝土按水下混凝土消耗量列示。定额中钢材主要是钻头、钢导管的摊销,钢板卷制导管的制作用电焊机台时和焊条消耗定额已综合考虑。

3)工程量

若采用概算定额,按设计的阻水面积计算其工程量,计量单位为m^2。

5.7.1.4 钻孔灌浆工程概算单价编制

【工程实例分析5-8】

1.项目背景

在工程实例分析5-5中,水闸工程坝基岩石基础固结灌浆,钻垂直孔,采用手持式风钻钻孔,一次灌浆法,灌浆孔深5 m,岩石级别为Ⅷ级。基本资料如下:

(1)坝基岩石层平均单位吸水率3 Lu,灌浆水泥采用52.5级普通硅酸盐水泥。

(2)材料预算价格:合金钻头50元/个,空心钢10元/kg,52.5级普通硅酸盐水泥476.00元/t。

2.工作任务

计算该水闸工程坝基岩石基础固结灌浆工程的概算单价。

3.分析与解答

1)套定额并选定额子目

采用风钻钻灌浆孔施工,岩石级别为Ⅷ级,查水利部2002年《水利建筑工程概算定额》(下册),选用第七-2节70017子目,定额见表5-42。

2)确定基础单价

人工预算价格,同工程实例分析5-5。

施工机械台时费:中级工8.90元/工时,施工用电1.07元/kWh,风0.15元/m^3,水1.32元/m^3。施工机械台时费计算见表5-43。

表 5-42　钻岩石层固结灌浆孔(风钻钻灌浆孔)

适用范围:露天作业、孔深小于 8 m。

工作内容:孔位转移、接拉风管、钻孔、检查孔钻孔。

单位:100 m

项目	单位	岩石级别			
		Ⅴ~Ⅷ	Ⅸ~Ⅹ	Ⅺ~Ⅻ	ⅩⅢ~ⅩⅣ
工长	工时	2	3	5	7
高级工	工时				
中级工	工时	29	38	55	84
初级工	工时	54	70	101	148
合计	工时	85	111	161	239
合金钻头	个	2.30	2.72	3.38	4.31
空心钢	kg	1.13	1.46	2.11	3.50
水	m^3	7	10	15	23
其他材料费	%	14	13	11	9
风钻	台时	20.0	25.8	37.2	55.8
其他机械费	%	15	14	12	10
编号		70017	70018	70019	70020

注:1. 钻垂直孔使用手持式风钻,钻水平孔、倒向孔使用气腿式风钻,台时费单价按工程量比例综合计算。
2. 洞内作业,人工、机械乘 1.15 系数。

表 5-43　施工机械台时费计算表(五)

定额编号	名称及规格	定额数量							施工机械台时费		
		一类费用			二类费用						
		折旧费(元)	修理及替换设备费(元)	安装拆卸费(元)	人工(工时)	电(kWh)	风(m^3)	水(m^3)	基价(元)	价差(元)	预算价(元)
1096	风钻 手持式	0.54	1.89				180.1	0.3	29.62	0	29.62
6024	灌浆泵中压泥浆	2.38	6.95	0.57	2.4	13.2			44.54	0	44.54
6021	灰浆搅拌机	0.83	2.28	0.20	1.3	6.3			21.34	0	21.34

3)确定取费费率

根据工程性质、特点确定取费费率:其他直接费率取 7.5%,间接费率取 10.5%,利润率为 7%,税金率取 9%。

4)钻岩石层固结灌浆孔工程单价

根据“风钻钻灌浆孔”定额下面的“注”:

(1)本例钻岩石层固结灌浆孔是钻垂直孔,使用手持式风钻。如果是钻水平孔、倒向孔,则需使用气腿式风钻,其台时费单价按工程量比例综合计算。

(2)本例是露天作业,如果是洞内作业,则定额人工、机械需乘1.15系数。

钻岩石层固结灌浆孔工程单价计算过程见表5-44,结果为20.06元/m。

表5-44 建筑工程单价表(十五)

单价编号		项目名称	风钻钻灌浆孔		
定额编号	70017			定额单位	100 m
施工方法	手持式风钻钻孔,孔深5 m				
编号	名称及规格	单位	数量	单价(元)	合计(元)
一	直接费	元			1 556.60
(一)	基本直接费	元			1 448.00
1	人工费	元			612.22
(1)	工长	工时	2	11.55	23.10
(2)	高级工	工时		10.67	0.00
(3)	中级工	工时	29	8.90	258.10
(4)	初级工	工时	54	6.13	331.02
2	材料费				154.52
(1)	合金钻头	个	2.30	50.00	115.00
(2)	空心钢	kg	1.13	10.00	11.30
(3)	水	m^3	7	1.32	9.24
(4)	其他材料费	%	14	135.54	18.98
3	机械使用费				681.26
(1)	风钻 手持式	台时	20.0	29.62	592.40
(2)	其他机械费	%	15	592.40	88.86
(二)	其他直接费	%	7.5	1 448.00	108.60
二	间接费	%	10.5	1 556.60	163.44
三	利润	%	7	1 720.04	120.40
四	税金	%	9	1 840.44	165.64
五	单价合计				2 006.08

5)基础固结灌浆工程单价

本工程灌浆岩层的平均吸水率3 Lu,查《水利建筑工程概算定额》(下册)第七－5节70046子目,定额见表5-45。

表 5-45　基础固结灌浆

工作内容：冲洗、制浆、灌浆、封孔、孔位转移，以及检查孔的压水试验、灌浆。

单位：100 m

项目	单位	透水率(Lu)						
		2 以下	2 ~ 4	4 ~ 6	6 ~ 8	8 ~ 10	10 ~ 20	20 ~ 50
工长	工时	23	23	24	25	26	28	29
高级工	工时	48	48	50	51	53	56	58
中级工	工时	139	141	145	151	159	169	175
初级工	工时	240	243	251	263	277	297	308
合计	工时	450	455	470	490	515	550	570
水泥	t	2.3	3.2	4.1	5.7	7.4	8.7	10.4
水	m^3	481	528	565	610	663	715	1 005
其他材料费	%	15	15	14	14	13	13	12
灌浆泵　中压泥浆	台时	92	93	96	100	105	112	116
灰浆搅拌机	台时	84	85	88	92	97	104	108
胶轮车	台时	13	17	22	31	42	47	58
其他机械费	%	5	5	5	5	5	5	5
编号		70045	70046	70047	70048	70049	70050	70051

水泥的基价为 255 元/t，52.5 级普通硅酸盐水泥价差为：476.00 − 255 = 221.00（元/t）。基础固结灌浆工程单价计算过程见表 5-46，结果为 167.46 元/m。

表 5-46　建筑工程单价表(十六)

单价编号		项目名称	基础固结灌浆		
定额编号	70046			定额单位	100 m
施工方法	冲洗、制浆、灌浆、封孔、孔位转移，以及检查孔的压水试验、灌浆				
编号	名称及规格	单位	数量	单价(元)	合计(元)
一	直接费	元			12 395.57
(一)	基本直接费	元			11 530.76
1	人工费	元			3 522.30
(1)	工长	工时	23	11.55	265.65
(2)	高级工	工时	48	10.67	512.16
(3)	中级工	工时	141	8.90	1 254.90
(4)	初级工	工时	243	6.13	1 489.59
2	材料费				1 739.90

续表 5-46

编号	名称及规格	单位	数量	单价(元)	合计(元)
(1)	水泥　52.5	t	3.2	255.00	816.00
(2)	水	m^3	528	1.32	696.96
(3)	其他材料费	%	15	1 512.96	226.94
3	机械使用费				6 268.56
(1)	灌浆泵　中压泥浆	台时	93	44.54	4 142.22
(2)	灰浆搅拌机	台时	85	21.34	1 813.90
(3)	胶轮车	台时	17	0.82	13.94
(4)	其他机械费	%	5	5 970.06	298.50
(二)	其他直接费	%	7.5	11 530.76	864.81
二	间接费	%	10.5	12 395.57	1 301.53
三	利润	%	7	13 697.10	958.80
四	材料补差				707.20
(1)	水泥　52.5	t	3.2	221.00	707.20
五	税金	%	9	15 363.10	1 382.68
六	单价合计				16 745.78

6)坝基岩石基础固结灌浆综合概算单价

坝基岩石基础固结灌浆综合概算单价包括钻孔单价和灌浆单价两部分,即:20.06 + 167.46 = 187.52(元/m)。

5.7.2 锚固工程

5.7.2.1 施工工艺

1. 一般锚杆的施工工艺

一般锚杆的施工工艺为:钻孔→锚杆制作→安装→水泥浆封孔(或药卷产生化学反应封孔)、锚定。锚杆长度超过 10 m 的长锚杆,应配锚杆钻机或地质钻机。

2. 预应力锚固施工工艺

预应力锚固施工工艺为:造孔、锚束编制→运输吊装→放锚束、锚头锚固→超张拉、安装、补偿→采用水泥浆封孔、灌浆防护。

预应力锚固是在外荷载作用前,针对建筑物可能滑移拉裂的破坏方向,预先施加主动压力。这种人为的预压应力能提高建筑物的滑动和防裂能力。预应力锚固由锚头、锚束、锚根等三部分组成。

预应力锚束按材料分为钢丝、钢绞线与优质钢筋三类,预应力锚束按作用可分为无黏结型和黏结型。钢丝的强度最高,宜于密集排列,多用于大吨位锚束,适用于混凝土锚头、镦头及组合锚;钢绞线的价格较高,锚具也较贵,适用中小型锚束,与锚塞锚环型锚具配套使用,对编束、锚固较方便;优质钢筋适用于预应力锚杆及短的锚束,热轧钢筋只用作砂浆锚杆及受力钢筋。

钻孔设备应根据地质条件、钻孔深度、钻孔方向和孔径大小选择钻机。工程中一般用:风钻、SGZ－1(Ⅲ)、YQ－100、XJ－100－1 及东风－300 专用锚杆钻机、履带钻、地质钻机等钻机。

3. 喷锚支护的一般工艺

喷锚支护的一般工艺为:凿毛→配料→上料、拌和→挂网、喷锚→喷混凝土→处理回弹料、养护。

5.7.2.2 锚固工程分类

锚固可分为锚杆、喷锚支护与预应力锚固三大类。其适用范围见表5-47。

表5-47 锚固分类及其适用范围

类型	结构型式	适用范围
锚杆	钢筋混凝土桩: 人工挖孔桩 大口径钻孔桩 钢桩:型钢桩、钢棒桩	适用于浅层具有明显滑面的地基加固
喷锚支护	锚杆加喷射混凝土 锚杆挂网加喷混凝土	适用于高边坡加固,隧洞入口边坡支护
预应力锚固	混凝土柱状锚头	适用于大吨位预应力锚固
	镦头锚锚头	适用于大、中、小吨位预应力锚固
	爆炸压接螺杆锚头	适用于中、小吨位预应力锚固
	锚塞锚环钢锚头	适用于小吨位预应力锚固
	组合型钢锚头	适用于大、中、小吨位预应力锚固

5.7.2.3 锚固工程定额使用

1. 锚杆

在现行概算定额中,锚杆分地面和地下,钻孔设备分为风钻、履带钻、锚杆钻机、地质钻机、锚杆台车、凿岩台车。按注浆材料又分为砂浆和药卷。锚杆以“根”为单位,按锚杆长度和钢筋直径分项,不同的岩石级别划分子目。

套用定额时应注意的问题:加强长砂浆锚杆束是按 4×Φ28 锚筋拟定的,如设计采用锚筋根数、直径不同,应按设计调整锚筋用量。定额中的锚筋材料预算价按钢筋价格计算,锚筋的制作已含在定额中。

2. 预应力锚束

预应力锚束分为岩体和混凝土,按作用分为无黏结型和黏结型。以“束”为单位,按施加预应力的等级分类,按锚束长度分项。

3. 喷射

喷射分为地面和地下,按材料分为喷浆和喷射混凝土,喷浆以"喷射面积"为单位,按有钢筋和无钢筋喷射工艺不同,按喷射厚度不同,定额的消耗量不同。喷射混凝土分为地面护坡、平洞支护、斜井支护,以"喷射混凝土的体积"为单位,按厚度不同划分子项。喷浆(混凝土)定额的计量以喷后的设计有效面积(体积)计算,定额中已包括了回弹及施工损耗量。

4. 锚筋桩

锚筋桩可参考相应的锚杆定额,定额中的锚杆附件包括垫板、三角铁和螺帽等。锚杆(索)定额中的锚杆(索)长度是指嵌入岩石的设计有效长度,不包括锚头外露部分,按规定应留的外露部分及加工过程中的消耗,均已计入定额。

5.7.2.4 锚固工程概算单价编制

【工程实例分析 5-9】

1. 项目背景

在工程实例分析 5-5 的水闸工程中,拦河水闸边坡岩石面施工先挂钢筋网,再喷浆。喷浆厚度为 2 cm,喷浆不采用防水粉。

2. 工作任务

计算该水闸边坡岩石面喷浆工程的概算单价。

3. 分析与解答

1)分析资料并套用定额

边坡岩石面施工先挂钢筋网,再喷浆,查水利部 2002 年《水利建筑工程概算定额》(下册)第七 -42 节 70522 子目,定额如表 5-48。

表 5-48 地面喷浆

工作内容:凿毛、冲洗、配料、喷浆、修饰、养护。

单位:100 m^2

项目	单位	有钢筋				
		厚度(cm)				
		1	2	3	4	5
工长	工时	5	5	6	6	7
高级工	工时	7	8	9	10	10
中级工	工时	37	41	44	47	50
初级工	工时	74	81	87	95	101
合计	工时	123	135	146	158	168

续表 5-48

项目	单位	有钢筋				
		厚度(cm)				
		1	2	3	4	5
水泥	t	0.82	1.63	2.45	3.27	4.09
砂子	m^3	1.22	2.45	3.67	4.89	6.12
水	m^3	3	3	4	4	5
防水粉	kg	41	82	123	164	205
其他材料费	%	9	5	3	2	2
喷浆机 75 L	台时	7.8	9.6	11.2	13.1	14.7
风水枪	台时	7.3	7.3	7.3	7.3	7.3
风镐	台时	20.6	20.6	20.6	20.6	20.6
其他机械费	%	1	1	1	1	1
编号		70521	70522	70523	70524	70525

注:不用防水粉的不计。

2)确定基础单价

(1)人工预算单价同工程实例分析5-5。

(2)材料预算价格:防水粉3 960元/t,32.5级普通硅酸盐水泥396.00元/t,砂72元/m^3,施工用电、风、水价同工程实例分析5-5。

(3)施工机械台时费计算结果见表5-49。

表 5-49 施工机械台时费计算表(六)

定额编号	名称及规格	定额数量							施工机械台时费		
		一类费用			二类费用						
		折旧费(元)	修理及替换设备费(元)	安装拆卸费(元)	人工(工时)	电(kWh)	风(m^3)	水(m^3)	基价(元)	价差(元)	预算价(元)
2046	喷浆机 75 L	2.28	7.30	0.34	1.3	2.0	111.8		38.28	0	38.28
1098	风镐	0.48	1.68				74.5		12.40	0	12.4

3)确定取费费率

其他直接费率取7.5%,间接费率取10.5%,利润率为7%,税金率取9%。

4)计算岩石面喷浆工程单价(不用防水粉)

32.5级普通硅酸盐水泥价差141.00元/t,砂子价差2.00元/m^3。岩石面喷浆工程单价计算过程见表5-50,结果为34.26元/m^2。

表 5-50 建筑工程单价表(十七)

单价编号		项目名称	地面喷浆(不用防水粉)		
定额编号	70522			定额单位	100 m^2
施工方法	凿毛、冲洗、配料、喷浆、修饰、养护				
编号	名称及规格	单位	数量	单价(元)	合计(元)
一	直接费	元			2 459.52
(一)	基本直接费	元			2 287.93
1	人工费	元			1 004.54
(1)	工长	工时	5	11.55	57.75
(2)	高级工	工时	8	10.67	85.36
(3)	中级工	工时	41	8.90	364.90
(4)	初级工	工时	81	6.13	496.53
2	材料费				620.67
(1)	水泥 32.5	t	1.63	255.00	415.65
(2)	砂子	m^3	2.45	70.00	171.50
(3)	水	m^3	3	1.32	3.96
(4)	防水粉	kg	82	不用防水粉	
(5)	其他材料费	%	5	591.11	29.56
3	机械使用费				662.72
(1)	喷浆机 75 L	台时	9.6	39.53	379.49
(2)	风水枪	台时	7.3	0.82	5.99
(3)	风镐	台时	20.6	13.14	270.68
(4)	其他机械费	%	1	656.16	6.56
(二)	其他直接费	%	7.5	2 287.93	171.59
二	间接费	%	10.5	2 459.52	258.25
三	利润	%	7	2 717.77	190.24
四	材料补差				234.73
(1)	水泥 32.5	t	1.63	141.00	229.83
(2)	砂子	m^3	2.45	2.00	4.90
五	税金	%	9	3 142.74	282.85
六	单价合计				3 425.59

如果本项目喷浆时采用防水粉,则岩石面喷浆工程单价计算过程见表 5-51,结果为 38.98 元/m^2。

表5-51 建筑工程单价表(十八)

单价编号		项目名称	地面喷浆(用防水粉)		
定额编号	70522			定额单位	100 m^2
施工方法	凿毛、冲洗、配料、喷浆、修饰、养护				
编号	名称及规格	单位	数量	单价(元)	合计(元)
一	直接费	元			2 826.05
(一)	基本直接费	元			2 628.88
1	人工费	元			1 004.54
(1)	工长	工时	5	11.55	57.75
(2)	高级工	工时	8	10.67	85.36
(3)	中级工	工时	41	8.90	364.90
(4)	初级工	工时	81	6.13	496.53
2	材料费				961.62
(1)	水泥	t	1.63	255	415.65
(2)	砂子	m^3	2.45	70	171.50
(3)	水	m^3	3	1.32	3.96
(4)	防水粉	kg	82	3.96	324.72
(5)	其他材料费	%	5	915.83	45.79
3	机械使用费				662.72
(1)	喷浆机 75 L	台时	9.6	39.53	379.49
(2)	风水枪	台时	7.3	0.82	5.99
(3)	风镐	台时	20.6	13.14	270.68
(4)	其他机械费	%	1	656.16	6.56
(二)	其他直接费	%	7.5	2 628.88	197.17
二	间接费	%	10.5	2 826.05	296.74
三	利润	%	7	3 122.79	218.60
四	材料补差				234.73
(1)	水泥	t	1.63	141.00	229.83
(2)	砂子	m^3	2.45	2.00	4.90
五	税金	%	9	3 576.12	321.85
六	单价合计				3 897.97

任务5.8　疏浚工程单价编制

5.8.1　疏浚工程分类

疏浚工程项目包括疏浚工程和吹填工程。疏浚工程主要用于河湖整治,内河航道疏浚,出海口门疏浚,湖、渠道、海边的开挖与清淤工程,以挖泥船应用最广。

挖泥船按工作机构原理和输送方式的不同,划分为机械式、水力式和气动式三大类,常用的机械式挖泥船有链斗式、抓斗式、铲斗式;水力式挖泥船有绞吸式、斗轮式、耙吸式、射流式及冲吸式等,以绞吸式运用最广。

吹填施工的工艺流程是采用机械挖土,以压力管道输送泥浆至作业面,完成作业面上土颗粒沉积淤填。

江河疏浚开挖经常与吹填工程相结合,这样可充分利用江河疏浚开挖的弃土对堤身两侧的池塘洼地作充填,进行堤基加固;吹填法施工不受雨天和黑夜的影响,能连续作业,施工效率高。在土质符合要求的情况下,也可以用堵口或筑新堤。

5.8.2　疏浚工程定额使用

疏浚工程定额包括绞吸、链斗、抓斗及铲斗式挖泥船、吹泥船,水力冲挖机组等。

(1)土、砂分类。绞吸、链斗、抓斗及铲斗式挖泥船、吹泥船开挖水下方的泥土及粉细砂分为Ⅰ~Ⅶ类,中、粗砂各分为松散、中密、紧密三类,详见现行《水利建筑工程概算定额》附录4中的土、砂分级表。水力冲挖机组的土类划分为Ⅰ~Ⅳ类,详见现行《水利建筑工程概算定额》附录4中的水力冲挖机组土类划分表。

(2)定额计量单位。现行《水利建筑工程概算定额》计量单位,除注明者外,均按水下自然方计算。疏浚或吹填工程量应按设计要求计算,吹填工程陆上方应折算为水下自然方。在开挖过程中的超挖、回淤等因素均包括在定额内。在河道疏浚遇到障碍物清除时,应按实单独列项。

(3)绞吸式挖泥船、链斗式挖泥船及吹泥船均按名义生产率划分船型;抓斗、铲斗式挖泥船按斗容划分船型。

(4)定额中的人工是指从事辅助工作的用工,如对排泥管线的巡视、检修、维护等,不包括绞吸式挖泥船及吹泥船岸管的安装、拆移(除)及各排泥场(区)的围堰填筑和维护用工。

当各式挖泥船、吹泥船及其系列的配套船舶定额调整时,人工定额亦作相应调整。

(5)绞吸式挖泥船的排泥管线长度指自挖泥(砂)区中心至排泥(砂)区中心,浮筒管、潜管、岸管各管线长度之和。如所需排泥管线长度介于两定额子目之间时,应按"插入法"计算。

(6)在选用定额时,首先要认真阅读章说明及各节"注"中的系数及要求,再根据采用的施工方法、名义生产率(或斗容)、土(砂)级别正确选用定额子目。

5.8.3 疏浚工程概算单价编制

【工程实例分析5-10】

1.项目背景

江西省上饶县某水库清淤疏浚工程,采用绞吸式挖泥船进行施工,挖泥船的名义生产率为200 m³/h,库底土质为Ⅲ类可塑壤土,挖深为6 m,排泥管线长度为400 m。

2.工作任务

计算该水库疏浚工程的概算单价。

3.分析与解答

1)分析资料并套用定额

根据挖泥船的名义生产率(200 m³/h)、土质类别(Ⅲ类土)及排泥管线长度(400 m),查水利部2002《水利建筑工程概算定额》(下册)第八-1节80205子目,定额见表5-52。

表5-52 绞吸式挖泥船(200 m³/h)

工作内容:固定船位,挖、排泥(砂),移浮筒管,施工区内作业面移位,配套船舶定位、行驶等及其他辅助工作。

单位:10 000 m³

项目	单位	Ⅲ类土							
		排泥管线长度(km)							
		≤0.5	0.6	0.7	0.8	0.9	1.0	1.1	1.3
工长	工时								
高级工	工时								
中级工	工时	31.1	32.6	34.1	36.0	37.9	40.1	42.5	48.8
初级工	工时	46.6	48.9	51.3	54.0	56.8	60.1	63.8	73.1
合计	工时	77.7	81.5	85.4	90.0	94.7	100.2	106.3	121.9
挖泥船 200 m³/h	艘时	44.11	46.32	48.53	51.17	53.82	56.90	60.43	69.26
浮筒管 Φ400×7 500 mm	组时	1 176	1 235	1 294	1 365	1 435	1 518	1 612	1 847
岸管 Φ400×6 000 mm	根时	2 205	3 088	4 044	5 117	6 279	7 586	9 065	12 697
拖轮 176 kW	艘时	11.03	11.58	12.13	12.79	13.46	14.23	15.10	17.31
锚艇 88 kW	艘时	13.23	13.89	14.56	15.35	16.14	17.07	18.13	20.77
机艇 88 kW	艘时	14.55	15.29	16.01	16.89	17.76	18.77	19.94	22.85
其他机械费	%	4	4	4	4	4	4	4	4
编号		80205	80206	80207	80208	80209	80210	80211	80212

注:1.基本排高6 m,每增(减)1 m,定额乘(除)以1.015。

2.最大挖深10 m;基本挖深6 m,每增1 m,定额增加系数0.03。

2)确定基础单价

(1)人工预算单价。

江西省为一般地区,水库清淤疏浚工程性质为枢纽工程,其人工预算单价为:工长

11.55 元/工时,高级工 10.67 元/工时,中级工 8.90 元/工时,初级工 6.13 元/工时。

(2)材料预算价格。

柴油预算价格为 6.00 元/kg,施工用电价 1.07 元/kWh,风价 0.15 元/m^3,水价 1.32 元/m^3。

(3)计算施工机械台时费。

查现行的《水利工程施工机械台时费定额》,中级工 8.90 元/工时,施工机械台时费计算结果见表 5-53。

表 5-53 施工机械台时费计算表(七)

定额编号	名称及规格	定额数量						施工机械台时费		
		一类费用			二类费用					
		折旧费(元)	修理及替换设备费(元)	安装拆卸费(元)	人工(工时)	柴油(kg)	其他	基价(元)	价差(元)	预算价(元)
7011	挖泥船 200 m^3/h	143.29	85.98		11.2	130.0		694.07	391.30	1 085.37
7085	浮筒管 Φ400×7 500 mm	0.72	0.22	0.08				0.92	0.00	0.92
7103	岸管 Φ400×6 000 mm	0.47	0.06					0.47	0.00	0.47
7138	拖轮 176 kW	51.95	49.36		6.3	21.6		211.91	65.02	276.93
7151	锚艇 88 kW	19.00	26.18		3.9	14.2		118.00	42.74	160.74
7162	机艇 88 kW	16.03	19.66		5.0	16.0		124.56	48.16	172.72

3)确定取费费率

根据工程地点(江西省)、性质(枢纽)、特点,确定各取费费率:其他直接费率取 7.5%,疏浚工程间接费率取 7.25%,利润率为 7%,税金率取 9%。

4)计算疏浚工程概算单价

分别把人工预算单价、机械台时费基价及定额 80205 子目中的各项数据填入建筑工程单价表中。疏浚工程概算单价计算过程见表 5-54,结果为 7.55 元/m^3(水下自然方)。

表 5-54 建筑工程单价表(十九)

单价编号		项目名称	疏浚工程		
定额编号	80205			定额单位	10 000 m^3(水下自然方)
施工方法	固定船位,挖、排泥(砂),移浮筒管,配套船舶定位、行驶及其他辅助工作				
编号	名称及规格	单位	数量	单价(元)	合计(元)
一	直接费	元			43 585.65
(一)	基本直接费	元			40 544.79
1	人工费	元			562.45
(1)	工长	工时		11.55	0.00

续表 5-54

编号	名称及规格	单位	数量	单价(元)	合计(元)
(2)	高级工	工时		10.67	0.00
(3)	中级工	工时	31.1	8.90	276.79
(4)	初级工	工时	46.6	6.13	285.66
2	机械使用费				39 982.34
(1)	挖泥船　200 m^3/h	艘时	44.11	694.07	30 615.43
(2)	浮筒管　Φ400×7 500 mm	组时	1176	0.92	1 081.92
(3)	岸管　Φ400×6 000 mm	根时	2 205	0.47	1 036.35
(4)	拖轮　176 kW	艘时	11.03	211.91	2 337.37
(5)	锚艇　88 kW	艘时	13.23	118.00	1 561.14
(6)	机艇　88 kW	艘时	14.55	124.56	1 812.35
(7)	其他机械费	%	4	38 444.56	1 537.78
(二)	其他直接费	%	7.5	40 544.79	3 040.86
二	间接费	%	7.25	43 585.65	3 159.96
三	利润	%	7	46 745.61	3 272.19
四	材料补差				19 243.56
(1)	柴油	kg	6 393.21	3.01	19 243.56
五	税金	%	9	69 261.36	6 233.52
六	单价合计				75 494.88

注:柴油量=130×44.11+21.6×11.03+14.2×13.23+16×14.55 = 6 393.214(kg)。

任务5.9　其他工程单价编制

5.9.1　其他工程分类

其他工程项目主要包括围堰、公路、铁道等临时工程,以及塑料薄膜、土工布、土工膜、复合柔毡铺设、铺草皮等。

近年来,土工合成材料在水利工程中的反滤、排水和防渗中得到了广泛应用,土工复合材料是由两种或两种以上土工合成制品经复合或组合而成的材料。如土工膜与土工织物经加热滚压而成为各种复合土工膜。

5.9.1.1　利用土工合成材料建造反滤层和排水体

在水利工程中可采用的部位有:土石坝斜墙、心墙的上游侧和下游侧的过渡层,坝体内竖式排水体,堤坝下游排水体,堤坝坡过滤层,铺盖下排水、排气层,岸墙、岸墩后排水体,水闸底板分缝和出流处保护体,排水管、减压井、农用井外包体等。作为反滤材料的土工织物应满足保土性、透水性和防堵性要求。

土工织物反滤层和排水体施工工序为:平整碾压场地→织物备料→铺设→回填→表面防护。平整碾压场地时,应清除地面一切可能损伤土工织物的带尖棱硬物,填平坑凹,平整土面或修好坡面。

5.9.1.2 利用土工合成材料进行防渗

用于防渗的土工合成材料主要有土工膜及复合土工膜。用于土石堤、坝防渗的土工膜厚度不应小于0.5 mm,对于重要工程应适当加厚。防渗土工膜应在上面设防护层、上垫层,在其下面设下垫层。

在水利水电工程中,可考虑采用土工膜防渗的部位有:堤、坝心墙或斜墙,堤、坝水平铺盖,堤、坝地基垂直防渗墙,土坝加高,堆石坝、面板坝、砌石坝、碾压混凝土坝的上游面防渗,渠道及水库防渗衬砌,水工隧洞防渗等。

土工膜防渗施工的基本工序为:准备工作→铺设→拼接→质量检验→回填。土工膜在库底、池底铺设时,应借助拖拉机或人工进行滚放;在坡面上铺设时,应将卷材装在卷扬机上,自坡顶徐徐展放至坡底;坡顶、坡底处应埋入固定沟。

5.9.2 定额使用

(1)塑料薄膜、土工膜、复合柔毡、土工布等定额仅指这些防渗(反滤)材料本身的铺设,不包括上面的保护层和下面的垫层砌筑。其定额计量单位是指设计有效防渗面积。

(2)临时工程定额中的材料数量均为备料量,未考虑周转回收。周转及回收量可按该临时工程使用时间参照表5-55所列材料使用寿命及残值进行计算。

表5-55 临时工程材料使用寿命及残值表

材料名称	使用寿命	残值(%)
钢板桩	6年	5
钢轨	12年	10
钢丝绳(吊桥用)	10年	5
钢管(风水管道用)	8年	10
钢管(脚手架用)	10年	10
阀门	10年	5
卡扣件(脚手架用)	50次	10
导线	10年	10

5.9.3 其他工程概算单价编制

【工程实例分析5-11】

1. 项目背景

浙江省某水库工程施工,大坝坝面反滤层采用土工布铺设,坝面边坡为1∶2.0。

2. 工作任务

计算该坝面土工布铺设工程概算单价。

3. 分析与解答

1）选用定额子目

根据项目情况，选用水利部2002年《水利建筑工程概算定额》（下册）第九－14节90070子目，定额见表5-56。

表5-56 土工布铺设

适用范围：土石坝、围堰的反滤层。

工作内容：场内运输、铺设、接缝（针缝）。

单位：100 m²

项目	单位	平铺	斜铺		
			边坡		
			1∶2.5	1∶2.0	1∶1.5
工长	工时	1	1	1	1
高级工	工时				
中级工	工时	2	2	3	3
初级工	工时	10	12	12	14
合计	工时	13	15	16	18
土工布	m^2	107	107	107	107
其他材料费	%	2	2	2	2
编号		90068	90069	90070	90071

2）确定基础单价

（1）分析人工预算单价。

根据工程地点、概况，确定工程性质为一般地区枢纽工程。人工预算单价为：工长11.55元/工时，高级工10.67元/工时，中级工8.90元/工时，初级工6.13元/工时。

（2）材料预算价格。

经市场调查，土工布材料预算价格为4.26元/m^2。

3）确定取费费率

根据工程地点（浙江省）、性质（枢纽）、特点，确定取费费率：其他直接费费率取7.5%，间接费率为10.5%，利润率为7%，税金率取9%。

4）计算土工布铺设概算单价

土工布铺设概算单价计算过程见表5-57，结果为7.99元/m^2。

表5-57 建筑工程单价表（二十）

单价编号		项目名称	土工布铺设		
定额编号	90070			定额单位	100 m²
施工方法	场内运输、铺设、接缝（针缝）				

续表 5-57

编号	名称及规格	单位	数量	单价(元)	合计(元)
一	直接费	元			620.01
(一)	基本直接费	元			576.75
1	人工费	元			111.81
(1)	工长	工时	1	11.55	11.55
(2)	高级工	工时		10.67	0.00
(3)	中级工	工时	3	8.90	26.70
(4)	初级工	工时	12	6.13	73.56
2	材料费				464.94
(1)	土工布	m^2	107	4.26	455.82
(2)	其他材料费	%	2	455.82	9.12
(二)	其他直接费	%	7.5	576.75	43.26
二	间接费	%	10.5	620.01	65.10
三	利润	%	7	685.11	47.96
四	税金	%	9	733.07	65.98
五	单价合计				799.05

任务 5.10　设备及安装工程单价编制

5.10.1　设备及安装工程项目的划分

水利工程按概算项目划分为四大部分,分别为工程部分、建设征地移民补偿、环境保护工程、水土保持工程。其中,工程部分又划分为建筑工程、机电设备及安装工程、金属结构设备及安装工程、施工临时工程和独立费用五个部分。

设备安装工程包括机电设备及安装工程和金属结构设备及安装工程,分别构成工程总概算的第二部分和第三部分。

5.10.1.1　机电设备及安装工程

机电设备及安装工程指构成枢纽工程、引水工程、河道工程的全部机电设备及安装工程。对于枢纽工程,本部分由发电设备及安装工程、升压变电设备及安装工程和公用设备及安装工程三个一级项目组成;对于引水工程、河道工程,本部分由泵站设备及安装工程、水闸设备及安装工程、电站设备及安装工程、供电设备及安装工程和公用设备及安装工程五个一级项目组成。

5.10.1.2　金属结构设备及安装工程

金属结构设备及安装工程指构成枢纽工程、引水工程、河道工程的全部金属结构设备及安装工程。一级项目应按第一部分建筑工程相应的一级项目分项;二级项目一般包括闸门设备及安装、启闭设备及安装、拦污设备及安装,以及引水工程的钢管制作及安装和航运工程的升船机设备及安装。

设备安装工程投资由设备费与安装费构成。编制设备及安装工程概算时,应根据设计图纸和设备清单,按项目划分相关规定,在设备及安装工程概算表中,逐级详细列出一至三级项目,设备数量与单位的填写与设备及安装工程单价相一致。

5.10.2 设备费

5.10.2.1 设备与工器具和装置性材料的划分

1. 设备与工器具的划分

设备与工器具主要按单项价值划分的,凡单项价值2 000元或2 000元以上者作为设备,否则作为工器具。

2. 设备与装置性材料的划分

(1)设备体腔内的填充物:设备体腔内的定量填充物应视为设备,其价值进入设备费。

①透平油:其作用是散热、润滑、传递受力,主要用在水轮机、发电机的油槽内,调速器及油压装置内,进水阀本体的操作机构内、油压装置内。

②变压器油:其作用是散热、绝缘和灭电弧,主要用在变压器、油浸电抗器、所有的带油互感器、油断路器、消弧线圈、大型试验变压器内。其相应油款在设备出厂价内。

③六氟化硫:断路器中六氟化硫作为设备,其价值进入设备费。

(2)不论成套供货,还是现场加工或零星购置的储气罐、阀门、盘用仪表、机组本体上的梯子、平台和栏杆等均作为设备,不能因供货来源不同而改变设备性质。

(3)如管道和阀门构成设备本体部件时,应作为设备,否则应作为材料。

(4)随设备供应的保护罩、网门等已计入相应设备出厂价格内时,应作为设备,否则应作为材料。

(5)电缆和管道的支吊架、母线、金属、金具、滑触线和架、屏盘的基础型钢、钢轨、石棉板、穿墙隔板、绝缘子、一般用保护网、罩、门、梯子、栏杆、和蓄电池架等,均作为材料。

(6)设备喷锌费用应列入设备费。

5.10.2.2 设备费计算

设备费按设计选型设备的数量和价格进行编制。设备费包括设备原价、运杂费、运输保险费和采购及保管费。

1. 设备原价

(1)国产设备,以出厂价为原价,非定型和非标准产品(如闸门、拦污栅、压力钢管等)采用与厂家签订的合同价或询价。

(2)进口设备,以到岸价和进口征收的税金、手续费、商检费及港口费等各项费用之和为原价。采用与厂家签订的合同价或询价计算,税金和手续费等按规定计算。

(3)大型机组拆卸分装运至工地后的拼装费用,应包括在设备原价内。

(4)可行性研究和初步设计阶段,非定型和非标准产品,一般不可能与厂家签订价格合同,设计单位可按向厂家索取的报价资料和当年的价格水平,经认真分析论证后,确定设备价格。

2. 运杂费

运杂费是指设备由厂家运至工地安装现场所发生的一切运杂费用,主要包括运输费、调车费、装卸费、包装绑扎费、大型变压器充氮费,以及其他可能发生的杂费。设备运杂费分主要设备运杂费和其他设备运杂费,均按占设备原价的百分率计算,即:

$$运杂费 = 设备原价 \times 运杂费费率 \tag{5-38}$$

1)主要设备运杂费费率

设备由铁路直达或铁路、公路联运时,分别按里程求得费率后叠加计算;如果设备由公路直达,应按公路里程计算费率后,再加公路直达基本费率。

主要设备运杂费费率标准见表5-58。

表5-58 主要设备运杂费费率表 (%)

设备分类		铁路		公路		公路直达基本费率
		基本运距1 000 km	每增运500 km	基本运距100 km	每增运20 km	
水轮发电机组		2.21	0.30	1.06	0.15	1.01
主阀、桥机		2.99	0.50	1.85	0.20	1.33
主变压器	120 000 kVA及以上	3.50	0.40	2.80	0.30	1.20
	120 000 kVA以下	2.97	0.40	0.92	0.15	1.20

2)其他设备运杂费费率

工程地点距铁路线近者费率取小值,远者取大值。新疆、西藏两自治区的费率在表5-59中未包括,可视具体情况另行确定。

表5-59 其他设备运杂费费率表 (%)

类别	适用地区	费率
Ⅰ	北京、天津、上海、江苏、浙江、江西、安徽、湖北、湖南、河南、广东、山西、山东、河北、陕西、辽宁、吉林、黑龙江等省(直辖市)	3~5
Ⅱ	甘肃、云南、贵州、广西、四川、重庆、福建、海南、宁夏、内蒙古、青海等省(自治区、直辖市)	5~7

以上运杂费适用于国产设备,在编制概预算时,可根据设备来源地、运输方式、运输距离等逐项进行分析计算。

3)进口设备国内段运杂费率

国产设备运杂费费率乘以相应国产设备原价占进口设备原价的比例系数,即为进口设备国内段运杂费费率。

3. 运输保险费

运输保险费是指设备在运输过程中的保险费用。国产设备的运输保险费可按工程所在省(自治区、直辖市)的规定计算。进口设备的运输保险费按有关规定计算。运输保险费费率一般可取0.1% ~0.4%。

$$运输保险费 = 设备原价 \times 运输保险费费率 \tag{5-39}$$

4. 采购及保管费

采购及保管费是指建设单位和施工企业在负责设备的采购、保管过程中发生的各项费用。主要包括:

(1)采购保管部门工作人员的基本工资、辅助工资、工资附加费、劳动保护费、教育经费、办公费、差旅交通费、工具用具使用费等。

(2)仓库、转运站等设施的运行费、维修费,固定资产折旧费,技术安全措施费和设备的检验、试验费等。

$$采购及保管费 = (设备原价 + 运杂费) \times 采购及保管费费率 \tag{5-40}$$

按现行规定,设备的采购及保管费费率取0.7%。

5. 运杂综合费率

在编制设备安装工程概预算时,一般将设备运杂费、运输保险费和采购及保管费合并,统称为设备运杂综合费,按设备原价乘以运杂综合费率计算。

设备费计算公式为:

$$设备费 = 设备原价 + 运杂费 + 运输保险费 + 采购及保管费 \tag{5-41}$$

$$运杂综合费率 = 运杂费费率 + (1 + 运杂费费率) \times 采购及保管费费率 + 运输保险费费率 \tag{5-42}$$

即

$$设备费 = 设备原价 \times (1 + 运杂综合费率) \tag{5-43}$$

6. 交通工具购置费

工程竣工后,为保证建设项目初期生产管理单位正常运行必须配备生产、生活、消防车辆和船只。

交通工具购置费按现行《水利建筑工程设计概(估)算编制规定》中所列设备数量和国产设备出厂价格加车船附加费、运杂费计算。

【工程实例分析5-12】

1. 项目背景

四川省某水利工程所用的水轮机,经火车运输1 500 km、公路运输60 km到达安装现场。水轮机原价为39万元/台,运输保险费费率取0.4%。

2. 工作任务

计算每台水轮机的设备费。

3. 分析与解答

1)计算运杂费费率

查表5-58主要设备运杂费费率标准,水轮机经铁路、公路联运时的运杂费费率:

运杂费费率 = [(2.21 + 0.30 × 1) + 1.06]% = 3.57%

2)计算运杂综合费率

运杂综合费率 = 3.57% + (1 + 3.57%) × 0.7% + 0.4% = 4.695%

3)计算设备费

设备原价 = 390 000 元

设备费 = 390 000 × (1 + 4.695%) = 408 310.50(元)

5.10.3 安装工程费

5.10.3.1 设备安装工程概预算定额简介

现行《水利水电设备安装工程概算定额》包括水轮机安装、水轮发电机安装、大型水泵安装、进水阀安装、水力机械辅助设备安装、电气设备安装、变电站设备安装、通信设备安装、起重设备安装、闸门安装、压力钢管制作及安装,共计11章及附录,共55节659个子目。

现行《水利水电设备安装工程预算定额》包括水轮机安装、调速系统安装、水轮发电机安装、大型水泵安装、进水阀安装、水力机械辅助设备安装、电气设备安装、变电站设备安装、通信设备安装、电气调整、起重设备安装、闸门安装、压力钢管制作及安装、设备工地运输,共计14章及附录,共66节。

5.10.3.2 装置性材料的确定

装置性材料是个专用名称,它本身属于材料,但又是被安装的对象,安装后构成工程的实体。

装置性材料可分为主要装置性材料和次要装置性材料。凡是在概算定额各项目中作为主要安装对象的材料,即为主要装置性材料,如轨道、管路、电缆、母线、一次拉线、接地装置、保护网、滑触线等。其余的即为次要装置性材料,如轨道的垫板、螺栓电缆支架、母线金具等。

主要装置性材料在概算定额中,一般作未计价材料,须按设计提供的规格、数量和工地材料预算价计算其费用(另加定额规定的损耗率),如果没有足够的设计资料,可参考《水利水电设备安装工程概算定额》附录二至附录十一确定主要装置性材料耗用量(已包括损耗在内);次要装置性材料因品种多,规模小,且价值也较低,已计入概算定额中,在编制概算时,不必另计。

5.10.3.3 安装工程概算单价计算方法

1.实物量形式的安装单价

以实物量形式表现的安装单价,其计算方法及程序见表5-60。

表5-60 实物量形式的安装工程单价计算程序表

序号	项目	计算方法
(一)	直接费	(1)+(2)
(1)	基本直接费	①+②+③
①	人工费	Σ定额劳动量(工时)×人工预算单价(元/工时)
②	材料费	Σ定额材料用量×材料预算单价(或材料基价)

续表 5-60

序号	项目	计算方法
③	机械使用费	Σ定额机械使用量(台时)×施工机械台时费(或台时费基价)(元/台时)
(2)	其他直接费	(1)×其他直接费费率之和
(二)	间接费	人工费×间接费费率
(三)	利润	[(一)+(二)]×利润率
(四)	材料补差	Σ(材料预算价格-材料基价)×材料消耗量
(五)	未计价装置性材料费	Σ未计价装置性材料用量×材料预算单价
(六)	税金	[(一)+(二)+(三)+(四)+(五)]×税率
(七)	安装工程单价	(一)+(二)+(三)+(四)+(五)+(六)

2. 费率形式的安装单价

以费率形式表现的安装单价,其计算方法及程序见表5-61。

表 5-61 费率形式的安装工程单价计算程序表

序号	费用名称	计算方法
(一)	直接费	(1)+(2)
(1)	基本直接费	①+②+③+④
①	人工费	定额人工费(%)×人工费调整系数×设备原价
②	材料费	定额材料费(%)×设备原价
③	装置性材料费	定额装置性材料费(%)×设备原价
④	机械使用费	定额机械使用费(%)×设备原价
(2)	其他直接费	(1)×其他直接费费率之和(%)
(二)	间接费	人工费×间接费费率(%)
(三)	利润	[(一)+(二)]×利润率(%)
(四)	税金	[(一)+(二)+(三)]×税率(%)
(五)	安装工程单价合计	(一)+(二)+(三)+(四)

注:1. 按现行规定,利用以安装费率形式给出的概算定额编制安装工程概算时,除人工费率外,其他费率均不做调整。人工费率调整系数等于工程所在地区安装人工工时预算单价除以定额主管部门编制定额当年发布的北京地区安装人工工时预算单价。

2. 进口设备安装费率应按现行概算定额的费率予以调整,计算公式为:

进口设备安装费费率=同类型国产设备安装费率×国产设备原价/进口设备原价

3. 依据水总〔2016〕132号以费率形式(%)表示的现行安装工程定额,其人工费费率不变,材料费费率除以1.03调整系数,机械使用费费率除以1.10调整系数,装置性材料费费率除以1.17调整系数。计算基数不变,仍为含增值税的设备费。

3. 编制方法

安装工程单价的编制一般采用表格法,所用表格形式如表5-62所示。

表5-62 安装工程单价表(一)

单价编号		项目名称			
定额编号				定额单位	
型号规格					
编号	名称及规格	单位	数量	单价(元)	合计(元)

5.10.3.4 **安装工程概算单价编制**

【工程实例分析5-13】

1.项目背景

江西省某大型电站工程起重设备安装中,桥式起重机自重200 t,主钩起吊力280 t,另有平衡梁自重35 t,发电电压装置采用电压6.3 kV,电缆含有全厂控制电缆。

2.工作任务

分别计算桥式起重机、控制电缆安装工程概算单价。

3.分析与解答

1)选用定额子目

查水利部2002年《水利水电设备安装工程概算定额》,第九章起重设备安装,章说明“如果设备起吊使用平衡梁时,按桥式起重机主钩起重能力加平衡梁重量之和选用定额子目,平衡梁不另计安装费”。

本工程桥式起重机主钩起吊力280 t,另有平衡梁自重35 t。因此,桥式起重机安装选用定额编号09013,定额见表5-63。

表5-63 桥式起重机

项目	单位	起重能力(t)				
		250	300	350	400	450
工长	工时	434	511	584	654	724
高级工	工时	2 231	2 612	2 981	3 328	3 680
中级工	工时	3 851	4 357	5 202	5 826	6 459
初级工	工时	2 109	2 490	2 859	3 206	3 558
合计	工时	8 625	10 150	11 626	13 014	14 421
钢板	kg	465	547	628	710	795
型钢	kg	745	875	1 006	1 136	1 267
垫铁	kg	233	273	314	355	396
电焊条	kg	61	72	83	94	104
氧气	m^3	61	72	83	94	104
乙炔气	m^3	27	31	36	40	44
汽油 70#	kg	43	50	58	65	72
柴油	kg	93	109	125	142	158
油漆	kg	52	61	70	80	89

续表 5-63

项目	单位	起重能力(t)				
		250	300	350	400	450
棉纱头	kg	74	88	101	113	126
木材	m^3	1.8	2.1	2.3	2.6	2.7
其他材料费	%	30	30	30	30	30
汽车起重机　20 t	台时	43	51			
汽车起重机　30 t	台时			59	65	81
门式起重机　10 t	台时	89	105	121	135	151
卷扬机　5 t	台时	293	349	400	447	498
电焊机　20～30 kVA	台时	89	105	121	135	151
空气压缩机　9 m^3/min	台时	89	105	121	135	151
载重汽车　5 t	台时	59	70	81	90	101
其他机械费	%	18	18	18	18	18
定额编号		09011	09012	09013	09014	09015

2)确定基础单价

(1)人工预算单价。

本水电站工程为枢纽工程,江西省为一般地区,人工预算单价为:工长 11.55 元/工时,高级工 10.67 元/工时,中级工 8.90 元/工时,初级工 6.13 元/工时。

(2)材料预算价格。

经调查,材料预算价格见表 5-64。

表 5-64　材料预算价格

序号	材料名称及规格	单位	预算价(元)	序号	材料名称及规格	单位	预算价(元)
1	钢板	kg	4.75	14	裸铜线　10 mm^2	m	6.19
2	型钢	kg	4.69	15	镀锌螺栓　M10～12×75	套	49.00
3	垫铁	kg	4.30	16	封铅	kg	6.20
4	电焊条	kg	4.50	17	焊锡	kg	7.23
5	氧气	m^3	5.00	18	塑料软管	kg	3.11
6	乙炔气	m^3	13.00	19	塑料胀管　Φ6～8	个	14.06
7	汽油　70#	kg	6.66	20	铜接线端　DT－10	个	24.64
8	柴油	kg	6.00	21	电缆卡子	个	6.98
9	油漆	kg	16.06	22	电缆吊挂	套	25.12
10	棉纱头	kg	1.50	23	铜芯控制电缆	m	29.66
11	木材	m^3	1 600.00	24	电缆保护套管	kg	6.99
12	电	kWh	1.07	25	铁构件	kg	7.76
13	水	m^3	1.32				

(3)施工机械台时费。

二类费用中机上人工单价中级工 8.90 元/工时,施工机械台时费见表 5-65。

表 5-65 施工机械台时费计算表(八)

定额编号	名称及规格	定额数量							施工机械台时费		
		一类费用			二类费用						
		折旧费(元)	修理及替换设备费(元)	安装拆卸费(元)	人工(工时)	柴油(kg)	汽油(kg)	电(kWh)	基价(元)	价差(元)	预算价(元)
4093	汽车起重机 30 t	84.82	45.80		2.7	14.7			185.06	96.95	282.01
4025	门式起重机 10 t	102.67	33.87		3.9			90.8	253.80	0	
4143	卷扬机 5 t	2.97	1.16	0.05	1.3			7.9	23.77	0	
9125	电焊机 30 kVA	1.03	0.68	0.19				30.0	33.83	0	
8014	空气压缩机 9 m^3/min	5.53	8.83	1.39	2.4	17.1			86.87	112.77	199.64
3004	载重汽车 5 t	7.77	10.86		1.3		7.2		50.55	0	50.55
4085	汽车起重机 5 t	12.92	12.42		2.7		5.8		64.69	0	64.69

3)确定取费费率

江西省属华东区,按"任务 5.1"中示例计算枢纽安装工程的其他直接费率取 8.2%(取上限),间接费率取 75%,利润率为 7%,税金率取 9%。

4)计算桥式起重机安装工程概算单价

注意:安装工程的间接费以"人工费"作为计算基数。计算过程见表 5-66,桥式起重机安装工程概算单价为 362 187.82 元/台。

表 5-66 安装工程单价表(二)

单价编号		项目名称	桥式起重机安装		
定额编号	09013			定额单位	台
型号规格	桥式起重机自重 280 t,平衡梁重 35 t				
编号	名称及规格	单位	数量	单价(元)	合计(元)
一	直接费				223 002.05
(一)	基本直接费				206 101.71
1	人工费				102 375.94
(1)	工长	工时	584	11.55	6 745.20
(2)	高级工	工时	2 981	10.67	31 807.27
(3)	中级工	工时	5 202	8.90	46 297.80
(4)	初级工	工时	2 859	6.13	17 525.67

续表 5-66

编号	名称及规格	单位	数量	单价(元)	合计(元)
2	材料费				21 319.77
(1)	钢板	kg	628	4.75	2 983.00
(2)	型钢	kg	1 006	4.69	4 718.14
(3)	垫铁	kg	314	4.30	1 350.20
(4)	电焊条	kg	83	4.50	373.50
(5)	氧气	m^3	83	5.00	415.00
(6)	乙炔气	m^3	36	13.00	468.00
(7)	汽油　70#	kg	58	6.66	386.28
(8)	柴油	kg	125	6.00	750.00
(9)	油漆	kg	70	16.06	1 124.20
(10)	棉纱头	kg	101	1.50	151.50
(11)	木材	m^3	2.3	1 600.00	3 680.00
(12)	其他材料费	%	30	16 399.82	4 919.95
3	机械费				82 406.00
(1)	汽车起重机　30 t	台时	59	185.06	10 918.54
(2)	门式起重机　10 t	台时	121	253.8	30 709.80
(3)	卷扬机　5 t	台时	400	23.77	9 508.00
(4)	电焊机　20~30 kVA	台时	121	33.83	4 093.43
(5)	空气压缩机　9 m^3/min	台时	121	86.87	10 511.27
(6)	载重汽车　5 t	台时	81	50.55	4 094.55
(7)	其他机械费	%	18	69 835.59	12 570.41
(二)	其他直接费	%	8.2	206 101.71	16 900.34
二	间接费	%	75	102 375.94	76 781.96
三	利润	%	7	299 784.01	20 984.88
四	材料补差				11 513.51
(1)	柴油	kg	3 061.40	3.01	9 214.81
(2)	汽油	kg	641.20	3.585	2 298.70
五	税金	%	9	332 282.40	29 905.42
六	安装费单价合计				362 187.82

注:柴油量:125 + 14.7 × 59 + 17.1 × 121 = 3 061.40(kg);汽油量:58 + 7.2 × 81 = 641.20(kg)。

5)计算控制电缆安装概算单价

(1)查水利部2002年《水利水电设备安装工程概算定额》,控制电缆选用定额编号06011,定额见表5-67。

表5-67 电缆

单位:km

项目	单位	控制电缆	电力电缆	
			1 kV 以下	10 kV 以下
工长	工时	38	73	82
高级工	工时	186	363	410
中级工	工时	309	605	683
初级工	工时	87	170	192
合计	工时	620	1 211	1 367
裸铜线 10 mm^2	m	44	78	64
镀锌螺栓 M10～12×75	套	719	578	554
封铅	kg	11	24	28
焊锡	kg	9		
丁腈橡胶管 Φ13、Φ17	m		78	119
塑料软管	kg	14		
塑料胀管 Φ6～8	个	384	38	
黄漆布带 20×40 m	卷		21	64
环氧树脂 610#	kg		19	32
聚酰氨树脂 651#	kg		11	16
铜接线端子 DT－10	个	49	29	
铝接线端子 ≤120 mm^2	个		214	124
电缆卡子	个	385	300	300
电缆吊挂	套	66	65	65
其他材料费	%	36	30	30
汽车起重机 5 t	台时	2	4	4
电焊机 20～30 kVA	台时	1	2	3
载重汽车 5 t	台时	2	4	4
其他机械费	%	20	20	20
定额编号		06011	06012	06013

(2)电缆装置性材料用量。根据《水利水电设备安装工程概算定额》第六章电气设备安装说明,电缆定额未包括电缆、电缆管等装置性材料用量,并查其附录三附表3"电缆装置性

材料用量”,定额见表 5-68。

表 5-68　电缆装置性材料用量

项目	电缆(m)	电缆管(m)	铁构件(kg)
控制电缆	1 015	96	380
电力电缆≤1 kV	1 010	282	370
≤10 kV	1 010	384	370

注:电缆管按镀锌钢管计算。

(3)计算控制电缆安装工程单价。

注意:未计价装置性材料(电缆、电缆管、铁构件)列在单价表中计算,计算过程见表 5-69,控制电缆安装工程概算单价为 129 486.64 元/km。

表 5-69　安装工程单价表(三)

单价编号		项目名称	控制电缆安装		
定额编号	06011			定额单位	km
型号规格					
编号	名称及规格	单位	数量	单价(元)	合计(元)
一	直接费				75 137.68
(一)	基本直接费				69 443.33
1	人工费				5 706.93
(1)	工长	工时	38	11.55	438.90
(2)	高级工	工时	186	10.67	1 984.62
(3)	中级工	工时	309	8.90	2 750.10
(4)	初级工	工时	87	6.13	533.31
2	材料费				63 419.23
(1)	裸铜线　10 mm^2	m	44	6.19	272.36
(2)	镀锌螺栓　M10 ~ 12 × 75	套	719	49.00	35 231.00
(3)	封铅	kg	11	6.20	68.20
(4)	焊锡	kg	9	7.23	65.07
(5)	塑料软管	kg	14	3.11	43.54
(6)	塑料胀管　Φ6 ~ 8	个	384	14.06	5 399.04
(7)	铜接线端子　DT − 10	个	49	24.64	1 207.36
(8)	电缆卡子	个	385	6.98	2 687.30
(9)	电缆吊挂	套	66	25.12	1 657.92
(10)	其他材料费	%	36	46 631.79	16 787.44

续表 5-69

编号	名称及规格	单位	数量	单价(元)	合计(元)
3	机械费				317.17
(1)	汽车起重机　5 t	台时	2	64.69	129.38
(2)	电焊机　20 ~ 30 kVA	台时	1	33.83	33.83
(3)	载重汽车　5 t	台时	2	50.55	101.10
(4)	其他机械费	%	20	264.31	52.86
(二)	其他直接费	%	8.2	69 443.33	5 694.35
二	间接费	%	75	5 706.93	4 280.20
三	利润	%	7	79 417.88	5 559.25
四	材料补差				93.21
(1)	汽油	kg	26	3.585	93.21
五	未计价装置性材料费				33 724.74
(1)	控制电缆	m	1 015	29.66	30 104.90
(2)	电缆管	kg	96	6.99	671.04
(3)	铁构件	kg	380	7.76	2 948.80
六	税金	%	9	118 795.08	10 691.56
七	安装费单价合计				129 486.64

注:汽油 = 5.8 × 2 + 7.2 × 2 = 26(kg)。

【工程实例分析 5-14】

1. 项目背景

西南地区某水电站位于雅安市宝兴县,电站由首部枢纽、输水系统、厂区枢纽三大部分组成。电站在拦河闸坝左岸设一孔进水闸,闸后设压力引水隧洞,隧洞末端接调压井,调压井后接压力管道至河滩地上建地面厂房发电,电站设计工作水头 264 m,装机 51 MW(2 × 25.5 MW),尾水注入下游河道。厂房布置两台水轮发电机组,水轮机型号 CJA475 – L – 135/4 × 14,单台重 60 t。压力钢管直径 2 m、壁厚 10 mm,采用齐边钢板制作钢管。发电厂计算机监控系统设备原价 20 万元/项。本工程属于西南地区,按规定该地区不计冬季施工增加费(其余费率均取中值)。

已知基础资料如下。

(1)人工预算单价:工长 11.98 元/工时,高级工 11.09 元/工时,中级工 9.33 元/工时,初级工 6.55 元/工时。

(2)材料预算价格:钢板 6 000 元/t,型钢 5 000 元/t,铜材 12 000 元/t,电焊条 12 000 元/t,氧气 10 元/m^3,乙炔气 15 元/m^3,汽油 9 500 元/t,柴油 8 500 元/t,透平油 9 200 元/t,油漆 7 000 元/t,木材 1 600 元/m^3,电焊条 12 元/kg,石英砂 120 元/m^3,探伤材料 20 元/张,钢轨 6 500 元/t,碳精棒 13 元/根,水 1 元/m^3,施工用风 0.15 元/m^3,施工用电 1 元/kWh。

(3)机械台时费计算结果见表5-70 。

表5-70 机械台时费基价表

机械名称	机械台时费/基价(元/台时)	柴油消耗量(kg)	机械名称	机械台时费/基价(元/台时)	柴油消耗量(kg)
桥式起重机	18.58		轴流通风 28 kW	37.49	
电焊机 20~30 kV	15.16		X光探伤机 TX-2505	18.76	
普通车床 Φ400~600 mm	29.89		载重汽车 15 t	100.61	柴油10.9
牛头刨床 B=650 mm	18.50		卷扬机 5 t	23.77	
摇臂钻床 Φ50 mm	23.28		载重汽车 5 t	51.11	汽油7.2
龙门式起重机 10 t	64.42		空气压缩机 9m^3/min	87.91	柴油17.1
汽车起重机 10 t	86.42	柴油7.7	卷板机 22×3 500 mm	122.46	

注:柴油、汽油以基价进入机械台时费基价。

2. 工作任务

计算水轮机安装工程概算单价,压力钢管(直管)制作与安装工程概算单价,发电厂计算机监控系统安装工程概算单价。

3. 分析与解答

(1)根据工程性质(枢纽)、特点确定取费费率,其他直接费率取7.7%,间接费率取75%,利润率为7%,增值税销项税率取9%。

(2)查水利部2002年《水利水电设备安装工程概算定额》,按章节说明,本工程水轮机为冲击式水轮机,按设备重量选用定额子目一-4节。所以水轮机安装定额选用定额编号01073,定额见表5-71。

表5-71 冲击式水轮机定额　　单位:台

项目	单位	设备自重(t)				
		30	40	60	80	100
工长	工时	265	367	572	778	982
高级工	工时	1 271	1 762	2 746	3 732	4 715
中级工	工时	3 018	4 185	6 523	8 864	11 198
初级工	工时	741	1 028	1 602	2 177	2 750
合计	工时	5 295	7 342	11 443	15 551	19 645
钢板	kg	381	522	805	1 087	1 370
型钢	kg	732	971	1 448	2 262	2 770
铜材	kg	18	21	26	30	34

续表 5-71

项目	单位	设备自重(t)				
		30	40	60	80	100
电焊条	kg	167	218	320	426	537
氧气	m^3	147	224	379	510	641
乙炔气	m^3	66	98	170	230	289
汽油 70#	kg	108	149	231	312	394
透平油	kg	15	21	33	44	55
油漆	kg	70	95	144	193	242
木材	m^3	0.5	0.6	0.8	1	1.2
电	kWh	1 440	1 970	3 030	4 100	5 160
其他材料费	%	21	23	23	23	23
桥式起重机	台时	69	79	99	138	176
电焊机 20~30 kVA	台时	156	184	286	387	485
车床 Φ400~600 mm	台时	60	75	103	134	162
刨床 $B=650$ mm	台时	49	55	64	76	86
摇臂钻床 Φ50	台时	33	38	54	70	86
其他机械费	%	20	25	25	25	25
定额编号		01071	01072	01073	01074	01075

水轮机安装工程概算单价计算过程见表 5-72,结果为 296 154.34 元/台。

表 5-72 安装工程单价表(四)

单价编号		项目名称	冲击式水轮机		
定额编号	01073			定额单位	台
型号规格	水轮机 CJA475-L-135/4×14,设备自重 60 t				
编号	名称及规格	单位	数量	单价(元)	合计(元)
一	直接费				171 045.51
(一)	基本直接费				158 816.63
1	人工费				108 658.39
(1)	工长	台时	572.00	11.98	6 852.56
(2)	高级工	台时	2 746.00	11.09	30 453.14
(3)	中级工	台时	6 523.00	9.33	60 859.59
(4)	初级工	台时	1 602.00	6.55	10 493.10

续表 5-72

编号	名称及规格	单位	数量	单价(元)	合计(元)
2	材料费				35 539.53
(1)	钢板	kg	805.00	6.00	4 830.00
(2)	型钢	kg	1 448.00	5.00	7 240.00
(3)	铜材	kg	26.00	12.00	312.00
(4)	电焊条	kg	320.00	12.00	3 840.00
(5)	氧气	m^3	379.00	10.00	3 790.00
(6)	乙炔气	m^3	170.00	15.00	2 550.00
(7)	汽油 70#	kg	231.00	3.075	710.33
(8)	透平油	kg	33.00	9.20	303.60
(9)	油漆	kg	144.00	7.00	1 008.00
(10)	木材	m^3	0.80	1 600.00	1 280.00
(11)	电	kWh	3 030.00	1.00	3 030.00
(12)	其他材料费	%	23.00	28 893.93	6 645.60
3	机械使用费				14 618.71
(1)	桥式起重机	台时	99.00	18.58	1 839.42
(2)	电焊机 20~30 kV	台时	286.00	15.16	4 335.76
(3)	普通车床 Φ400~600 mm	台时	103.00	29.89	3 078.67
(4)	牛头刨床 B=650 mm	台时	64.00	18.50	1 184.00
(5)	摇臂钻床 Φ50 mm	台时	54.00	23.28	1 257.12
(6)	其他机械费	%	25.00	11 694.97	2 923.74
(二)	其他直接费	%	7.70	158 816.63	12 228.88
二	间接费	%	75.00	108 658.39	81 493.79
三	利润	%	7.00	252 539.30	17 677.75
四	材料补差				1 484.18
(1)	汽油	kg	231.00	6.425	1 484.18
五	税金	%	9.00	271 701.23	24 453.11
六	单价合计				296 154.34

(3)查水利部2002年《水利水电设备安装工程概算定额》，钢管制作选用定额编号11005，钢管安装选用定额编号11031，定额见表5-74、表5-75；根据第十一章压力钢管制作与安装章节说明，本章制作与安装定额未包括钢管本体所用钢板等装置性材料用量，需查定额总说明中装置性材料操作损耗率表(见表5-73)。

表5-73 装置性材料操作损耗率表

序号	材料名称	损耗率(%)
1	钢板(齐边) 1.压力钢管直管 2.压力钢管直管、叉管、渐变管	 5 15
2	钢板(毛边) 压力钢管	17
3	型钢	5
4	管材及管件	3
5	电力电缆	1
6	控制电缆、高频电缆	1.5
7	绝缘导线	1.8
8	硬母线(包括铜、铝、钢质的带形、管形及槽形母线)	2.3
9	裸软导线(包括铜、铝、钢及钢芯铝绞线)	1.3
10	压接式线夹、螺栓、垫圈、铝端头、护线条及紧固件	2
11	金具	1
12	绝缘子	2
13	塑料制品(包括塑料槽板、塑料管、塑料板等)	5

注:1.裸软导线的损耗率中包括因弧垂及因杆位高低差而增加的长度;但变电站中的母线、引下线、跳线、设备连接线等因弯曲而增加的长度,均不应以弧垂看待,应计入基本长度中。

2.电力电缆及控制电缆的损耗率中未包括预留、备用段长度,敷设时因各种弯曲而增加的长度,以及为连接电气设备而预留的长度均应计入设计长度。

表5-74 钢管制作定额

项目	单位	$D\leqslant 2$ m			
		壁厚(mm)			
		≤10	≤14	≤20	≤32
工长	工时	11	9	7	6
高级工	工时	55	42	36	33
中级工	工时	100	76	65	58
初级工	工时	55	42	36	33
合计	工时	221	169	144	130
型钢	kg	52.3	47.4	41.6	35.6
电焊条	kg	27.0	28.2	29.6	33.0
氧气	m^3	8.4	7.1	6.5	5.8
乙炔气	m^3	2.8	2.4	2.2	1.9

续表 5-74

项目	单位	$D \leqslant 2$ m			
		壁厚(mm)			
		≤10	≤14	≤20	≤32
汽油　70#	kg	16.4	11.6	8.8	6.2
油漆	kg	7.9	5.6	4.2	3.0
石英砂	m^3	1.0	0.7	0.6	0.5
探伤材料	张	7.2	6.0	4.9	3.5
其他材料费	%	26	26	26	26
龙门式起重机　10 t	台时	2.4	2.0	1.7	1.3
汽车起重机　10 t	台时	0.7	0.7	0.7	0.7
卷板机　22×3 500 mm	台时	2.4	2.0	1.7	
卷板机　40×3 000 mm	台时				1.3
电焊机　20~30 kVA	台时	31.3	31.6	32.0	32.5
空气压缩机　9 m^3/min	台时	5.6	4.3	3.5	2.6
轴流通风机　28 kW	台时	5.0	3.9	3.1	2.4
X 光探伤机　TX-2505	台时	4.8	3.4	2.4	2.0
载重汽车　15 t	台时	0.6	0.6	0.6	0.6
其他机械费	%	20	20	20	20
定额编号		11005	11006	11007	11008

表 5-75　钢管安装定额

项目	单位	$D \leqslant 2$ m			
		壁厚(mm)			
		≤10	≤14	≤20	≤32
工长	工时	12	11	9	8
高级工	工时	62	53	46	41
中级工	工时	110	97	84	73
初级工	工时	62	53	46	41
合计	工时	246	214	185	163
钢板	kg	23.1	19.0	12.9	9.1
型钢	kg	53.3	43.5	33.1	27.1
钢轨	kg	59.5	48.5	37.7	30.2

续表 5-75

项目	单位	D≤2 m			
		壁厚(mm)			
		≤10	≤14	≤20	≤32
电焊条	kg	23.7	24.7	26.0	29.0
氧气	m^3	9.3	7.8	7.2	6.3
乙炔气	m^3	3.1	2.6	2.4	2.1
油漆	kg	2.6	1.9	1.5	1.2
碳精棒	根	17.5	14.7	11.5	9.0
探伤材料	张	6.5	5.4	4.4	3.2
木材	m^3	0.05	0.05	0.05	0.04
电	kWh	63	58	54	48
其他材料费	%	15	15	15	15
门式起重机　10 t	台时	0.3	0.3	0.3	0.3
汽车起重机　10 t	台时	3.4	2.6	1.8	1.2
卷扬机　5 t	台时	10.2	9.8	9.4	8.8
电焊机　20～30 kVA	台时	30.0	31.2	32.1	33.4
X光探伤机　TX－2505	台时	2.9	2.6	2.2	1.7
载重汽车　15 t	台时	2.3	2.1	1.7	1.3
其他机械费	%	15	15	15	15
定额编号		11031	11032	11033	11034

本题钢管制作过程中未计入本体材料钢板，查表5-73压力钢管直管制作钢板损耗率为5%，钢板作为未计价装置性材料消耗量为：净用量/(1－损耗率)＝1/(1－5%)＝1.053(t)，计算过程见表5-76、表5-77。

计算结果为：压力钢管(直管)制作工程概算单价为16 429.52元/t，压力钢管(直管)安装工程概算单价为9 310.25元/t，故压力钢管(直管)制作与安装概算单价为：16 429.52＋9 310.25＝25 739.77(元/t)。

表5-76　安装工程单价表(五)

单价编号		项目名称	钢管制作		
定额编号	11005			定额单位	t
型号规格	钢管直径2 m、壁厚10 mm制作				

续表 5-76

编号	名称及规格	单位	数量	单价(元)	合计(元)
一	直接费				6 002.93
(一)	基本直接费				5 573.75
1	人工费				2 034.98
(1)	工长	台时	11.00	11.98	131.78
(2)	高级工	台时	55.00	11.09	609.95
(3)	中级工	台时	100.00	9.33	933.00
(4)	初级工	台时	55.00	6.55	360.25
2	材料费				1 362.35
(1)	型钢	kg	52.30	5.00	261.50
(2)	电焊条	kg	27.00	12.00	324.00
(3)	氧气	m^3	8.40	10.00	84.00
(4)	乙炔气	m^3	2.80	15.00	42.00
(5)	汽油 70#	kg	16.40	3.075	50.43
(6)	油漆	kg	7.90	7.00	55.30
(7)	石英砂	m^3	1.00	120.00	120.00
(8)	探伤材料	张	7.20	20.00	144.00
(9)	其他材料费	%	26.00	1 081.23	281.12
3	机械使用费				2 176.42
(1)	龙门式起重机 10 t	台时	2.40	64.42	154.61
(2)	汽车起重机 10 t	台时	0.70	86.42	60.49
(3)	卷板机 22×3 500 mm	台时	2.40	122.46	293.90
(4)	电焊机 20~30 kVA	台时	31.30	15.16	474.51
(5)	空气压缩机 9 m^3/min	台时	5.60	87.91	492.30
(6)	轴流通风机 28 kW	台时	5.00	37.49	187.45
(7)	X光探伤机 TX-2505	台时	4.80	18.76	90.05
(8)	载重汽车 15 t	台时	0.60	100.61	60.37
(9)	其他机械费	%	20.00	1 813.68	362.74
(二)	其他直接费	%	7.70	5 573.75	429.18
二	间接费	%	75.00	2 034.98	1 526.24
三	利润	%	7.00	7 529.17	527.04
四	材料补差				698.74

续表 5-76

编号	名称及规格	单位	数量	单价(元)	合计(元)
(1)	汽油 70#	kg	16.40	6.425	105.37
(2)	柴油	kg	107.690	5.51	593.37
五	未计价装置性材料费				6 318.00
(1)	钢板	t	1.053	6 000.00	6 318.00
五	税金	%	9.00	15 072.95	1 356.57
六	单价合计				16 429.52

表 5-77 安装工程单价表(六)

单价编号		项目名称	钢管安装		
定额编号	11031			定额单位	t
型号规格	钢管直径 2 m、壁厚 10 mm 安装				
编号	名称及规格	单位	数量	单价(元)	合计(元)
一	直接费				6 050.66
(一)	基本直接费				5 618.07
1	人工费				2 263.74
(1)	工长	台时	12.00	11.98	143.76
(2)	高级工	台时	62.00	11.09	687.58
(3)	中级工	台时	110.00	9.33	1 026.30
(4)	初级工	台时	62.00	6.55	406.10
2	材料费				1 994.62
(1)	钢板	kg	23.10	6.00	138.60
(2)	型钢	kg	53.30	5.00	266.50
(3)	钢轨	kg	59.50	6.50	386.75
(4)	电焊条	kg	23.70	12.00	284.40
(5)	氧气	m^3	9.30	10.00	93.00
(6)	乙炔气	m^3	3.10	15.00	46.50
(7)	油漆	kg	2.60	7.00	18.20
(8)	碳精棒	根	17.50	13.00	227.50
(9)	探伤材料	张	6.50	20.00	130.00
(10)	木材	m^3	0.05	1 600.00	80.00
(11)	电	kWh	63.00	1.00	63.00

续表 5-77

编号	名称及规格	单位	数量	单价(元)	合计(元)
(12)	其他材料费	%	15.00	1 734.45	260.17
3	机械使用费				1 359.71
(1)	门式起重机 10 t	台时	0.30	64.42	19.33
(2)	汽车起重机 10 t	台时	3.40	86.42	293.83
(3)	卷扬机 5 t	台时	10.20	23.77	242.45
(4)	电焊机 20~30 kV	台时	30.00	15.16	454.80
(5)	X光探伤机 TX-2505	台时	2.90	18.76	54.40
(6)	载重汽车 5 t	台时	2.30	51.11	117.55
(7)	其他机械费	%	15.00	1 182.36	177.35
(二)	其他直接费	%	7.70	5 618.07	432.59
二	间接费	%	75.00	2 263.74	1 697.81
三	利润	%	7.00	7 748.47	542.39
四	材料补差				250.65
(1)	汽油	kg	16.560	6.425	106.40
(2)	柴油	kg	26.180	5.510	144.25
五	税金	%	9.00	8 541.51	768.74
六	单价合计				9 310.25

(4)查水利部2002年《水利水电设备安装工程概算定额》第六章电气设备安装工程，六-3节计算机监控系统如表5-78所示。根据“营改增”文件规定，以安装费率形式表现的定额，材料费率除以1.03，机械费率除以1.10，装置性材料费率除以1.13系数。

表 5-78 计算机监控系统

定额编号	项目	单位	安装费(%)				装置性材料费(%)
			合计	人工费	材料费	机械使用费	
06005	计算机监控系统	项	4.1	3.0	0.5	0.6	0.4

发电厂计算机监控系统安装工程概算单价计算过程见表5-79，结果为16 280元/项。

表 5-79　安装工程单价表(七)

单价编号		项目名称	计算机监控系统安装		
定额编号	06005			定额单位	项
型号规格	发电厂计算机监控系统安装				
编号	名称及规格	单位	数量	单价(元)	合计(元)
一	直接费				4.73
(一)	基本直接费				4.39
1	人工费	%	3.00		3.00
2	材料费	%	0.485		0.49
3	机械使用费	%	0.454		0.55
4	装置性材料费	%	0.354		0.35
(二)	其他直接费	%	7.70	4.39	0.34
二	间接费	%	75.00	3.00	2.25
三	利润	%	7.00	6.98	0.49
四	税金	%	9.00	7.47	0.67
五	单价	%			8.14
六	安装工程单价	元	200 000.00	8.14	16 280.00

任务 5.11　工料分析

5.11.1　工料分析认知

工料分析就是对工程建设项目所需的人工及主要材料数量进行分析计算,进而统计出单位工程及分部分项工程所需的人工数量和主要材料用量。主要材料一般包括钢筋、钢材、木材、水泥、汽油、柴油、炸药、粉煤灰、沥青等,主要材料的品种应根据工程的具体特点进行取舍。

进行工料分析的主要目的是为施工企业调配劳动力、备料及组织材料供应、合理安排施工及进行工程成本核算提供依据。工料分析是工程概算的一项基本内容,也是施工组织设计中安排施工进度不可缺少的重要工作。

5.11.2　工料分析计算

工料分析计算就是按照概算项目内容中所列的工程数量乘以相应单价中所需的定额人工数量及定额材料用量,计算出每一工程项目所需的工时、材料用量,然后按照概算编制步骤逐级向上合并汇总。工时、材料计算表见表 5-80。

表5-80 工时、材料计算表

序号	单价编号	工程项目名称	单位	工程量	工时（个）		汽油（kg）			柴油（kg）			水泥（kg）		木材（m^3）		钢筋（t）		…
					定额用工	合计	定额台时用量	台时用油	合计	定额台时用量	台时用油	合计	定额用量	合计	定额用量	合计	定额用量	合计	…

计算步骤及填写说明如下。

（1）填写工程项目及工程量。按照概算项目分级顺序逐项填写表格中的工程项目名称及工程量，对应填写所采用的单价编号。工程项目的填写范围为枢纽工程（主体建筑物）和施工导流工程。

（2）填写单位定额用工、材料用量。按照各工程项目对应的单价编号，查找该单价所需的单位定额用工数量及单位定额材料用量、单位定额机械台时用量，逐项填写。对于汽油、柴油用量计算，除填写单位定额机械台时用量外，还要填写不同施工机械的台时用油数量（查施工机械台时费定额）。计算单位定额用工数量时注意，要考虑施工机械的用工数量，不能漏算。

（3）计算工时及材料数量。表5-80中的定额用量是指单位定额用量，工时用量及水泥、钢筋、木材、炸药等材料用量，按照单位定额工时、材料用量分别乘以本项工程数量求得；汽油、柴油材料用量，按照单位定额台时用量乘以台时耗油量，再乘以本项工程数量求得。

（4）按照上述计算方法逐项计算，然后再逐项向上合并汇总，即得所需计算的工时、材料用量。

（5）按照概算表格要求填写主体工程工时数量汇总表及主体工程主要材料用量汇总表。

思考与练习题

5-1 计算广东省某水利枢纽工程的建筑工程其他直接费费率、安装工程的其他直接费率。

5-2 四川省遂宁市大英县某引水工程，计算其基础土方开挖运输工程的概算单价。

参考工程实例分析5-1提供的基本资料，基础土方为Ⅲ类土，基础土方开挖工程采用1 m^3挖掘机挖装、10 t自卸汽车运5.6 km至弃料场弃料。

5-3 计算河北省石家庄市灵寿县某河道工程基础石方开挖运输的概算单价。

参考工程实例分析5-2提供的基本资料，基础岩石级别为Ⅺ级，基础石方开挖采用风钻钻孔爆破，开挖深度为1.8 m，石渣运输采用1.5 m^3装载机装10 t自卸汽车运2 km弃渣。

5-4 计算江西省某河道工程浆砌块石护坡（平面）工程概算单价。

采用M7.5浆砌块石施工，用32.5级普通硅酸盐水泥，所有砂石材料均需外购，经市场调查,材料预算价格:32.5级普通硅酸盐水泥396.00元/t,砂78元/m^3,块石73元/m^3,施工用水价格1.32元/m^3,施工用电价格1.07元/kWh。

5-5 计算湖北省某引水工程的排架混凝土浇筑单价。

排架单根立柱横断面为0.2 m^2,采用C25混凝土浇筑。定额节选见表5-81。

经市场调查,材料预算价格:42.5级P.O水泥450.00元/t,中砂72元/m^3,碎石(综合)62元/m^3,柴油预算价格6.00元/kg,施工用水价格1.32元/m^3,施工用电价格1.07元/kWh,施工用风价格0.15元/m^3。其他资料参考工程实例分析5-5中计算。

表5-81 拱排架

适用范围:渡槽、桥梁。

单位:100 m^3

项目	单位	拱		排架		
		肋拱	板拱	单根立柱横断面面积(m^2)		
				0.2	0.3	0.4
工长	工时	26.9	19.4	25.8	22.6	20.2
高级工	工时	80.6	58.2	77.5	67.9	60.7
中级工	工时	510.7	368.8	491.1	430.2	384.5
初级工	工时	277.7	200.6	267.1	234.0	209.1
合计	工时	895.9	647.0	861.5	754.7	674.5
混凝土	m^3	103	103	105	105	105
水	m^3	122	122	187	167	127
其他材料费	%	3	3	3	3	3
振动器 1.1 kW	台时	46.2	46.2	47.12	47.12	38.13
风水枪	台时	2.10	2.10	2.14	2.14	2.14
其他机械费	%	20	20	20	20	20
混凝土的拌制	m^3	103	103	105	105	105
混凝土的运输	m^3	103	103	105	105	105
编号		40078	40079	40080	40081	40082

项目6 施工临时工程及独立费用概算编制

【教学内容】

本项目主要学习施工临时工程概算和独立费用编制方法。编制施工临时工程概算时，施工导流工程必须采用单价法进行编制，其余部分可采用单价法、指标法、公式法或百分率法进行编制。编制独立费用的项目概算时，主要采用指标法和百分率法进行编制。

【教学要求】

熟悉施工临时工程项目的组成，掌握临时工程概算的编制方法。熟悉独立费用的费用构成，掌握独立费用概算的编制方法。

任务6.1 施工临时工程概算编制

6.1.1 施工临时工程概述

在水利水电基本建设工程项目的施工准备阶段和建设过程中，为保证永久建筑安装工程施工的顺利进行，按照施工进度的要求，需要修建一系列的临时性工程，不论这些工程结构如何，均视为临时工程。临时工程包括施工导流工程、施工交通工程、施工房屋建筑工程、施工场外供电工程以及其他施工临时工程。其他小型临时工程以现场经费形式直接进入工程单价。

施工临时工程投资是水利水电建设项目投资的重要组成部分，一般占工程总投资的8%～17%。如丹江口水利水电工程中临时工程占总投资的16.8%，葛洲坝工程占17%，龙羊峡工程占14%。水利水电工程建设本身的特点，决定了临时工程规模大、项目多、投资高、各水利水电工程之间相差大。因此，对于施工临时工程必须按永久工程的概算编制方法，认真划分施工临时工程项目，编制好各工程单价和指标。所以，按现行项目划分规定，把临时工程划分为一大部分。在编制概算时，应区别不同工程情况，根据施工组织设计确定的工程项目和工程量，分别采用工程量乘单价法、扩大单位指标法、公式法及百分率法认真编制。

6.1.2 施工临时工程项目的组成部分

按现行项目划分规定，施工临时工程包括施工导流工程、施工交通工程、施工场外供电工程、施工房屋建筑工程、其他施工临时工程，共五个一级项目，构成水利水电工程项目划分的第四部分。

6.1.2.1 施工导流工程

施工导流工程包括导流明渠工程、导流洞工程、土石围堰工程、混凝土围堰工程、蓄水期下游供水工程、金属结构设备及安装工程等。

6.1.2.2 施工交通工程

施工交通工程是指为保证工程建设而临时修建的公路、铁路、桥梁、码头、施工支洞、架空索道、施工通航建筑、施工过木、通航整治及转运站等工程。但不包括列入施工房屋建筑工程室外工程项内的生活区道路和列入其他临时工程项内的施工企业场内支线、路面宽3 m以下的施工便道和铁路移设等工程。

6.1.2.3 施工场外供电工程

施工场外供电工程是指从现有电网向施工现场供电的高压输电线路(枢纽工程:35 kV及以上等级;引水工程及河道工程:10 kV及以上等级)和施工变(配)电设施(场内除外)工程。

6.1.2.4 施工房屋建筑工程

施工房屋建筑工程是指工程在建设过程中建造的临时房屋,包括施工仓库、办公生活及文化福利建筑以及所需的配套设施工程。施工仓库是指为施工而兴建的设备、材料、工器具等全部仓库建筑工程,办公生活及文化福利建筑是指施工单位、建设单位(包括监理单位)及设计代表在工程建设期所需的办公室、宿舍、托儿所、学校、食堂、浴池、俱乐部、招待所、公安、消防、银行、邮电、粮食、商业网点和其他文化福利设施等房屋建筑工程。

施工房屋建筑工程不包括列入临时设施和其他大型临时工程项目内的风、水、电、通信系统,砂石料系统,混凝土搅拌系统及浇筑系统,木工、钢筋机修等辅助加工厂,混凝土预制构件厂,混凝土制冷、供热系统、施工排水等生产用房。

6.1.2.5 其他施工临时工程

其他施工临时工程是指除施工导流、施工交通、施工场外供电、施工房屋建筑、缆机平台以外的施工临时工程。主要包括施工供水(大型泵房及干管)、砂石料系统、混凝土拌和浇筑系统、大型机械安装拆卸、防汛、防冰、施工排水、施工通信、施工临时支护设施(含隧洞临时钢支撑)等工程。

6.1.3 施工临时工程的概算编制

6.1.3.1 施工导流工程

施工导流工程的投资计算方法与主体建筑工程概算编制方法相同,按设计工程量乘工程单价进行计算。

按照施工组织设计确定的施工方法及施工程序,用相应的工程定额计算工程单价,概算表格与建筑工程相同,按项目划分规定填写具体的工程项目,对项目划分中的三级项目,根据需要可进行必要的再划分。

6.1.3.2 施工交通工程

施工交通工程的投资既可按工程量乘单价的方法进行计算,也可根据工程所在地区的造价指标或有关实际资料,采用扩大单位指标法进行计算。在编制概算时,由于受设计深度限制,常采用单位造价指标进行编制。

6.1.3.3 施工场外供电工程

施工场外供电工程的投资按照施工组织设计确定的供电线路长度、电压等级及所需配备的变配电设施要求,采用工程所在地的造价指标或有关实际资料计算,或者根据经过主管部门批准的有关施工合同价格列入概算。

6.1.3.4 施工房屋建筑工程

施工房屋建筑工程投资包括施工仓库和办公生活及文化福利建筑两部分投资。

1.施工仓库

施工仓库的建筑面积由施工组织设计确定,单位造价指标根据当地办公生活及文化福利建筑的相应造价水平确定。施工仓库投资计算公式为:

$$施工仓库投资 = 建筑面积(m^2) \times 单位造价指标(元/m^2) \tag{6-1}$$

2.办公生活及文化福利建筑

(1)水利水电枢纽工程和大型引水工程,按式(6-2)计算:

$$I = \frac{AUP}{NL}K_1K_2K_3 \tag{6-2}$$

式中 I——办公生活及文化福利建筑工程投资;

A——建安工作量,按工程项目划分为一至四部分建安工作量(不包括办公、生活及文化福利建筑和其他施工临时工程)之和乘以(1+其他施工临时工程百分率)计算;

U——人均建筑面积综合指标,按12~15 m^2/人计算;

P——单位造价指标,按工程所在地类似永久房屋造价指标(元/m^2)计算;

N——施工年限,按施工组织设计确定的合理工期计算;

L——全员劳动生产率,按不低于80 000~100 000元/(人·年)计算,施工机械化程度高取大值,反之取小值,以采用掘进机为主的工程全员劳动生产率应适当提高;

K_1——施工高峰人数调整系数,取1.10计算;

K_2——室外工程系数,取1.10~1.15计算,地形条件差的可取大值,反之取小值;

K_3——单位造价指标调整系数,按不同施工年限,采用表6-1中的调整系数。

表6-1 单位造价指标调整系数表

工期	2年以内	2~3年	3~5年	5~8年	8~11年
系数	0.25	0.40	0.55	0.70	0.80

(2)引水工程按一至四部分建安工作量的百分率计算,见表6-2。

表6-2 引水工程施工房屋建筑工程费率表

工期	百分率	工期	百分率
≤3年	1.5%~2.0%	>3年	1.0%~1.5%

注:1.一般引水工程取中上限,大型引水工程取下限。

2.掘进机施工隧洞工程按表中费率乘0.5调整系数。

(3)河道工程按一至四部分建安工作量的百分率计算,见表6-3。

表6-3 河道工程施工房屋建筑工程费率表

工期	百分率	工期	百分率
≤3年	1.5%~2.0%	>3年	1.0%~1.5%

6.1.3.5 其他施工临时工程

按工程一至四部分建安工作量(不包括其他施工临时工程)之和的百分率计算。

(1)枢纽工程为3.0%~4.0%。

(2)引水工程为2.5%~3.0%。一般引水工程取下限,隧洞、渡槽等大型建筑物较多的引水工程、施工条件复杂的引水工程取上限。

(3)河道工程为0.5%~1.5%。灌溉田间工程取下限,建筑物较多、施工排水量大或施工条件复杂的河道工程取上限。

任务6.2 独立费用概算编制

水利建设工程独立费用是指按照基本建设工程投资统计包括范围的规定,应在投资中支付并列入建设项目概算或单项工程综合概算内,与工程直接有关而又难以直接摊入某个单位工程的其他工程费用。独立费用由建设管理费、工程建设监理费、联合试运转费、生产准备费、科研勘测设计费和其他六个部分内容组成。

6.2.1 建设管理费

6.2.1.1 枢纽工程

枢纽工程建设管理费以一至四部分建安工作量为计算基数,按表6-4所列费率,以超额累进方法计算。

表6-4 枢纽工程建设管理费费率表

一至四部分建安工作量(万元)	费率(%)	辅助参数(万元)
50 000及以内	4.5	0
50 000~100 000	3.5	500
100 000~200 000	2.5	1 500
200 000~500 000	1.8	2 900
500 000以上	0.6	8 900

简化计算公式为:一至四部分建安工作量×该档费率+辅助参数(下同)。

6.2.1.2 引水工程

引水工程建设管理费以一至四部分建安工作量为计算基数,按表6-5所列费率,以超额累进方法计算。原则上应按整体工程投资统一计算,工程规模较大时可分段计算。

表6-5　引水工程建设管理费费率表

一至四部分建安工作量(万元)	费率(%)	辅助参数(万元)
50 000及以内	4.2	0
50 000~100 000	3.1	550
100 000~200 000	2.2	1 450
200 000~500 000	1.6	2 650
500 000以上	0.5	8 150

6.2.1.3　河道工程

河道工程建设管理费以一至四部分建安工作量为计算基数,按表6-6所列费率,以超额累进方法计算。原则上应按整体工程投资统一计算,工程规模较大时可分段计算。

表6-6　河道工程建设管理费费率表

一至四部分建安工作量(万元)	费率(%)	辅助参数(万元)
10 000及以内	3.5	0
10 000~50 000	2.4	110
50 000~100 000	1.7	460
100 000~200 000	0.9	1 260
200 000~500 000	0.4	2 260
500 000以上	0.2	3 260

6.2.2　工程建设监理费

工程建设监理费按国家最新颁布的相关规定执行。

6.2.3　联合试运转费

联合试运转费用指标见表6-7。

表6-7　联合试运转费用指标表

水电站工程	单机容量(万kW)	≤1	≤2	≤3	≤4	≤5	≤6	≤10	≤20	≤30	≤40	>40
	费用(万元/台)	6	8	10	12	14	16	18	22	24	32	44
泵站工程	电力泵站	50~60元/kW										

6.2.4 生产准备费

6.2.4.1 生产及管理单位提前进厂费

(1)枢纽工程按一至四部分建安工作量的0.15%~0.35%计算,大(1)型工程取小值,大(2)型工程取大值。

(2)引水工程视工程规模参照枢纽工程计算。

(3)河道工程、除险加固工程、田间工程原则上不计此项费用。若工程含有新建大型泵站、泄洪闸、船闸等建筑物,按建筑物投资参照枢纽工程计算。

6.2.4.2 生产职工培训费

按一至四部分建安工作量的0.35%~0.55%计算。枢纽工程、引水工程取中上限,河道工程取下限。

6.2.4.3 管理用具购置费

(1)枢纽工程按一至四部分建安工作量的0.04%~0.06%计算,大(1)型工程取小值,大(2)型工程取大值。

(2)引水工程按建安工作量的0.03%计算。

(3)河道工程按建安工作量的0.02%计算。

6.2.4.4 备品备件购置费

按占设备费的0.4%~0.6%计算。大(1)型工程取下限,其他工程取中、上限。

注:①设备费应包括机电设备、金属结构设备以及运杂费等全部设备费;②电站、泵站同容量、同型号机组超过一台时,只计算一台的设备费。

6.2.4.5 工器具及生产家具购置费

按占设备费的0.1%~0.2%计算。枢纽工程取下限,其他工程取中、上限。

6.2.5 科研勘测设计费

6.2.5.1 工程科学研究试验费

按工程建安工作量的百分率计算。其中:枢纽工程和引水工程取0.7%,河道工程取0.3%。

灌溉田间工程一般不计此项费用。

6.2.5.2 工程勘测设计费

项目建议书、可行性研究阶段的勘测设计费及报告编制费,执行国家发展改革委发改价格〔2006〕1352号文颁布的《水利、水电、电力建设项目前期工作工程勘察收费暂行规定》和国家计委计价格〔1999〕1283号文颁布的《建设项目前期工作咨询收费暂行规定》。

初步设计、招标设计及施工图设计阶段的勘测设计费,执行国家计委、建设部颁布的相关规定。

应根据所完成的相应勘测设计工作阶段确定工程勘测设计费,未发生的工作阶段不计相应阶段勘测设计费。

6.2.6 其他

6.2.6.1 工程保险费

按工程一至四部分投资合计的4.5‰~5.0‰计算，田间工程原则上不计此项费用。

6.2.6.2 其他税费

按国家有关规定计取。

思考与练习题

6-1 施工临时工程主要包括哪几部分?

6-2 独立费用由哪几部分组成?

6-3 引水工程的管理用具购置费是否按建安工作量的百分比计取?

6-4 根据《编规》,工程保险费是否属于独立费用?

项目7　水利工程总概算编制

【教学内容】

本项目主要学习工程量的计算方法,各分部工程概算的编制方法,分年度投资和资金流量的编制方法,预备费、建设期融资利息、静态总投资和总投资的计算方法及工程总概算表的编制方法。

【教学要求】

通过本项目学习,了解工程量的计算方法、各分部工程概算的编制方法、分年度投资和资金流量概念的编制方法、预备费和建设期融资利息的计算方法;掌握静态总投资和总投资的计算方法;掌握工程总概算表的编制方法。

任务7.1　水利工程总概算编制概述

水利工程概算包括两项内容:一项是工程部分概算,另一项是移民和环境部分概算。工程部分概算包括建筑工程、机电设备及安装工程、金属结构设备及安装工程、施工临时工程和独立费用五大部分。

7.1.1　水利工程总概算编制依据

根据水利部水总〔2014〕429号文《水利工程设计概(估)算编制规定》,水利工程概算文件编制的依据主要包括:

(1)国家及省(自治区、直辖市)颁发的有关法令法规、制度、规程。

(2)水利工程设计概(估)算编制规定。

(3)水利行业主管部门颁发的概算定额和有关行业主管部门颁发的定额。

(4)水利水电工程设计工程量计算规定。

(5)初步设计文件及图纸。

(6)有关合同协议及资金筹措方案。

(7)其他。

7.1.2　水利工程总概算编制程序

7.1.2.1　预备费

1.基本预备费

基本预备费主要是为解决在工程建设过程中,设计变更、有关技术标准调整增加的投资,工程遭受一般自然灾害所造成的损失,以及为预防自然灾害所采取的措施费用。

根据工程规模、地质条件、施工年限等不同情况,依据分年度投资表,按工程一至五部分投资合计的百分率计算。初步设计阶段为 5.0% ~8.0%。技术复杂、建设难度大的工程项目取大值,其他工程取中小值。

2. 价差预备费

价差预备费主要是为解决在工程项目建设过程中,因人工工资、材料、设备价格上涨及费用标准调整而增加的投资。

根据施工年限,以资金流量表的静态投资为计算基数。按有关部门适时发布的年物价指数计算。计算公式为:

$$E = \sum_{n=1}^{N} F_n[(1+P)^n - 1] \tag{7-1}$$

式中　E——价差预备费;

N——合理建设工期;

n——施工年度;

F_n——建设期间资金流量表内第 n 年的投资;

P——年物价指数。

7.1.2.2　建设期融资利息

根据国家财政金融政策规定,建设期融资利息是指工程在建设期内需偿还并应计入工程总投资的融资利息。计算公式为:

$$S = \sum_{n=1}^{N}\left[\left(\sum_{m=1}^{n} F_m b_m - \frac{1}{2}F_n b_n\right) + \sum_{m=0}^{n-1} S_m\right] i \tag{7-2}$$

式中　S——建设期融资利息;

N——合理建设工期;

n——施工年度;

m——还息年度;

F_n、F_m——在建设期资金流量表内第 n 年、m 年的投资;

b_n、b_m——各施工年份融资额占当年投资比例;

i——建设期融资利率;

S_m——第 m 年的付息额度。

7.1.2.3　静态总投资

工程部分静态投资为一至五部分投资与基本预备费之和。编制工程部分总概算表时,在第五部分独立费用之后,应顺序计列以下项目:

(1)一至五部分投资合计。

(2)基本预备费。

(3)静态投资。

工程部分、建设征地移民补偿、环境保护工程、水土保持工程的静态投资之和构成静态总投资。

7.1.2.4　总投资

总投资为静态总投资、价差预备费、建设期融资利息之和。

编制工程概算总表时,在工程投资总计中应顺序计列以下项目:

(1)静态总投资(汇总各部分静态投资)。

(2)价差预备费。

(3)建设期融资利息。

(4)总投资。

7.1.3 水利工程总概算编制

(1)工程部分概算。按一级项目如挡水、泄水、引水、发电等项目划分,汇总一至五部分概算。并按照建筑安装工程费、设备购置费、独立费用分别填列。其顺序为建筑工程概算、机电设备及安装工程概算、金属结构设备及安装工程概算、施工临时工程概算、独立费用概算。

工程部分概算按项目划分的五部分填表并列至一级项目。五部分之后的内容为:一至五部分投资合计、基本预备费、静态总投资。

(2)建设征地移民补偿概算编制。

(3)环境保护工程概算编制。

(4)水土保持工程概算编制。

(5)总概算编制。工程概算总表应汇总工程部分、建设征地移民补偿、环境保护工程、水土保持工程总概算表。工程概算总表由工程部分的总概算表与建设征地移民补偿、环境保护工程、水土保持工程的总概算表汇总计算而成(见表1-1)。其中,Ⅰ为工程部分总概算,按项目划分的五部分填表并列示至一级项目;Ⅱ为建设征地移民补偿总概算,列示至一级项目;Ⅲ为环境保护工程总概算;Ⅳ为水土保持工程总概算;Ⅴ包括静态总投资(Ⅰ~Ⅳ静态投资合计)、价差预备费、建设期融资利息、总投资。

任务7.2 水利工程工程量计算

工程概算主要是以工程量乘以工程单价来计算的,因此工程量计算是编制工程概算的基本要素之一。工程量计算的准确与否,是衡量设计概算质量好坏的重要标志之一。编制概算者,除具有本专业的知识外,还应具有一定的水工、施工、机电、金属结构等方面的专业知识。在编制概算时,应认真查阅设计图纸,对各专业提供的设计工程量逐一核对,凡不符合概算编制要求的应及时向设计人员提出修正。

水利水电工程工程量计算按照现行《水利水电工程设计工程量计算规定》(SL 328—2005)执行。

7.2.1 工程量计算规定

7.2.1.1 总则

(1)水利水电工程各设计阶段的设计工程量,是设计工作的重要成果和编制工程概(估)算的主要依据。适用于大、中型水利水电工程项目的项目建议书、可行性研究和初步设计阶段的设计工程量计算。

(2)按照不同设计阶段设计报告编制规程的要求,永久工程和主要施工临时工程的工程量,均应符合工程项目划分的要求。

(3)各设计阶段计算的工程量乘以相应的阶段系数(见表7-1)后,作为设计工程量提供给造价专业编制工程概(估)算。

表7-1　水利水电工程设计工程量阶段系数表

类别		永久工程或建筑物			施工临时工程		
设计施工		项目建议书	可行性研究	初步设计	项目建议书	可行性研究	初步设计
土石方开挖工程量(万 m^3)	<50	1.09~1.11	1.06~1.08	1.04~1.05	1.12~1.15	1.10~1.13	1.08~1.10
	50~200	1.07~1.09	1.04~1.06	1.03~1.04	1.10~1.12	1.08~1.10	1.06~1.08
	200~500	1.05~1.07	1.03~1.04	1.02~1.03	1.07~1.10	1.06~1.08	1.04~1.06
	>500	1.03~1.05	1.02~1.03	1.01~1.02	1.05~1.07	1.04~1.06	1.02~1.04
混凝土工程量(万 m^3)	<50	1.09~1.11	1.06~1.08	1.04~1.05	1.12~1.15	1.10~1.13	1.08~1.10
	50~100	1.07~1.09	1.04~1.06	1.03~1.04	1.10~1.12	1.08~1.10	1.06~1.08
	100~300	1.05~1.07	1.03~1.04	1.02~1.03	1.07~1.10	1.06~1.08	1.04~1.06
	>300	1.03~1.05	1.02~1.03	1.01~1.02	1.05~1.07	1.04~1.06	1.02~1.04
土石方填筑、砌石工程量(万 m^3)	<50	1.09~1.11	1.06~1.08	1.04~1.05	1.12~1.15	1.10~1.13	1.08~1.10
	50~200	1.07~1.09	1.04~1.06	1.03~1.04	1.10~1.12	1.08~1.10	1.06~1.08
	200~500	1.05~1.07	1.03~1.04	1.02~1.03	1.07~1.10	1.06~1.08	1.04~1.06
	>500	1.03~1.05	1.02~1.03	1.01~1.02	1.05~1.07	1.04~1.06	1.02~1.04
钢筋(t)		1.08	1.06	1.03	1.10	1.08	1.05
钢材(t)		1.06	1.05	1.03	1.10	1.08	1.05
模板(t)		1.11	1.08	1.05	1.12	1.09	1.06
灌浆(t)		1.16	1.15	1.10	1.18	1.17	1.12

注:1.若采用混凝土立模面系数乘以混凝土工程量计算模板工程量时,不应再考虑模板阶段系数。

2.若采用混凝土含钢率或含钢量乘以混凝土工程量计算钢筋工程量时,不应再考虑钢筋阶段系数。

3.截流工程的工程量阶段系数可取1.25~1.35。

(4)施工中允许的超挖量、超填量、合理的施工附加量及施工操作损耗,已计入概算定额,不应包括在设计工程量中。

7.2.1.2　永久工程建筑工程量

土石方开挖工程量应按岩土分类级别计算,并将明挖、暗挖分开。明挖宜分一般、坑槽、基础、坡面等;暗挖宜分平洞、斜井、竖井和地下厂房等。

土石方填(砌)筑工程工程量计算应符合下列规定:

(1)土石方填筑工程量应根据建筑物设计断面中不同部位不同填筑材料的设计要求分别计算,以建筑物实体方计量。

(2)砌筑工程量应按不同砌筑材料、砌筑方式(干砌、浆砌等)和砌筑部位分别计算,以建筑物砌体方计量。

疏浚与吹填工程的工程量计算应符合下列规定:

(1)疏浚工程量的计算,宜按设计水下方计量,开挖过程中的超挖及回淤量不应计入。

(2)吹填工程量的计算,除考虑吹填区填筑量,还应考虑吹填土层固结沉降、吹填区地基沉降和施工期泥沙流失等因素。计量单位为水下方。

土工合成材料工程量宜按设计铺设面积或长度计算,不应计入材料搭接及各种型式嵌固的用量。

混凝土工程量计算应以成品实体方计量,并应符合下列规定:

(1)项目建议书阶段混凝土工程量宜按工程各建筑物分项、分强度、分级配计算。可行性研究和初步设计阶段混凝土工程量应根据设计图纸分部位、分强度、分级配计算。

(2)碾压混凝土宜提出工法,沥青混凝土宜提出开级配或密级配。

(3)钢筋混凝土的钢筋可按含钢率或含钢量计算。混凝土结构中的钢衬工程量应单独列出。

混凝土立模面积应根据建筑物结构体形、施工分缝要求和使用模板的类型计算。

钻孔灌浆工程量计算应符合下列规定:

(1)基础固结灌浆与帷幕灌浆工程量,自起灌基面算起,钻孔长度自实际孔顶高程算起。基础帷幕灌浆采用孔口封闭的,还应计算灌注孔口管的工程量,根据不同孔口管长度以孔为单位计算。地下工程的固结灌浆,其钻孔和灌浆工程量根据设计要求以 m 计。

(2)回填灌浆工程量按设计的回填接触面积计算。

(3)接触灌浆和接缝灌浆的工程量,按设计所需面积计算。

混凝土地下连续墙的成槽和混凝土浇筑工程量应分别计算,并应符合下列规定:

(1)成槽工程量按不同墙厚、孔深和地层以面积计算。

(2)混凝土浇筑的工程量,按不同墙厚和地层以成墙面积计算。

锚固工程量可按下列要求计算:

(1)锚杆支护工程量,按锚杆类型、长度、直径和支护部位及相应岩石级别以根数计算。

(2)预应力锚索的工程量按不同预应力等级、长度、型式及锚固对象以束计算。

喷混凝土工程量应按喷射厚度、部位及有无钢筋以体积计,回弹量不应计入。喷浆工程量应根据喷射对象以面积计。

混凝土灌注桩钻孔和灌筑混凝土工程量应分别计算,并应符合下列规定:

(1)混凝土灌注桩钻孔工程量按不同地层类别以钻孔长度计。

(2)灌筑混凝土工程量按不同桩径以桩长度计。

枢纽工程对外公路的工程量,项目建议书和可行性研究阶段可根据 1:50 000～1:10 000的地形图按设计推荐(或选定)的线路,分公路等级以长度计算工程量。初步设计阶段应根据不小于 1:5 000 的地形图按设计确定的公路等级提出长度或具体工程量。

场内永久公路中的主要交通道路,项目建议书和可行性研究阶段应根据 1:10 000～1:5 000的施工总平面布置图,按设计确定的公路等级以长度计算工程量。初步设计阶段应根据 1:5 000～1:2 000 的施工总平面布置图,按设计要求提出长度或具体工程量。

引(供)水、灌溉等工程的永久公路工程量可参照上述要求计算。

桥梁、涵洞按工程等级分别计算,提出延米或具体工程量。

永久供电线路工程量,按电压等级、回路数以长度计算。

7.2.1.3 施工临时工程的工程量

(1)施工导流工程工程量计算要求与永久水工建筑物计算要求相同,其中永久与临时结合的部分应计入永久工程量中,阶段系数按施工临时工程计取。

(2)施工支洞工程量应按永久水工建筑物工程量计算要求进行计算,阶段系数按施工临时工程计取。

(3)大型施工设施及施工机械布置所需土建工程量,按永久建筑物的要求计算工程量,阶段系数按施工临时工程计取。

(4)施工临时公路的工程量可根据相应设计阶段施工总平面布置图或设计提出的运输线路分等级计算公路长度或具体工程量。

(5)施工供电线路工程量可按设计的线路走向、电压等级和回路数计算。

7.2.1.4 金属结构工程量

(1)水工建筑物的各种钢闸门和拦污栅的工程量以 t 计,项目建议书可按已建工程类比确定;可行性研究阶段可根据初选方案确定的类型和主要尺寸计算;初步设计阶段应根据选定方案的设计尺寸和参数计算。

各种闸门和拦污栅的埋件工程量计算均应与其主设备工程量计算精度一致。

(2)启闭设备工程量计算,宜与闸门和拦污栅工程量计算精度相适应,并分别列出设备重量(t)和数量(台、套)。

(3)压力钢管工程量应按钢管型式(一般、叉管)、直径和壁厚分别计算,以 t 为计量单位,不应计入钢管制作与安装的操作损耗量。

7.2.2 工程量计算的基本原则

7.2.2.1 工程项目的设置

工程项目的设置必须与概算定额子目划分相适应。如:土石方开挖工程应按土壤类别、岩石级别分列;土石方填筑工程应按土方、堆石料、反滤层、垫层料等分列。再如钻孔灌浆工程,概算定额中一般将钻孔、灌浆单列。因此,在计算工程量时,钻孔、灌浆也应分开计算。

7.2.2.2 计量单位

工程量的计量单位要与定额子目的单位相一致。有的工程项目的工程量可以用不同的计量单位表示,如喷混凝土,可以用“m^2”表示,也可以用“m^3”表示;混凝土防渗墙可以用阻水面积“m^2”,也可以用进尺“m”或混凝土浇筑方量“m^3”来表示。因此,设计提供的工程量单位要与选用的定额单位相一致,否则,应按有关规定进行换算。

7.2.2.3 工程量计算

1. 设计工程量

设计工程量就是图纸工程量乘以设计阶段系数的工程量。利用施工图设计阶段成果计算工程造价时,不论是预算或是调整概算,其施工图设计阶段系数均为 1.00,即设计工程量就是图纸工程量。

工程量计算按照现行《水利水电工程设计工程量计算规定》(SL 328—2005)执行。新的工程量计算规则颁布后,按新规则计算。可行性研究、初步设计阶段的设计工程量是按照建筑物和工程的几何轮廓尺寸计算的数量乘以表7-1所示的不同设计阶段系数而得出。

2. 施工超挖工程量

施工超填量是指由于施工超挖及施工附加相应增加的工程量。在水利水电工程施工中一般不允许欠挖。为保证建筑物的设计尺寸,在实际施工中施工超挖自然不可避免,施工中允许一定的超挖量。

影响施工超挖工程量的主要因素有施工方法、施工技术及管理水平、地质条件等。

3. 施工超填工程量

施工超填工程量是指由施工超挖量、施工附加量相应增加的回填工程量。

4. 施工附加量

施工附加量是指为完成本项目工程而必须增加的工程量,如土方工程中的取土坑、试验坑,隧洞工程中的为满足交通、放炮要求而设置的内错车道、避炮洞及下部扩挖所需增加的工程量。

需要注意的是:概算定额已按有关施工规范计入合理的超挖量、超填量和施工附加量,故采用概算定额编制概(估)算时,工程量不应再计算这三项工程量。而预算定额中均未计入这三项工程量,因此,采用预算定额编制概(估)算时,其开挖工程和填筑工程的工程量应按开挖设计断面和有关施工技术规范所规定的加宽及增放坡度计算。

采用预算定额时,超挖、超填量及施工附加量一般按以下规定计算:

(1)地下建筑物开挖规范允许超挖量及施工附加量,可在设计尺寸上按半径加大20 cm计算。

(2)水工建筑物岩石基础开挖允许超挖量及施工附加量。①平面高程,一般应不大于20 cm。②边坡依开挖高度而异:开挖高度在8 m以内,应不大于20 cm;开挖高度在8~15 m,应不大于30 cm;开挖高度在15~30 m,应不大于50 cm。

5. 施工损耗量

施工损耗量包括体积变化损失量、运输及操作损耗量及其他损耗量。体积变化损失量是指土石方填筑工程中施工期沉陷而增加的工程量、混凝土体积收缩而增加的工程量等。运输及操作损耗量是指土石方、混凝土在运输及操作过程中的损耗,以及围垦工程、堵坝抛填工程的冲损等。其他损耗量是指土石方填筑工程施工后,按设计边坡要求的削坡损失工程量,接缝削坡损失工程量,土坝的雨后坝面清理损失工程量,混凝土防渗墙一、二期墙槽接头孔重复造孔和混凝土浇筑等增加的工程量。

概算定额对这几项损耗已按有关规定计入相应定额之中,而预算定额未包括混凝土防渗墙接头处理所增加的工程量,因此采用不同的定额编制工程单价时应仔细阅读有关定额说明,以免漏算或重算。

6. 质量检查工程量

质量检查工程量包括基础处理工程检查量和其他检查工程量。

7. 试验工程量

爆破试验、碾压试验、级配试验、灌浆试验等大型试验均为设计工作提供重要参数，应列入勘测设计费的专项费用或工程科研试验费中。

7.2.3 建筑工程量计算

7.2.3.1 土石方工程量计算

土石方开挖工程量，应根据设计开挖图纸，按不同土壤和岩石类别分别进行计算；石方开挖工程应将明挖、槽挖、水下开挖、平洞、斜井和竖井开挖等分别计算。

土石方填筑工程量，应根据建筑物设计断面中的不同部位及其不同材料分别进行计算，其沉陷量应包括在内。

7.2.3.2 砌石工程量计算

砌石工程量应按建筑物设计图纸的几何轮廓尺寸，以"建筑成品方"计算。

砌石工程量应将干砌石和浆砌石分开。干砌石应按干砌卵石、干砌块石，同时还应按建筑物或构筑物的不同部位及型式，如护坡（平面、曲面）、护底、基础、挡土墙、桥墩等分别计列；浆砌石按浆砌块石、卵石、条料石，同时尚应按不同的建筑物（浆砌石拱圈明渠、隧洞、重力坝）及不同的结构部位分项计列。

7.2.3.3 混凝土及钢筋混凝土工程量计算

混凝土及钢筋混凝土工程量应根据建筑物的不同部位及混凝土的设计标号分别计算。

钢筋及埋件、设备基础螺栓孔洞工程量应按设计图纸所示的尺寸并按定额计量单位计算，例如大坝的廊道、钢管道、通风井、船闸侧墙的输水道等，应扣除孔洞所占体积。

计算地下工程（如隧洞、竖井、地下厂房等）混凝土的衬砌工程量时，若采用水利建筑工程概算定额，应以设计断面的尺寸为准；若采用预算定额，应包括设计衬砌厚度加允许超挖部分的工程量，但不包括允许超挖范围以外增加超挖所充填的混凝土量。

7.2.3.4 钻孔灌浆工程量

钻孔工程量按实际钻孔深度计算，计量单位为 m。计算钻孔工程量时，应按不同岩石类别分项计算，混凝土钻孔一般按粗骨料的岩石级别计算。

灌浆工程量从基岩面起计算，计算单位为 m 或 m^2。计算工程量时，应按不同岩层的不同透水率或单位干料耗量分别计算。

隧洞回填灌浆，其工程量一般按在顶拱中心角 120°范围内的拱背面积计算，高压管道回填灌浆按钢管外径面积计算工程量。

混凝土防渗墙工程量，按设计的阻水面积计算，计量单位为 m^2。

任务 7.3 建筑工程概算编制

建筑工程概算按主体建筑工程、交通工程、房屋建筑工程、供电设施工程、其他建筑工程分别采用不同的方法编制。

7.3.1 主体建筑工程

（1）主体建筑工程概算按设计工程量乘以工程单价进行编制。

(2)主体建筑工程量应遵照《水利水电工程设计工程量计算规定》(SL 328—2005),按项目划分要求,计算到三级项目。

(3)当设计对混凝土施工有温控要求时,应根据温控措施设计,计算温控措施费用,也可以经过分析确定指标后,按建筑物混凝土方量进行计算。

(4)细部结构工程,参照水工建筑工程细部结构指标表确定,见表7-2。

表7-2 水工建筑工程细部结构指标表

项目名称	混凝土重力坝、重力拱坝、宽缝重力坝、支墩坝	混凝土双曲拱坝	土坝、堆石坝	水闸	冲砂闸、泄洪闸	进水口、进水塔	溢洪道	隧洞
单位	元/m^3(坝体方)			元/m^3(混凝土)				
综合指标	16.2	17.2	1.15	48	42	19	18.1	15.3
项目名称	竖井、调压井	高压管道	电(泵)站地面厂房	电(泵)站地下厂房	船闸	倒虹吸、暗渠	渡槽	明渠(衬砌)
单位	元/m^3(混凝土)							
综合指标	19	4	37	57	30	17.7	54	8.45

注:1. 表中综合指标包括多孔混凝土排水管、廊道木模制作与安装、止水工程(面板坝除外)、伸缩缝工程、接缝灌浆管路、冷却水管路、栏杆、照明工程、爬梯、通气管道、排水工程、排水渗井钻孔及反滤料、坝坡踏步、孔洞钢盖板、厂房内上下水工程、防潮层、建筑钢材及其他细部结构工程。

2. 表中综合指标仅包括基本直接费内容。

3. 改扩建及加固工程根据设计确定细部结构工程的工程量。其他工程,如果工程设计能够确定细部结构工程的工程量,可按设计工程量乘以工程单价进行计算,不再按表中指标计算。

7.3.2 交通工程

交通工程投资按设计工程量乘以单价进行计算,也可根据工程所在地区造价指标或有关实际资料,采用扩大单位指标编制。

7.3.3 房屋建筑工程

7.3.3.1 永久房屋建筑

(1)用于生产、办公的房屋建筑面积,由设计单位按有关规定结合工程规模确定,单位造价指标根据当地相应建筑造价水平确定。

(2)值班宿舍及文化福利建筑的投资按主体建筑工程投资的百分率计算。

枢纽工程

投资≤50 000万元 1.0%~1.5%

50 000万元<投资≤100 000万元 0.8%~1.0%

投资>100 000万元 0.5%~0.8%

引水工程 0.4%~0.6%

河道工程 0.4%

注:投资小或工程位置偏远者取大值,反之取小值。

(3)除险加固工程(含枢纽、引水、河道工程)、灌溉田间工程的永久房屋建筑面积由设计单位根据有关规定结合工程建设需要确定。

7.3.3.2 室外工程投资

一般按房屋建筑工程投资的15% ~20%计算。

7.3.4 供电设施工程

供电设施工程根据设计的电压等级、线路架设长度及所需配备的变配电设施要求,采用工程所在地区造价指标或有关实际资料计算。

7.3.5 其他建筑工程

(1)安全监测设施工程,指属于建筑工程性质的内外部观测设施。安全监测设施工程项目投资应按设计资料计算。如无设计资料,可根据坝型或其他工程型式,按照主体建筑工程投资的百分率计算。

当地材料坝	0.9% ~1.1%
混凝土坝	1.1% ~1.3%
引水式电站(引水建筑物)	1.1% ~1.3%
堤防工程	0.2% ~0.3%

(2)动力线路、照明线路、通信线路等三项工程投资按设计工程量乘以单价或采用扩大单位指标编制。

(3)其余各项按设计要求分析计算。

设备费计算方法详见项目5,临时工程和独立费用计算方法详见项目6,在此不再赘述。

任务7.4 分年度投资及资金流量

7.4.1 分年度投资

分年度投资是根据施工组织设计确定的施工进度和合理工期而计算出的工程各年度预计完成的投资额。

7.4.1.1 建筑工程

(1)建筑工程分年度投资表应根据施工进度的安排,对主要工程按各单项工程分年度完成的工程量和相应的工程单价计算。对于次要的和其他工程,可根据施工进度,按各年所占完成投资的比例,摊入分年度投资表。

(2)建筑工程分年度投资的编制可视不同情况按项目划分列至一级项目或二级项目,分别反映各自的建筑工程量。

7.4.1.2 设备及安装工程

设备及安装工程分年度投资应根据施工组织设计确定的设备安装进度计算各年预计完成的设备费和安装费。

7.4.1.3　**独立费用**

根据费用的性质和费用发生的时段,按相应年度分别进行计算。

7.4.1.4　**分年度投资表**

编制分年度投资表,可视不同情况按项目划分列示至一级项目或二级项目。分年度投资见表7-3。

表7-3　分年度投资表　　(单位:万元)

序号	项目	合计	建设工期(年)						
			1	2	3	4	5	6	…
Ⅰ	工程部分投资								
一	建筑工程								
1	建筑工程								
	×××工程(一级项目)								
2	施工临时工程								
	×××工程(一级项目)								
二	安装工程								
1	机电设备安装工程								
	×××工程(一级项目)								
2	金属结构设备安装工程								
	×××工程(一级项目)								
三	设备购置费								
1	机电设备								
	×××设备								
2	金属结构设备								
	×××设备								
四	独立费用								
1	建设管理费								
2	工程建设监理费								
3	联合试运转费								
4	生产准备费								
5	科研勘测设计费								
6	其他								
	一至四项合计								
	基本预备费								

续表 7-3

序号	项目	合计	建设工期(年)						
			1	2	3	4	5	6	…
	静态投资								
Ⅱ	建设征地移民补偿投资								
	…								
	静态投资								
Ⅲ	环境保护工程投资								
	…								
	静态投资								
Ⅳ	水土保持工程投资								
	…								
	静态投资								
Ⅴ	工程投资总计(Ⅰ～Ⅳ合计)								
	静态总投资								
	价差预备费								
	建设期融资利息								
	总投资								

7.4.2　资金流量

资金流量是为满足工程项目在建设过程中各时段的资金需求,按工程建设所需资金投入时间计算的各年度使用的资金量。资金流量表的编制以分年度投资表为依据,按建筑及安装工程、永久设备购置费和独立费用三种类型分别计算。本资金流量计算办法主要用于初步设计概算。

7.4.2.1　建筑及安装工程资金流量

(1)建筑工程可根据分年度投资表的项目划分,以各年度建筑工作量作为计算资金流量的依据。

(2)资金流量是在原分年度投资的基础上,考虑预付款、预付款的扣回、保留金和保留金的偿还等编制出的分年度资金安排。

(3)预付款一般可划分为工程预付款和工程材料预付款两部分。

①工程预付款按划分的单个工程项目的建安工作量的10%～20%计算,工期在3年以内的工程全部安排在第一年,工期在3年以上的可安排在前两年。工程预付款的扣回从完成建安工作量的30%起开始,按完成建安工作量的20%～30%扣回,至预付款全部回收完毕为止。

对于需要购置特殊施工机械设备或施工难度较大的项目,工程预付款可取大值,其他项目取中值或小值。

②工程材料预付款。水利工程一般规模较大,所需材料的种类及数量较多,提前备料所需资金较大,因此考虑向施工企业支付一定数量的材料预付款。可按分年度投资中次年完成建安工作量的20%在本年提前支付,并于次年扣回,以此类推,直至本项目竣工。

(4)保留金。水利工程的保留金,按建安工作量的2.5%计算。在计算概算资金流量时,按分项工程分年度完成建安工作量的5%扣留至该项工程全部建安工作量的2.5%时终止(即完成建安工作量的50%时),并将所扣的保留金100%计入该项工程终止后一年(如该年已超出总工期,则此项保留金计入工程的最后一年)的资金流量表内。

7.4.2.2 永久设备购置费资金流量

永久设备购置费资金流量,划分为主要设备和其他设备两种类型分别计算。

1.主要设备

主要设备为水轮发电机组、大型水泵、大型电机、主阀、主变压器、桥机、门机、高压断路器或高压组合电器、金属结构闸门启闭设备等。按设备到货周期确定各年资金流量比例,具体比例见表7-4。

表7-4 主要设备资金流量比例表 (%)

到货周期	年份					
	第1年	第2年	第3年	第4年	第5年	第6年
1年	15	75①	10			
2年	15	25	50①	10		
3年	15	25	10	40①	10	
4年	15	25	10	10	30①	10

注:①数据的年份为设备到货年份。

2.其他设备

其资金流量按到货前一年预付15%定金,到货年支付85%的剩余价款。

7.4.2.3 独立费用资金流量

独立费用资金流量主要是勘测设计费的支付方式,应考虑质量保证金的要求,其他项目则均按分年度投资表中的资金安排计算。

(1)可行性研究和初步设计阶段的勘测设计费按合理工期分年平均计算。

(2)施工图设计阶段勘测设计费的95%按合理工期分年平均计算,其余5%的勘测设计费用作为设计保证金,计入最后一年的资金流量表内。

7.4.2.4 编制资金流量表

需要编制资金流量表的项目,可视不同情况按项目划分列示至一级项目或二级项目,项目排列方法同分年度投资表。资金流量表应汇总征地移民、环境保护、水土保持部分投资,并计算总投资。资金流量表是资金流量计算表的成果汇总,具体见表7-5。

表 7-5　资金流量表　　（单位：万元）

序号	项目	合计	建设工期（年）						
			1	2	3	4	5	6	…
Ⅰ	工程部分投资								
一	建筑工程								
（一）	建筑工程								
	×××工程（一级项目）								
（二）	施工临时工程								
	×××工程（一级项目）								
二	安装工程								
（一）	机电设备安装工程								
	×××工程（一级项目）								
（二）	金属结构设备安装工程								
	×××工程（一级项目）								
三	设备购置费								
	…								
四	独立费用								
	…								
	一至四项合计								
	基本预备费								
	静态投资								
Ⅱ	建设征地移民补偿投资								
	…								
	静态投资								
Ⅲ	环境保护工程投资								
	…								
	静态投资								
Ⅳ	水土保持工程投资								
	…								
	静态投资								
Ⅴ	工程投资总计（Ⅰ～Ⅳ合计）								
	静态总投资								
	价差预备费								
	建设期融资利息								
	总投资								

思考与练习题

7-1 设计概算的工程量包括哪些?

7-2 简述基本预备费和价差预备费的概念和计算方法。

7-3 各分部工程概算按照什么方法编制?

7-4 分年度投资和资金流量怎样编制?

7-5 简述设计总概算的编制方法。

项目8 投资估算、施工图预算与施工预算

【教学内容】

本项目主要学习投资估算、施工图预算、施工预算的基本概念及编制依据,施工图预算与施工预算之间的区别与联系,预备费、建设期融资利息。

【教学要求】

掌握预备费和建设期融资利息的计算方法,投资估算的阶段划分与精度要求;熟悉施工图预算与施工预算的区别与联系。

任务8.1 投资估算

8.1.1 投资估算概述

8.1.1.1 概述

投资估算是项目建议书和可行性研究报告的重要组成部分。

投资估算与初步设计概算在组成内容、项目划分和费用构成上基本相同,但两者设计深度不同,投资估算可根据《水利水电工程项目建议书编制规程》(SL 617—2013)或《水利水电工程可行性研究报告编制规程》(SL 618—2013)的有关规定,对初步设计概算编制规定中部分内容进行适当简化、合并或调整。

投资估算与初步设计概算在设计深度上的不同,决定了两者的编制方法及计算标准有所不同。

8.1.1.2 投资估算的阶段划分与精度要求

项目投资估算是指在做初步设计之前各工作阶段中的一项工作。在做工程初步设计之前,可邀请设计单位参加编制项目规划和项目建议书,并可委托设计单位承担项目的预可行性研究、可行性研究及设计任务书的编制工作,同时应根据项目已明确的技术经济条件,编制和估算出精度不同的投资估算额。目前,我国建设项目的投资估算分为以下几个阶段。

1.项目规划阶段的投资估算

建设项目规划阶段是指有关部门根据国民经济发展规划、地区发展规划和行业发展规划的要求,编制一个建设项目的建设规划。此阶段是按照项目规划的要求和内容,粗略估算建设项目所需要的投资额。其对投资估算精度的要求为允许误差大于±30%。

2.项目建议书阶段的投资估算

项目建议书阶段的投资估算是按项目建议书中的项目建设规模、主要生产工艺、初选建设地点等,估算建设项目所需要的投资额。其对投资估算精度的要求为误差应控制在±30%以

内。此阶段项目投资估算的意义为判断一个项目是否需要进行下一阶段工作。

3. 预可行性研究阶段的投资估算

预可行性研究阶段的投资估算是在掌握更详细、更深入的资料条件下,估算建设项目所需的投资额。其对投资估算精度的要求为误差应控制在±20%以内。此阶段项目投资估算的意义为据此确定是否进行详细的可行性研究。

4. 可行性研究阶段的投资估算

可行性研究阶段的投资估算经审查批准之后,即是工程设计任务书中规定的项目投资限额,并可据此列入项目年度基本建设计划。所以,可行性研究阶段的投资估算至关重要,其对投资估算精度的要求为误差应控制在±10%以内。

8.1.2 编制方法及计算标准

8.1.2.1 基础单价

基础单价的编制与设计概算的编制方法相同。

8.1.2.2 建筑、安装工程单价

建筑、安装工程单价编制与设计概算相同,一般采用概算定额,但考虑投资估算工作的深度和精度,应乘以扩大系数。建筑、安装工程单价扩大系数见表8-1。

表8-1 建筑、安装工程单价扩大系数表

序号	工程类别	单价扩大系数(%)
一	建筑工程	
1	土方工程	10
2	石方工程	10
3	砂石备料工程(自采)	0
4	模板工程	5
5	混凝土浇筑工程	10
6	钢筋制安工程	5
7	钻孔灌浆及锚固工程	10
8	疏浚工程	10
9	掘进机施工隧洞工程	10
10	其他工程	10
二	机电、金属结构设备安装工程	
1	水力机械设备、通信设备	10
2	电气设备、变电站设备安装工程	10

8.1.2.3 分部工程估算编制

1. 建筑工程

主体建筑工程、交通工程、房屋建筑工程编制方法与设计概算基本相同。其他建筑工

程可视工程具体情况和规模按主体建筑工程投资的3%~5%计算。

2. 机电设备及安装工程

主要机电设备及安装工程编制方法基本与设计概算相同。其他机电设备及安装工程原则上根据工程项目计算投资，若设计深度不满足要求，可根据其装机规模占主要机电设备费的百分率或单位千瓦指标计算。

3. 金属结构设备及安装工程

金属结构设备及安装工程的编制方法基本与设计概算相同。

4. 施工临时工程

施工临时工程的编制方法及计算标准与设计概算相同。

5. 独立费用

独立费用的编制方法及计算标准与设计概算相同。

8.1.2.4 分年度投资及资金流量

分年度投资及资金流量的投资估算由于工作深度，仅计算分年度投资而不计算资金流量。

8.1.2.5 预备费、建设期融资利息、静态总投资、总投资

1. 预备费

可行性研究阶段投资估算基本预备费费率取10%~12%；项目建议书阶段投资估算基本预备费率取15%~18%。价差预备费费率同初步设计概算。按我国现行规定，预备费包括基本预备费和价差预备费。

基本预备费是指在项目实施过程中可能发生难以预料的支出，需要事先预留的费用，又称为工程建设不可预见费，主要指设计变更及施工过程中可能增加工程量的费用。基本预备费一般由以下三个部分组成：

(1)批准的初步设计、技术设计、施工图设计及施工过程中所增加的工程费用，设计变更、工程变更、材料代用、局部基础处理等增加的费用。

(2)一般自然灾害造成的损失和预防自然灾害所采取的措施费用，实行工程保险的工程项目，该费用应适当降低。

(3)竣工验收时为鉴定工程质量，对隐蔽工程进行必要的挖掘和修复费用。

基本预备费是以工程费用和独立费用二者之和为计取基础，乘以基本预备费费率计算。其计算公式为：

$$基本预备费=(工程费用+独立费用)\times 基本预备费费率 \tag{8-1}$$

式中，基本预备费费率按国家及相关部门的有关规定执行。

价差预备费是指针对建设项目在建设期内由于材料、人工、设备等价格可能发生变化引起工程造价变化，而事先预留的费用，也称为价格变动不可预见费。价差预备费包括人工、设备、材料、施工机械的价差费，建筑安装工程费和独立费用调整，利率、汇率调整等增加的费用。

价差预备费一般根据国家规定的投资综合价格指数，以估算年份价格水平的投资额为基数，采用复利方法计算。其计算公式为：

$$PF = \sum_{t=1}^{n} I_t[(1+f)^m (1+f)^{0.5} (1+f)^{t-1} - 1] \tag{8-2}$$

式中 PF——价差预备费估算额;

n——建设期年份数;

I_t——建设期中第 t 年的投资计划额(包括工程费用、独立费用和基本预备费);

f——年平均价格预计上涨率;

m——建设前期年限(从编制估算到开工建设的年限),年。

【例8-1】 某水利工程项目,建设期为3年,其建筑及安装工程费为2 600万元,设备购置费为660万元,独立费用为320万元。基本预备费费率为5%,项目建设前期为1年。各年投资计划额为:第1年完成投资的35%,第2年完成50%,第3年完成15%。年平均价格上涨率预测为6%,计算该项目建设期间的价差预备费。

解 基本预备费 = (2 600 + 660 + 320) × 5% = 179(万元)

静态投资额 = 2 600 + 660 + 320 + 179 = 3 759(万元)

第1年完成投资额 I_1 = 3 759 × 35% = 1 315.65(万元)

第1年价差预备费 $PF_1 = I_1[(1+f)^1(1+f)^{0.5}(1+f)^{1-1} - 1]$ = 120.17(万元)

第2年完成投资额 I_2 = 3 759 × 50% = 1 879.5(万元)

第2年价差预备费 $PF_2 = I_2[(1+f)^1(1+f)^{0.5}(1+f)^{2-1} - 1]$ = 294.74(万元)

第3年完成投资额 I_3 = 3 759 × 15% = 563.85(万元)

第3年价差预备费 $PF_3 = I_3[(1+f)^1(1+f)^{0.5}(1+f)^{3-1} - 1]$ = 127.56(万元)

建设期的价差预备费为:PF = 120.17 + 294.74 + 127.56 = 542.47(万元)

2.建设期融资利息

建设期融资利息包括向国内银行和其他非银行金融机构贷款、出口信贷、外国政府贷款、国际商业银行贷款及在境内外发行的债券等,在建设期间内应计的贷款利息。

建设期贷款利息按复利计算。对于贷款总额一次性贷出且利率固定的贷款,计算公式为:

$$L = P[(1+i)^n - 1] \tag{8-3}$$

式中 L——贷款利息;

P——一次性贷款金额;

i——年利率;

n——贷款期限。

当总贷款是分年均衡发放时,建设期融资利息的计算可按当年贷款在年中支用考虑,即当年贷款按半年计息,上年贷款按全年计息,计算公式为:

$$L_j = (P_{j-1} + A_j/2)i \tag{8-4}$$

式中 L_j——建设期第 j 年应计利息;

P_{j-1}——建设期第 $j-1$ 年末累计贷款本金与利息之和;

A_j——建设期第 j 年贷款金额;

i——年利率。

计算国外贷款利息时,还应包括国外贷款银行根据贷款协议方以年利率方式收取的手续费、管理费、承诺费，以及国内代理机构经国家主管部门批准的以年利率的方式向贷款单位收取的转贷费、担保费和管理费等费用。

【例8-2】 某新建水利工程项目，建设期为3年，向银行分年均衡进行贷款。第1年贷款为600万元，第2年贷款为860万元，第3年贷款为460万元，年贷款利率为5%，建设期利息只计息不支付，计算该项目贷款利息。

解 各年利息计算如下。

第1年：$600 \div 2 \times 5\% = 15$（万元）

第2年：$(600 + 15 + 860 \div 2) \times 5\% = 52.25$（万元）

第3年：$(600 + 15 + 860 + 52.25 + 460 \div 2) \times 5\% = 87.86$（万元）

该项目贷款利息为：$15 + 52.25 + 87.86 = 155.11$（万元）

3.静态总投资

静态总投资为工程建设项目费用的建筑工程、机电设备及安装工程、金属结构设备及安装工程、施工临时工程、独立费用和基本预备费之和。

4.总投资

总投资为静态总投资、价差预备费和建设期融资利息之和。

任务8.2 施工图预算

施工图预算，又称设计预算，是依据施工图设计文件、施工组织设计、现行的水利水电工程预算定额及费用标准等文件编制的。

8.2.1 施工图预算的作用

施工图预算是施工图设计阶段，在批准的概算范围内，根据国家现行规定，按施工图纸和施工组织设计综合计算的造价。

8.2.1.1 施工图预算是确定单位工程项目造价的依据

施工图预算比主要起控制造价作用的概算更为具体和详细，因而可以起确定造价的作用。对工业与民用建筑而言尤为突出。如果施工图预算超出了设计概算，应由建设单位会同设计部分报请上级主管部门核准，并对原设计概算进行修改。

8.2.1.2 施工图预算是签订工程承包合同、实行投资包干和办理工程价款结算的依据

因施工图预算确定的投资较概算准确，故对于不进行招标投标的特殊或紧急工程项目等，常采用预算包干。按照规定程序，经过工程量增减、价差调整后的预算作为结算依据。

8.2.1.3 施工图预算是施工企业内部进行经济核算和考核工程成本的依据

施工图预算确定的工程造价是工程项目的预算成本，其与实际成品的差额即为施工利润，是企业利润总额的主要组成部分。这就促使施工企业必须加强经济核算，提高经营管理水平，以降低成本，提高经济效益。同时也是编制人工、材料、半成品、成品、机具供应计划的依据。

8.2.1.4 施工图预算是进一步考核设计方案经济合理性的依据

施工图预算更详尽和切合实际,可以进一步考核设计方案的技术先进性和经济合理程度。施工图预算也是编制固定资产的依据。

8.2.2 施工图预算的编制方法

施工图预算与设计概算的项目划分、编制程序、费用构成、计算方法等基本相同。施工图是工程实施的蓝图,建筑物的细部结构构造、尺寸,设备及装置性材料的型号、规格都已明确,所以据此编制的施工图预算较概算要精细。

施工图预算的编制方法与设计概算不同,具体表现在以下几个方面。

8.2.2.1 主体工程

施工图预算与设计概算虽然均采用工程量乘以单价的方法计算投资,但计算深度不同。

设计概算根据概算定额和初步设计工程量编制,其三级项目经综合扩大,概括性强;而施工图预算则依据预算定额和施工图设计工程量编制,其三级项目较为详细。如设计概算中的闸、坝工程,一般只需套用定额中的综合项目计算其综合单价;而施工图预算需根据预算定额将各部位划分为更详细的三级项目,分别计算单价。

8.2.2.2 非主体工程

设计概算的非主体工程以及主体工程中的细部结构采用综合指标或百分率乘以二级项目工程量的方法估算投资;而施工图预算则均要求按三级项目乘以工程单价的方法计算投资。

8.2.2.3 造价文件的形成和组成

设计概算完整地反映了整个建设项目所需的投资,是初步设计报告的组成部分,应在初步设计阶段一次完成。由于施工图的设计工作量大、历时长,故施工图设计大多以满足施工为前提,陆续出图。因此,施工图预算通常以单项工程为单位,陆续编制,各单项工程单独成册,最后汇总形成总预算投资。

任务 8.3 施工预算

施工预算是施工企业根据施工图纸、施工组织措施、企业施工定额编制的建筑安装工程在单位工程或分部分项工程上的人工、材料、施工机械台时(班)消耗数和直接费标准,是建筑安装产品及企业基层成本考核的计划文件。施工图预算、施工预算、竣工结算是施工企业进行施工管理的“三算”。

8.3.1 施工预算的作用

8.3.1.1 施工预算是施工企业进行经济活动分析的依据

进行经济活动分析是企业加强经济管理、提高经济效益的有效手段。经济活动分析,主要是应用施工预算的人工、材料和机械台时数量与实际消耗量对比,同时与施工图预算的人工、材料和机械台时数量进行对比,分析超支、节约的原因,改进超支技术和管理手段,以有效地控制施工中的消耗,节约开支。

8.3.1.2 施工预算是编制施工作业计划的依据

施工作业计划是施工企业计划管理的中心环节,也是计划管理的基础和具体化。编制施工作业计划,必须依据施工预算计算单位工程或分部分项工程的工程量、材料构配件数量、劳动力数量等。

8.3.1.3 施工预算是计算超额奖和计算计件工资、实行按劳分配的依据

施工预算所确定的人工、材料、机械使用量与工程量的关系是衡量工人劳动成果及计算应得报酬的依据,它把工人的劳动成果与劳动报酬联系起来,很好地体现了多劳多得、少劳少得的按劳分配原则。

8.3.1.4 施工预算是施工单位向施工班组签发施工任务单和限额领料的依据

施工任务单是把施工作业计划落实到班组的计划,也是记录班组完成任务情况和结算班组工人工资的凭证。

施工任务单的内容可以分为以下两部分:

(1)下达给班组的工程任务,包括工程名称、工作内容、质量要求、开工日期和竣工日期、计量单位、工程量、定额指标、计件单价和平均技术等级。

(2)实际工程任务完成的情况和工资结算,包括实际开工日期和竣工日期、完成工程量、实际工日数、实际平均技术等级、完成工程的工资额、工人工时记录表和每人工资分配额等。其主要工程量、工日消耗量、材料品种和数量均来自施工预算。

8.3.2 施工预算的编制依据

编制施工预算的主要依据包括施工图纸、施工定额及补充定额、施工组织设计及其他资料等。

8.3.2.1 施工图纸

施工图纸和说明书必须是经过建设单位、设计单位和施工单位会审通过的,不能采用未经会审通过的图纸。

8.3.2.2 施工定额及补充定额

施工定额包括全国建筑安装工程统一劳动定额和各部委、各地区颁发的专业施工定额。凡是已有施工定额可以参照使用的,应参照施工定额编制施工预算中的人工、材料及施工机械使用费。在缺乏施工定额作为依据的情况下,可按有关规定自行编制补充定额。施工定额是编制施工预算的基础,这是施工预算与施工图预算的主要差别之一。

8.3.2.3 施工组织设计

施工组织设计是由施工单位编制的,其所确定的施工方法、施工进度以及所需的人工、材料和施工机械的数量为施工预算的编制基础。例如,混凝土浇筑工程,应根据设计施工图,结合工程具体的施工条件,确定混凝土拌制、运输和浇筑机械的数量,具体的施工方法和运输距离等。

8.3.2.4 其他资料

其他资料包括建筑材料手册,人工、材料、施工机械台时费用标准,施工机械手册等。

8.3.3 施工预算的编制程序和方法

8.3.3.1 编制程序

编制施工预算与编制施工图预算的步骤相似。首先应熟悉设计图纸及施工定额,对施工单位的人力、材料、施工机械及施工技术等有大致的了解;清楚工程的现场情况、施工方法;了解施工定额的内容、所包括的范围。为了便于与施工图预算相比较,编制施工预算时,应尽可能与施工图预算的分部分项工程相对应。在计算工程量时所采用的计量单位要与定额的计量单位相适应。具备施工预算所需的资料,熟悉基础资料和施工定额的内容后,按以下步骤编制施工预算。

1. 计算工程量

工程量的计算是编制施工预算的基本工作,要认真、细致、准确,不得错算、漏算和重算。凡是能够利用施工图预算的工程量,其工程项目、名称和单位一定要符合施工定额。工程量计算应仔细核对无误后,再根据施工定额的内容和要求,按工程项目的划分逐项汇总。

2. 按施工图纸内容进行分项工程计算

套用的施工定额必须与施工图纸的内容相一致。分项工程的名称、规格、计量单位必须与施工定额所列的内容相一致,逐项计算分部分项工程所需的人工、材料、机械台时使用量。

3. 工料分析和汇总

工程量确定后,按照工程的分项名称顺序,套用施工定额的单位人工、材料和机械台时消耗量,逐一计算出各工程项目的人工、材料和机械台时的用工用料量,最后同类项目工料相加汇总,形成一个完整的分部分项工料汇总表。

4. 编写编制说明

编制说明的内容包括编制依据、采用的图纸名称及编号、采用的施工定额、施工组织设计或施工方案、暂估项目的原因和存在的问题及处理办法等。

8.3.3.2 编制方法

编制施工预算的方法有实物法和实物金额法两种。

1. 实物法

实物法的应用比较普遍。它是根据施工图和说明书,按照劳动定额或施工定额规定计算工程量,汇总、分析人工和材料数量,向施工班组签发施工任务单和限额领料单。实行班组核算,将施工预算与施工图预算的人工和主要材料进行对比,分析超支、节约原因,以加强企业管理。

2. 实物金额法

实物金额法即根据实物法编制施工预算的人工和材料数量分别乘以人工和材料单价,计算出直接费,或根据施工定额规定计算工程量,套用施工定额单价计算直接费。其实物量用于向施工班组签发施工任务单和限额领料单,实行班组核算。将施工预算的直接费与施工图预算的直接费进行对比,以改进企业管理。

8.3.4　施工预算与施工图预算对比

施工预算与施工图预算对比是建筑企业加强经营管理的手段，通过对比分析，找出节约、超支的原因，研究解决措施，防止人工、材料和施工机械使用费的超支，避免发生计划成本亏损。

首先将施工预算计算的工程量套用施工定额中的人工定额、材料定额，得出人工和主要材料数量；然后将施工图预算计算的工程量套用预算定额中的人工定额、材料定额，得出人工和主要材料数量；最后将两者人工和主要材料数量及机械台时数量进行对比，这种对比法称为实物对比法。

将施工预算的人工和主要材料、机械台时数量分别乘以对应的单价，汇总成人工费、材料费和机械使用费，与施工图预算相应的人工费、材料费和机械使用费进行对比。这种对比法称为实物金额对比法。

由于施工图预算与施工预算的定额水平不一样，施工预算的人工、材料、机械使用量及其相应的费用一般应低于施工图预算。当出现相反情况时，要调查分析原因，必要时要改变施工方案。

思考与练习题

8-1　简述投资估算与设计概算的区别。

8-2　简述施工图预算与施工预算的区别。

8-3　简述投资估算、设计概算、施工图预算、施工预算造价文件编制的方法和步骤。

8-4　某水利水电工程项目的建筑及安装工程费为 1 200 万元，设备购置费为 480 万元，独立费用为 310 万元，已知基本预备费费率为 5%，项目建设前期年限为 1 年，项目建设期为 3 年，各年投资计划额为：第 1 年完成投资的 30%，第 2 年完成投资的 50%，第 3 年完成投资的 20%。年平均价格上涨率预测为 6%，计算该项目建设期间的价差预备费。

8-5　某新建水利水电项目，建设期为 3 年，分年均衡进行贷款，第 1 年贷款为 500 万元，第 2 年贷款为 800 万元，第 3 年贷款为 500 万元，年贷款利率为 10%，建设期利息只计息不支付，计算该项目的贷款利息。

项目9 水利工程招标与投标

【教学内容】

本项目主要学习水利工程招标与投标的概念及招标与投标的程序,招标文件的编制,评标决标的方法,投标文件的组成内容及投标策略和技巧等内容。

【教学要求】

通过本项目学习,了解招标方式及种类、招标文件内容;理解招标文件的编制方法、投标文件的编制方法及投标技巧;掌握招标概念,招标标底、投标报价的编制方法;能根据实际工程编制招标文件及投标文件。

任务9.1 概 述

水利工程建设项目类型较多,施工复杂,工期长。为了有效地控制使用国家的建设资金,国内外广泛采用工程建设项目招标投标作为科学合理的工程承发包方式。

9.1.1 工程招标与投标概念

招标与投标,是市场经济中用于采购大宗商品的一种交易方式,也是国内外广泛采用的分派建设任务主要的交易方式。工程招标是指招标人(业主或建设单位,为发包方)根据拟建工程的内容、工期、质量和投资额等技术经济要求,公开或非公开邀请有资格和能力的投标人报出工程价格,从中择优选取承担可行性研究、勘察、设计、施工等任务的承包单位。工程项目投标是指经招标人审查获得投标资格的投标人,按照招标条件和自己的能力,在规定的期限内向招标人填报投标书,并争取中标,达成协议的过程。

9.1.2 工程招标与投标发展

为了规范招标投标活动,保护国家、社会公共利益,保证项目质量,我国自1984年工程建设项目推行招标投标制以来,其对控制工期、保证工程质量、降低工程造价、提高经济效益、健全建筑市场竞争机制起到了重要的作用。

水利水电工程是具有一般商品属性和特点的特殊商品,对水利水电工程建设项目施工实行招标投标,可以达到控制建设工期、确保工程质量、降低工程造价和提高投资效益的目的。

1999年8月30日,第九届全国人大常委会第十一次会议通过了《中华人民共和国招标投标法》(简称《招标投标法》),自2000年1月1日起施行。

2001年10月29日,水利部以第14号令发布了《水利工程建设项目招标投标管理规定》,自2002年1月1日起施行。

《中华人民共和国标准施工招标资格预审文件》(简称《标准施工招标资格预审文

件》)和《中华人民共和国标准施工招标文件》(简称《标准施工招标文件》)自 2008 年 5 月 1 日起施行。

在《标准施工招标资格预审文件》和《标准施工招标文件》的基础上,结合水利水电工程特点和行业管理需要,水利部组织编制了《水利水电工程标准施工招标资格预审文件》和《水利水电工程标准施工招标文件》(简称《水利水电工程标准文件》),自 2010 年 2 月 1 日施行,凡列入国家或地方投资计划的大中型水利水电工程使用《水利水电工程标准文件》,小型水利水电工程可参照使用;《中华人民共和国招标投标法实施条例》自 2012 年 2 月 1 日起施行。这些法律、法规、条例、示范文本等使招标投标有法可依、有规可循。

任务 9.2 水利工程招标

9.2.1 工程项目招标的分类

9.2.1.1 按招标的性质分类

1. 项目开发招标

项目开发招标是建设单位(业主)邀请工程咨询单位对建设项目进行可行性研究,其“标的物”是可行性研究报告。中标的工程咨询单位必须对自己提供的研究成果认真负责,可行性研究报告应得到业主的认可。

2. 监理招标

监理招标是通过竞争方式选择工程监理单位的一种方法。监理招标的“标的物”为监理工程师提供的服务。

3. 勘察设计招标

勘察设计招标是根据通过的可行性研究报告所提出的项目设计任务书,择优选择承包工程项目勘察设计工作的承包商。其“标的物”是勘察和设计成果。

4. 工程施工招标

在工程项目的初步设计或施工图设计完成以后,用招标的方式选择施工承包商,其“标的物”是向建设单位(业主)交付满足设计规定的建筑产品。

5. 材料、设备招标

工程建设中,材料、设备费占工程总投资的比重很大,招标人通过招标的方式选择承包材料、设备的供应商,其“标的物”是所需要的建筑材料、建筑构件和设备等。

9.2.1.2 按工程承包的范围分类

1. 建设项目总承包招标

从项目的可行性研究、勘察设计、材料和设备采购、工程施工、生产准备,直到竣工投产、交付使用而进行的一次性招标。

2. 专项工程承包招标

专项工程承包招标指在工程承包招标中,对其中某些比较复杂或专业性强,或施工和制作要求特殊的单项工程,单独进行招标。

9.2.2 招标方式

国际上常采用的招标方式有以下几种。

9.2.2.1 公开招标

公开招标亦称无限竞争性招标。由招标人依据《招标投标法》的有关规定,在国内外主要报纸、招标网、电视台等公开的媒介上发布招标广告,凡对此招标工程项目有兴趣的承包商均有同等的机会购买资格预审文件,并参加资格预审,预审合格后均可购买招标文件进行投标。

这种方式可以为一切符合条件的有能力的承包商提供一个平等的竞争机会,促使承包商加强管理、提高工程质量和降低工程成本,使招标人在众多的投标人中选择一个比较理想的承包商,有利于降低工程造价、保证工程质量和缩短工期。但由于参与竞争的承包商可能有很多,会增加资格预审和评标的工作量。

9.2.2.2 邀请招标

邀请招标亦称有限竞争性选择招标。这种方式不发布广告,而是业主根据自己的经验和所掌握的有关承包商的各种信息资料,对那些被认为有能力,而且信誉好的承包商发出邀请,请他们来参加投标。一般邀请5~10家(但不能少于3家)前来投标。

这种招标方式花费精力少,省时。但由于经验和信息资料有一定的局限性,有可能漏掉一些在技术上、报价上有竞争力的后起之秀。

9.2.2.3 议标

议标亦称非竞争性招标或指定性招标。这种方式是招标人邀请一家,最多不超过两家承包商来直接协商谈判。实际上是一种合同谈判的形式。这种方式适用于工程造价较低、工期紧、专业性强或军事保密的工程。其优点是可以节省时间,容易达成协议,迅速开展工作。

但在我国《招标投标法》中规定,我国的招标方式就只有公开招标和邀请招标两种形式。

9.2.3 水利工程施工招标程序及文件编制

9.2.3.1 工程施工招标程序

建设项目施工招标工作应由招标单位按下列程序进行:

(1)向上级招标投标管理机构提交招标申请书,并经批准。招标申请书的主要内容包括:招标工程具备的条件、招标机构的组织情况、分标方案与招标计划、拟采用的招标方式和对投标单位的资质要求。

(2)组织编制招标文件和标底,并报上级招标投标管理机构审定。

(3)发布招标通告,出售资格预审文件。

(4)投标单位填报资格预审书和有关资料,申请投标。

(5)对投标单位进行资格审查,并提出资格预审报告。

(6)向资格预审合格的投标单位发出投标邀请书并出售招标文件及有关资料。

(7)招开标前会,组织投标单位进行现场勘查,解答招标文件中的问题。

(8)组建评标领导小组或评标委员会,制定评标定标原则和方法。

(9)召开开标会议,当众开标。

(10)组织评标,在评标期间,召开澄清会议,邀请投标单位对投标书作必要的澄清。

(11)选定中标单位和候补中标单位,报上级招标投标管理机构批准。

(12)与初选的中标单位进行中标前谈判。

(13)发中标通知书,与中标单位正式签订合同。合同副本报上级招标投标管理机构备案。

(14)通知未中标单位。

以上工作内容可概括为准备阶段(申请批准招标、准备招标文件)、招标阶段和决标成交阶段(开标、评标、决标、签订合同)。不同阶段有不同的工作内容,既不能互相代替,也不允许颠倒,只有循序渐进,才能收到预期的效果。

9.2.3.2 工程施工招标文件编制

1. 工程施工招标文件构成

《标准施工招标文件》由四部分构成,具体如下:

第一卷

第1章 招标公告(或投标邀请书)

第2章 投标人须知

第3章 评标办法

第4章 合同条款及格式

第5章 工程量清单

第二卷

第6章 图纸

第三卷

第7章 技术标准和要求

第四卷

第8章 投标文件格式

2. 工程施工招标文件的内容

施工招标文件主要包括:投标邀请书、投标须知、合同条件、技术条款、设计图纸、工程量表、投标书和投标保函格式、补充资料表、合同协议书、各类证明文件、评标方法等。现就其主要内容分述如下。

1)招标公告(或投标邀请书)

(1)招标条件。

(2)项目概况与招标范围。

(3)投标人资格要求。

(4)招标文件的获取时间、地点、售价。

(5)投标文件送交的地点、份数和截止时间。

(6)提交投标保证金的规定额度和时间。

(7)发布公告的媒介。

(8)联系方式。

2)投标须知

投标须知对投标者正确编制投标文件起指导作用,它主要是告知投标者投标时的有关注意事项,包括资格要求、投标文件要求、投标的语言、报价计算、货币、投标有效期、投标保证、错误的修正以及本国投标者的优惠、开标的时间和地点。

3)合同条款及格式

4)技术条款

5)设计图纸

6)工程量报价表

7)投标文件和投标保证书

8)补充资料表

9)合同协议书

10)履约保证和预付款

(略)

9.2.4 水利工程施工招标标底的编制

9.2.4.1 标底的概念、作用

1.标底的概念

标底是招标人对招标工程的预期价格,是由招标人自行或委托经有关部门批准、具有编制标底资格和能力的中介机构代理编制,并按规定报经审定的招标工程的发包价格。

2.标底的主要作用

《招标投标法》中没有明确规定招标工程是否必须设置标底价格,招标人可根据实际工程的情况决定是否编制标底。如设标底,则标底的编制是招标过程中必不可少的组成部分,在确定承包商的过程中起着一种“商务标准”的作用,合理的标底是业主以合理的价格获得满意的承包商、中标人获取合法利润的基础。充分认识标底的作用,了解编制应遵循的原则和科学的方法,才能编制出与工程实际相吻合的标底,使其起到应有的作用。

(1)能够使招标人预先明确其在拟建工程上应承担的财务义务。标底的编制过程是对项目所需费用的预先自我测算过程,标底的编制可以促使招标人事先加强工程项目的成本调查和预测,做到对价格和有关费用心中有数。

(2)控制投资、核实建设规模的依据。按照《水利工程施工招标投标管理办法》的规定,标底必须控制在批准的概算或投资包干的限额之内(指扣除该项工程的建设单位管理费、征地拆迁费等所有不属于招标范围内各项费用的余额)。在实际工作中,如果按规定的程序和方法编制的标底超过批准的概算或投资包干的限额,应进行复核和分析,对其中不合理部分应剔除或调整;如仍超限额,应会同设计单位一起寻找原因,必要时由设计单位调整原来的概算或修正概算,并报原批准机关审核批准后,才能进行招标工作。

(3)评标的重要尺度。投标单位的报价进入以标底为基准的一定幅度范围内为有效报价,无充分理由而超出范围的报价作为废标处理,评标时不予考虑。因此,只有编制了标底,才能正确判断投标者所投报价的合理性和可靠性,否则评标就是盲目的。只有制定

了准确合理的标底,才能在定标时做出正确的抉择。

(4)标底编制是招标中防止盲目报价、抑制低价抢标现象的重要手段。盲目压低标价的低价抢标者,在施工过程中则采取或偷工减料,或无理索赔等种种不正当手段以避免自己的损失,使工程质量和施工进度无法得到保障,业主的合法权益受到损害。在评标过程中,以标底为准绳,剔除低价抢标的标书是防止此现象的有效措施。

标底的性质和作用要求招标工程必须遵循一定的原则,以严肃认真的态度和科学的方法来编制,使之准确、合理,保证招标工作的健康开展,定标时做出正确的抉择,使工程顺利进行。2003 年 12 月水利部制订了《水利工程建设项目施工招标标底编制指南》,以指导水利工程招标投标活动中的标底编制工作。

9.2.4.2　工程标底的编制方法

水利工程建设项目招标标底的编制方法应采用以定额法为主、实物量法和其他方法为辅、多种方法并用的综合分析方法。标底编制应充分发挥各方法的优点和长处,以达到提高标底编制质量的目的。

1. 标底的编制步骤

1)准备工作

首先,要熟悉施工图设计及说明,如图纸中有不明确或错误之处,可要求设计单位进行交底、补充,并做好记录,在招标文件中加以说明。其次,要勘察现场,实地了解现场情况及周围环境,以作为确定施工方案、包干系数和技术措施费等有关费用计算的依据。最后,要了解招标文件中规定的招标范围,材料、半成品和设备的加工订货情况,工程质量和工期要求,物资供应方式;要进行市场调查,掌握材料、设备的市场价格。

2)收集编制资料

凡是在工程实施过程中可能影响工程费用的各种因素,在编制标底价格前都必须予以考虑。编制标底需收集的资料和依据有:建设行政主管部门制定的有关工程造价的文件、规定;设计文件、图纸、技术说明及招标时的设计交底,按设计图纸确定的或招标人提供的工程量清单等相关基础资料;施工组织设计、施工方案、施工技术措施;工程定额、现场环境和条件、市场价格信息等。

3)计算标底价格

计算标底价格的程序为:

(1)以工程量清单确定划分的计价项目及其工程量,计算整个工程的人工、材料、施工机械台时(班)需用量。

(2)确定人工、材料、设备、机械台时(班)的市场价格,结合前面的需用量确定整个工程的人工、材料、设备、机械台时(班)等直接费用。

(3)确定工程施工中的措施费用和特殊费用,编制工程现场因素、施工技术措施、赶工措施费用表及其他特殊费用表。

(4)采用固定合同价格时,预测和测算工程施工周期内的人工、材料、设备、机械台时(班)价格波动的风险系数。

(5)根据招标文件的要求,按工料单价计算直接工程费,然后计算措施费、间接费、利润和税金,编制工程标底价格计算书和标底价格汇总表;或者根据招标文件的要求,通过综合计算完成分部分项工程所发生的直接费、措施费、间接费、利润、税金,形成综合单价,按综合单价法编制工程标底价格计算书和标底价格汇总表。

编制工程标底的主要工作是编制基础价格和工程单价。

2. 基础价格

(1)人工预算单价。

(2)材料预算价格。

(3)施工用电、风、水预算价格。

(4)砂石料单价。

(5)施工机械台时费。

如果业主提供某些大型施工机械设备,则台时费的组成及价格标准应按招标文件规定,业主免费提供的设备就不应计算基本折旧费。若业主提供的是新设备,且该招标项目使用这些设备的时间不长,则不计入或少计入大修理费。

3. 工程单价计算

工程单价由直接费、间接费、利润、材料补差和税金组成。直接费的计算方法主要有定额法和直接填入法。

1)定额法

定额法是根据招标文件所确定的施工方法、施工机械种类,查现行水利部定额相应子目,得出完成单位工程的人工、材料、机械的消耗量和相应的基础单价来计算工程的直接费。

对于少数不适用的定额作必要的调整,采用新技术、新材料、新工艺而造成定额缺项时,可编制补充定额。编制标底时,应仔细研究施工方案,确定合适的施工方法,选用恰当的定额进行单价计算。

2)直接填入法

一项水利工程招标文件的工程量报价单中包含许多工程项目,但是少数一些项目的总价却构成了合同总价的绝大部分。专业人员应把主要的精力和时间用于这些主要项目的计算,而对总价影响不大的项目可采用一种比较简单的、不进行详细费用计算的方法来估算项目单价,这种方法称为直接填入法。

在计算某些工程单价时,专业人员也可以同时运用工序法和定额法。例如混凝土单价,可用定额法计算混凝土材料单价,而用工序法计算混凝土浇筑单价。

间接费可参照设计概算编制方法计算,但费率不能生搬硬套,应根据招标文件中材料供应、付款等有关条款作调整。企业利润和税金按照水利部对施工招标投标的有关规定进行计算,不应压低施工企业的利润、降低标底从而引导承包商降低投标报价。

4. 临时工程费用

有些业主在招标文件中,把其他施工临时工程单独在工程量报价表中列项,标底应计算这些项目的工程量和单价;招标文件中没有单独开列的其他施工临时工程应按施工组织设计确定的项目和数量来计算其费用,并摊入各有关项目内。

5. 编制标底文件

在工程单价计算完毕后,应按照招标文件所要求的表格格式填写有关表格、计算汇总有关数据、编写编制说明、提出分析报表,从而形成全套工程标底文件。

对于小型工程或某标段工程,如果本地区已修建过类似的项目,可对其造价进行统计分析,得出综合单价的统计指标,以这种统计指标作为编制标底的依据,再考虑材料价格涨落、人工工资及各种津贴等费用的变动,加以调整后得出标底。

任务9.3 水利工程投标

9.3.1 水利工程施工投标程序

工程投标是建设工程招标投标活动中,投标人的一项重要活动,也是施工单位获得工程任务的主要途径。施工投标的一般程序如下。

9.3.1.1 投标准备工作

投标准备工作主要包括获取招标信息、前期投标决策和筹建投标小组三项内容。

1. 获取招标信息

为使投标工作取得预期的效果,投标人必须做好获得投标信息的准备工作。目前投标人获得招标信息的渠道很多,最普遍的是通过大众媒体所发布的招标公告获取招标信息。投标人必须认真分析验证所获信息的真实可靠性,并证实其招标项目确实已立项批准和资金已经落实等。投标人还应提前了解和跟踪一些大型或复杂项目的新建、扩建和改建项目的计划,提前做好信息、资料的积累整理工作,并注意收集同行业其他投标人对工程建设项目的意向。

2. 前期投标决策

投标人在证实招标信息真实可靠后,同时还要对招标人的信誉、实力等方面进行了解,根据了解到的情况,正确做出投标决策,以减少工程实施过程中承包方的风险。还应注意竞争对手的实力优势及投标环境的优劣情况,对此,要具体分析判断,采取相应对策。

3. 筹建投标小组

在确定参加投标活动后,为了确保在投标竞争中获得胜利,投标人在投标前应建立专门的投标小组,负责投标事宜。投标小组中的人员应包括施工管理、技术、经济、财务、法律法规等方面的人员。投标小组中的人员业务上应精干、富有经验,且受过良好培训,有娴熟的投标技巧,并能合理运用投标策略;素质上应工作认真,对企业忠诚,对报价保密。

9.3.1.2 参加资格预审

为确保能挑选出理想的承包商,在正式招标之前,需要先进行资格预审,以便淘汰一些在技术上和能力上都不合格的投标人。资格预审是投标人投标过程中首先要通过的第一关,资格预审一般按招标人所编制的资格预审文件内容进行审查。

投标人应根据资格预审文件,积极准备和提供有关材料,并随时注意信息跟踪工作,发现不足部分,应及时补送,争取通过资格预审。

9.3.1.3 购买和研究招标文件

(1)投标人在通过资格预审后,就可以在规定的时间内向招标人购买招标文件。购买招标文件时,投标人应按招标文件的要求提供投标保证金、图纸押金等。

(2)购买到招标文件之后,投标人应认真阅读招标文件中的所有条款。注意招标过程中各项活动的时间安排,明确招标文件中对投标报价、工期、质量等的要求。同时对招标文件中的合同条款、无效标书的条件等主要内容认真进行分析,理解招标文件隐含的含义。详细研究招标文件,如果发现其中表达不清、相互矛盾之处以及明显错误,在踏勘现场时进行调查。对仍存在的疑问,可以在标前会议上或投标前规定的时间内以书面形式向招标人提出质疑。

9.3.1.4 **收集资料、准备投标**

招标文件购买后,投标人就应进行具体的投标准备工作。投标准备工作包括参加现场踏勘,计算和复核招标文件中提供的工程量,参加投标预备会,询问了解市场情况等内容。

1. 参加现场踏勘

投标人在领到招标文件后,除对招标文件进行认真研读分析外,还应按照招标文件规定的时间,对拟施工的现场进行踏勘,尤其是我国逐渐实行工程量清单报价模式后,投标人所投报的单价一般被认为是在经过现场踏勘的基础上编制而成的。报价单报出后,投标者就无权因为现场踏勘不周、情况了解不细或因素考虑不全而提出修改标价或提出索赔等要求。现场踏勘应由招标人组织,投标人自费自愿参加。

2. 参加投标预备会

投标预备会又称答疑会或标前会议,一般在现场踏勘之后的1~2天内举行。其目的是解答投标人对招标文件及现场踏勘中所提出的问题,并对图纸进行交底和解释。投标人在对招标文件进行认真分析和对现场进行踏勘之后,应尽可能多地将投标过程中遇到的问题向招标人提出疑问,争取得到招标人的解答,为下一步投标工作的顺利进行打下基础。

3. 计算或复核工程量

现阶段我国进行工程施工投标时,工程量有两种情况:一种是招标文件编制时,招标人给出具体的工程量清单,供投标人报价时使用。这种情况下,投标人在进行投标时,应根据图纸等资料对给定工程量的准确性进行复核,为投标报价提供依据。在工程量复核过程中,如果发现某些工程量有较大的出入或遗漏,应向招标人提出,要求招标人更正或补充。如果招标人不作更正或补充,投标人投标时应注意调整单价,以减少实际实施过程中工程量调整带来的风险。另一种情况是,招标人不给出具体的工程量清单,只给相应工程的施工图。这时,投标报价应根据给定的施工图,结合工程量计算规则自行计算工程量。自行计算工程量时,应严格按照工程量计算规则进行,不能漏项,不能少算或多算。

4. 市场调查

投标文件编制时,投标报价是一个很重要的环节。为了能够准确确定投标报价,投标时应认真调查了解工程所在地的人工工资标准、材料来源、价格、运输方式、机械设备租赁价格等和报价有关的市场信息,为准确报价提供依据。

5. 确定施工方案

施工方案也是投标内容中很重要的部分,是招标人了解投标人的施工技术、管理水平、机械装备的途径。

6. 工程报价决策

工程报价决策是投标活动中最关键的环节，直接关系到能否中标。工程报价决策是在预算的基础上，考虑施工的难易程度、竞争对手的水平、工程风险、企业目前经营状况等多方面因素确定的。

9.3.1.5 投标文件编制和提交

经过前期的准备工作之后，投标人开始进行投标文件的编制工作。投标人编制投标文件时，应按照招标文件的内容、格式和顺序要求进行。投标文件编写完成后，应按招标文件中规定的时间和地点提交投标文件。在编制投标文件之前，要明确以下内容。

1. 投标文件的要求

(1)必须明确向招标人表示愿以招标文件的内容订立合同的意思。

(2)必须按招标文件提出的实质性要求和条件做出响应(包括技术要求、投标报价要求、评价标准等)。

2. 投标文件的组成

投标文件是由一系列有关投标方面的书面资料组成的。一般来说，投标文件由以下几个部分组成。

(1)投标函及投标函附录。

(2)法定代表人身份证明。

(3)授权委托书。

(4)联合体协议书。

(5)投标保证金。

(6)已标价的工程量清单与报价表，这部分资料随合同类型而异。单价合同中，一般将各项单价开列在工程量表上。有时业主要求报单价分析表，则需按招标文件规定在主要的或全部单价中附上单价分析表。

(7)施工组织设计。列出各种施工方案(包括建议的新方案)及其施工进度计划表，有时还要求列出人力安排计划的直方图。

(8)项目管理机构。

(9)拟分包项目情况表。

(10)资格审查资料。

(11)其他资料。

投标人必须使用招标文件提供的投标文件表格格式，但表格可以按同样格式扩展。

3. 编制投标文件的步骤

投标人在领取招标文件以后，就要进行投标文件的编制工作。编制投标文件的一般步骤是：

(1)编制投标文件的准备工作。其内容包括：熟悉招标文件、图纸、资料，对图纸、资料有不清楚、不理解的地方，可以以书面形式向招标人询问、澄清；参加招标人组织的施工现场踏勘和答疑会；调查当地材料供应和价格情况，了解交通运输条件和有关事项。

(2)实质性响应条款的编制。其内容包括对合同主要条款的响应，对提供资质证明的响应，对采用的技术规范的响应等。

(3)复核、计算工程量。

(4)编制施工组织设计,确定施工方案。

(5)计算投标报价,进行投标决策,确定最终报价。

(6)编制投标书,装订成册。

4. 投标文件的提交

投标人应在招标文件规定的投标截止日期内将投标文件提交给招标人。投标人可以在提交投标文件以后,在规定的投标截止时间之前,采用书面形式向招标人递交补充、修改或撤回其投标文件的通知。投标人的补充、修改或撤回通知,应按招标文件中投标须知的规定编制、密封、加写标志,补充、修改的内容为投标文件的组成部分。在投标截止日期以后,不能更改投标文件。根据招标文件的规定,在投标截止时间与招标文件中规定的投标有效期终止日之间的这段时间内,投标人不能撤回投标文件,否则其投标保证金将不予退还。在投标截止日期以后送达的投标文件,招标人将拒收。

5. 编制投标文件的注意事项

(1)投标人编制投标文件时必须使用招标文件提供的投标文件表格格式。填写表格时,凡要求填写的空格都必须填写。否则,即被视为放弃该项要求。重要的项目或数字(如工期、质量等级、价格等)未填写的,将被作为无效或作废的投标文件处理。

(2)编制的投标文件"正本"仅一份,"副本"则按招标文件中要求的份数提供,同时要明确标明"投标文件正本"和"投标文件副本"字样。投标文件正本和副本如有不一致之处,以正本为准。

(3)投标文件正本与副本均应使用不能擦去的墨水打印或书写。投标文件的书写要字迹清晰、整洁、美观。

(4)所有投标文件均由投标人的法定代表人签署、加盖印鉴,并加盖法人单位公章。

(5)填报的投标文件应反复校核,保证分项和汇总计算均无错误。全套投标文件均应无涂改,除非这些删改是根据招标人的要求进行的,或者是投标人造成的必须修改的错误。修改处应由投标文件签字人签字证明并加盖印鉴。

(6)如招标文件规定投标保证金为合同总价的某百分比,开具投标保函不要太早,以防泄漏报价。但有的投标人提前开出并故意加大保函金额,以麻痹竞争对手的情况也是存在的。

(7)投标文件应严格按照招标文件的要求进行密封,避免由于密封不合格造成废标。

(8)认真对待招标文件中关于废标的条件,以免被判为无效标而前功尽弃。

9.3.1.6 出席开标会议

投标人在编制和提交完投标文件后,应按时参加开标会议。开标会议由投标人的法定代表人或其授权代理人参加。如果是法定代表人参加,一般应持有法定代表人资格证明书;如果是委托代理人参加,一般应持有授权委托书。许多地方规定,不参加开标会议的投标人,其投标文件将不予启封。

9.3.1.7 接受中标通知书,提供履约担保,签订工程承包合同

经过评标,投标人被确定为中标人后,应接受招标人发出的中标通知书。中标人在收到中标通知书后,应在规定的时间和地点与招标人签订合同。我国规定招标人和中标人

应当自中标通知书发出之日起30日内订立书面合同，合同内容应依据招标文件、投标文件的要求和中标的条件签订。招标文件要求中标人提交履约保证金的，中标人应按招标人的要求提供。合同正式签订之后，应按要求将合同副本分送有关主管部门备案。

9.3.2　投标报价的步骤

投标报价是潜在投标人投标时确定的承包工程的价格，招标人常把投标人的报价作为选择中标者的主要依据。因此，报价的准确与否不仅关系到投标单位能否中标，更关系到中标后承包单位能否盈利及盈利的多少。

工程量清单计价是一种国际惯例计算报价模式，每一项单价中已综合了各种费用，即工程单价。执行现行《清单计价规范》(GB 50501—2007)的工程项目，其编制步骤为：①将工程单价分别填入相对应的分类分项工程量清单计价表中；②将已审定的分类分项工程量乘以工程单价，累计后即得该拟建工程分类分项工程造价；③分别按已确定的措施项目清单计价表、其他项目清单计价表和零星工作项目计价表中的项目内容，计算拟建工程的措施项目费用、其他项目费用和零星工作项目费用；④汇总后就得该拟建工程总造价，即投标总报价。

思考与练习题

9-1　工程招标的程序有哪些？

9-2　招标文件包括哪些内容？

9-3　简述工程投标的程序。

9-4　投标文件包括哪些内容？

项目10 水利工程工程量清单计价

【教学内容】

本项目主要学习水利工程工程量清单计价规范的内容、工程量清单编制和工程量清单计价方法。

【教学要求】

通过本项目学习,了解水利工程工程量清单计价规范的内容,熟悉工程量清单编制和工程量清单计价方法,掌握水利工程工程量清单编制和工程量清单计价。

任务10.1 清单计价规范概述

10.1.1 清单计价规范的主要内容

《水利工程工程量清单计价规范》(GB 50501—2007)(简称《清单计价规范》)共分为五章和两个附录,包括总则、术语、工程量清单编制、工程量清单计价、工程量清单及其计价格式、附录A水利建筑工程工程量清单项目及计算规则、附录B水利安装工程工程量清单项目及计算规则和本规范用词说明等内容。

10.1.2 计价规范总则

(1)为规范水利工程工程量清单计价行为,统一水利工程工程量清单的编制和计价方法,根据《中华人民共和国招标投标法》和《建设工程工程量清单计价规范》(GB 50500—2013),制定《水利工程工程量清单计价规范》(GB 50501—2007)。

(2)本规范适用于水利枢纽、水力发电、引(调)水、供水、灌溉、河湖整治、堤防等新建、扩建、改建、加固工程的招标投标工程量清单编制和计价活动。

(3)水利工程工程量清单计价活动应遵循客观、公正、公平的原则。

(4)水利工程工程量清单计价活动除应遵循本规范外,还应符合国家有关法律、法规及标准、规范的规定。

(5)本规范的附录A、附录B应作为编制水利工程工程量清单的依据,与正文具有同等效力。

①附录A为水利建筑工程工程量清单项目及计算规则,适用于水利建筑工程。

②附录B为水利安装工程工程量清单项目及计算规则,适用于水利安装工程。

10.1.3 计价规范术语

10.1.3.1 工程量清单

表现招标工程的分类分项工程项目、措施项目、其他项目的名称和相应数量的明细清单。

10.1.3.2 项目编码

采用 12 位阿拉伯数字表示(由左至右计位)。1 至 9 位为统一编码,其中,1、2 位为水利工程顺序码,3、4 位为专业工程顺序码,5、6 位为分类工程顺序码,7、8、9 位为分项工程顺序码,10 至 12 位为清单项目名称顺序码。

10.1.3.3 工程单价

完成工程量清单中一个质量合格的规定计量单位项目所需的直接费(包括人工费、材料费、机械使用费和季节、夜间、高原、风沙等原因增加的直接费)、施工管理费、利润和税金,并考虑风险因素。

10.1.3.4 措施项目

为完成工程项目施工,发生于该工程施工前和施工过程中招标人不要求列示工程量的施工项目。

10.1.3.5 其他项目

为完成工程项目施工,发生于该工程施工过程中招标人要求计列的费用项目。

10.1.3.6 零星工作项目(或称"计日工",下同)

完成招标人提出的零星工作项目所需的人工、材料、机械单价。

10.1.3.7 预留金(或称"暂定金额",下同)

招标人为暂定项目和可能发生的合同变更而预留的金额。

10.1.3.8 企业定额

施工企业根据本企业的施工技术、生产效率和管理水平制定的,供本企业使用的,生产一个质量合格的规定计量单位项目所需的人工、材料和机械台时(班)消耗量。

任务 10.2 工程量清单编制

工程量清单是表现招标工程的分类分项工程项目、措施项目、其他项目的名称和相应数量的明细清单。

工程量清单应由具有编制招标文件能力的招标人,或受其委托具有相应资质的中介机构进行编制。工程量清单是招标文件的重要组成部分。

工程量清单由招标人统一提供,避免由于计算不准确、项目不一致等人为因素造成的不公正影响,创造了一个公平的竞争环境。工程量清单是计价和询标、评标的基础,无论是标底的编制还是企业投标报价,都必须以工程量清单为基础进行,同样也为以后的招标、评标奠定了基础。工程量清单为施工过程中的进度款支付、办理工程结算及工程索赔提供了依据。设有标底价格的招标工程,招标人利用工程量清单编制标底价格,供评标时参考。

10.2.1 工程量清单编制概述

10.2.1.1 工程量清单编制的原则

1. 遵循市场经济活动的基本原则,客观、公正、公平

工程量清单的编制要实事求是,不弄虚作假,招标要机会均等,一律公平地对待所有投标人。

2. 符合计价规范的原则

清单分项类别、分项名称、分项编码、计量单位、主要技术条款编码、特征或工作内容备注等,都必须符合计价规范的规定和要求。

3. 符合工程量实物分项与描述准确的原则

招标人向投标人所提供的清单,必须与设计的施工图纸相符合,能充分体现设计意图,充分反映施工现场的实际施工条件,为投标人合理报价创造有利条件。

4. 工作认真审慎的原则

应当认真理解计价规范、相关政策法规、工程量计算规则、施工图纸、工程地质与水文资料和相关的技术资料等;熟悉施工现场情况,注重现场施工条件分析。对初定的工程量清单的各个分项,按有关的规定进行认真核对、审核,避免错漏项、少算或多算工程数量等现象发生;对措施项目与其他措施工程量项目清单也应当认真反复核实,最大限度地减少人为因素导致的错误发生,不留缺口,防止日后追加工程投资,增加工程造价。

10.2.1.2 工程量清单编制的依据

(1)《清单计价规范》。

(2)国家或省级、行业建设主管部门颁发的预算定额和方法。

(3)建设工程设计文件及相关资料。

(4)与建设工程项目有关的标准、规范、技术资料。

(5)拟定的招标文件。

(6)施工现场情况、地勘水文资料、工程特点及施工组织设计方案。

(7)其他相关资料。

10.2.1.3 工程量清单编制的程序与步骤

(1)收集并熟悉有关资料文件,分析图纸,确定清单分项。

收集设计文件(含设计报告、设计图纸、设计概算书)、招标文件初稿及技术条款、本地区相关的计价条例及造价信息,了解工程项目现场施工条件及业主的指导性意见等,分析设计图纸,确定清单分项。

(2)按分项及计算规则计算清单工程量,编制分类分项工程量清单、措施项目清单和其他项目清单。

根据设计文件及工程项目实际情况,依据计价规范、预算定额对原设计的五部分工程量进行重新计算并认真核对、审核,避免错漏项、少算或多算工程数量等现象发生。

10.2.2 工程量清单编制要求

10.2.2.1 分类分项工程量清单

分类分项工程量清单包括序号、项目编码、项目名称、计量单位、工程数量、主要技术条款编码和备注。根据《清单计价规范》附录A和附录B规定的项目编码、项目名称、项目主要特征、计量单位、工程量计算规则、主要工作内容和一般适用范围进行编制。

主要满足以下要求：一是通过序号正确反映招标项目的各层次项目划分；二是通过项目编码严格约束各分类分项工程项目的主要特征、主要工作内容、适用范围和计量单位；三是通过工程量计算规则，明确招标项目计列的工程数量一律为有效工程量，施工过程中一切非有效工程量发生的费用，均应摊入有效工程量的工程单价中，防止和杜绝以往工程价款结算由于工程量计量不规范而引发的合同变更和索赔纠纷；四是应列明完成该分类分项工程项目应执行的相应主要技术条款，以确保施工质量符合国家标准；五是除上述要求以外的一些特殊因素，可在备注栏中予以说明。

1. 项目编码

项目编码采用12位阿拉伯数字表示(由左至右计位)。1～9位为统一编码，其中，1、2位为水利工程顺序码(50)，3、4位为专业工程顺序码(建筑工程为01，安装工程为02)，5、6位为分类工程顺序码(按工程分类进行编码，建筑工程分为14节130个子目，安装工程分为3节56个子目)，7～9位为分项工程顺序码，10～12位为清单项目名称顺序码。1～9位按《清单计价规范》附录A和附录B的规定设置，不得变动；10～12位根据招标工程的工程量清单项目名称由编制人设置，自001起顺序编码。

当缺某分类分项工程时，9位编码数会间断不连续，当在不同部位有相同分类分项工程时，则会重复出现相同的前9位编码；同一分类分项工程为了区分不同的部位、质量、材料、规格等，划分出多个清单项目时，无论这些清单项目编排位置相隔多远，都要在相同的前9位编码之后，按清单项目出现的先后次序，自001起不间断、不重复、不颠倒地顺序编制10～12位自编码；不同分类工程中的不同分项工程子目应按照主次原则或实际需要，在工程量清单中以主要分类分项工程列项计价，次要分类分项工程的费用摊入到主要分类分项工程有效工程量的单价中。

2. 项目名称

项目名称按《清单计价规范》附录A和附录B的项目名称及招标项目规模和范围，参照行业有关规定，并结合工程实际情况设置。

3. 计量单位

计量单位按《清单计价规范》附录A和附录B中规定的单位确定。

4. 工程数量

工程数量按《清单计价规范》附录A和附录B中规定的工程量计算规则和相关条款说明计算。其有效位数应遵守：以“立方米”“平方米”“米”“千克”“个”“项”“根”“块”“台”“组”“面”“只”“相”“站”“孔”“束”为单位的，应取整数；以“吨”“千米”为单位的，应保留小数点后2位数字，第三位数字四舍五入。

5. 主要技术条款编码

主要技术条款编码,应按招标文件中相应技术条款的编码填写。

10.2.2.2　**措施项目清单**

措施项目为完成工程项目施工,发生于该工程施工前和施工过程中招标人不要求列示工程量的施工项目。

措施项目清单应根据招标工程的具体情况,参照表10-1中的项目列项。

表10-1　措施项目一览表

序号	项目名称
1	环境保护措施
2	文明施工措施
3	安全防护措施
4	小型临时工程
5	施工企业进退场费
6	大型施工设备安拆费
…	…

编制措施项目清单时,如出现表10-1中未列项目,则根据招标工程的规模、涵盖的内容等具体情况,编制人可作补充。一般情况下,措施项目清单应编制一个"其他"作为最末项。凡能计算出工程数量并按工程单价结算的措施项目,均应列入分类分项工程量清单。

10.2.2.3　**其他项目清单**

其他项目为完成工程项目施工,发生于该工程施工过程中招标人要求计列的费用项目。该费用项目由招标人掌握,是为暂定项目和可能发生的合同变更而预留的费用。编制人在符合法规的前提下,可根据招标工程的具体情况调整补充。其他项目清单一般包括预备金(或称"暂定金额")和暂估价。

10.2.2.4　**零星工作项目清单**

零星工作项目(或称"计日工")为完成招标人提出的零星工作项目所需的人工、材料、机械单价。

零星工作项目清单编制人应根据招标工程具体情况,对工程实施过程中可能发生的变更或新增加的零星项目,列出人工(按工种)、材料(按名称和型号规格)、机械(按名称和型号规格)的计量单位,不列出具体数量,并随工程量清单发至投标人。零星工作项目清单的单价由投标人填报。

任务10.3 工程量清单计价

10.3.1 工程量清单计价依据

(1)招标文件的合同条款、技术条款、工程量清单、招标图纸等。

(2)《水利水电工程设计概(估)算编制规定》。

(3)预算定额或企业定额。

(4)市场人工、材料和施工设备使用价格。

(5)企业自身的管理水平、生产能力。

10.3.2 工程量清单计价方法

工程量清单计价应包括按招标文件规定完成工程量清单所列项目的全部费用,包括分类分项工程费、措施项目费和其他项目费。

10.3.2.1 分类分项工程费

分类分项工程费即完成招标文件规定的分类分项工程所需的费用。分类分项工程量清单计价应采用工程单价计价。

$$分类分项工程费 = \sum(清单工程量 \times 工程单价) \tag{10-1}$$

工程单价指完成工程量清单中一个质量合格的规定计量单位项目所需的直接费(包括人工费、材料费、机械使用费和季节、夜间、高原、风沙等原因增加的直接费)、施工管理费、企业利润和税金,并考虑风险因素。

分类分项工程量清单的工程单价,应根据《清单计价规范》规定的工程单价组成内容,按招标设计文件、图纸、附录A和附录B中的"主要工作内容"确定,除另有规定外,对有效工程量以外的超挖、超填工程量,施工附加量,加工、运输损耗量等,所消耗的人工、材料和机械费用,均应摊入相应有效工程量的工程单价之内。

分类分项工程量清单的工程单价计算,可用下式表达:

$$工程单价 = \frac{\sum(组价项目工程量 \times 组价项目直接费)}{清单项目工程量} \times (1 + 施工管理费) \times (1 + 企业利润率) \times (1 + 税率) \tag{10-2}$$

按照招标文件的规定,根据招标项目涵盖的内容,投标人一般应编制以下基础单价,作为编制分类分项工程单价的依据。

(1)人工费单价。

(2)主要材料预算价格。

(3)电、风、水单价。

(4)砂石料单价。

(5)块石、料石单价。

(6)混凝土配合比材料费。

(7)施工机械台时(班)费。

10.3.2.2 措施项目费

措施项目清单的金额,应根据招标文件的要求以及工程的施工方案,以每一项措施项目为单位,按项计价。

10.3.3 工程量清单报价编制的程序与步骤

10.3.3.1 编制基础单价

(1)人工预算单价:按工程所在地规定确定或进行计算,填写人工费单价汇总表,并附上计算说明或来源说明。

(2)材料预算价格:如果由招标人提供材料,则需填写招标人供应材料价格汇总表;其他投标人自行采购的材料预算价格按市场价格+运杂费+运输保险费+采购及保管费进行计算确定,填写投标人自行采购主要材料预算价格汇总表,在填写之前可列附表进行计算。

(3)施工机械台时费:如果由招标人提供施工机械,则需填写招标人提供施工机械台时(班)费汇总表;其他投标人自备施工机械的台时(班)费预算价格根据施工机械台时费定额计算出其一、二类费用之和,填写投标人自备施工机械台时(班)费汇总表。

(4)施工用电、水、风价格:根据施工组织设计确定的方案,按规范规定的计算方法进行计算,填写投标人生产电、风、水、砂石基础单价汇总表,并附上载有计算过程的计算书。

10.3.3.2 确定费(税)率

施工管理费、企业利润应根据工程实际情况和企业管理能力、技术水平确定,并将其费率控制在规范规定的数值范围内,税金按国家税法规定计取,填写工程单价费(税)率汇总表。

10.3.3.3 编制工程单价计算表

工程单价分为建筑工程单价和安装工程单价,其中建筑工程单价计算程序如表10-2所示,安装工程单价计算程序如表10-3所示,其工程单价计算表的格式要完全按招标文件要求填写(有时招标文件提供的格式与规范规定的清单计价格式存在区别)。

表10-2 建筑工程单价计算程序表

序号	项目名称	计算方法
1	直接费	1.1+1.2+1.3
1.1	人工费	Σ定额劳动量(工时)×人工预算单价(元/工时)
1.2	材料费	Σ定额材料用量×材料预算价格
1.3	施工机械使用费	Σ定额机械使用量(台时)×施工机械台时费(元/台时)
2	施工管理费	1×施工管理费费率
3	企业利润	(1+2)×企业利润率
4	税金	(1+2+3)×税率
5	合计	1+2+3+4

表10-3 安装工程单价计算程序表

序号	项目名称	计算方法
1	直接费	1.1+1.2+1.3
1.1	人工费	Σ定额劳动量(工时)×人工预算单价(元/工时)
1.2	材料费	Σ定额材料用量×材料预算价格
1.3	施工机械使用费	Σ定额机械使用量(台时)×施工机械台时费(元/台时)
2	施工管理费	1.1×施工管理费费率
3	企业利润	(1+2)×企业利润率
4	税金	(1+2+3)×税率
5	合计	1+2+3+4

其工程单价为招标文件提供的工程量清单中所有项目的单价,应根据预算定额和工程项目拟订的施工方案进行编制。

10.3.3.4 编制分类分项工程量清单、措施项目清单、其他项目清单、零星工作项目清单等四部分计价表(含总价项目分类分项工程分解表)

根据招标文件提供的工程量清单和所计算出来的工程单价,分别先后计算出分类分项工程量清单计价表、措施项目清单计价表、其他项目清单计价表、零星工作项目清单计价表、总价项目分类分项工程分解表。

10.3.3.5 编制工程项目总价表,并根据投标策略调整材料预算价格、费(税)率

根据所计算出来的分类分项工程量清单计价表、措施项目清单计价表、其他项目清单计价表、零星工作项目清单计价表四部分小计,汇总计算出工程项目总价,再根据项目的上限值或拟定的工程总报价,根据投标策略调整材料预算价格、费(税)率来达到拟定的工程总报价。

10.3.3.6 编制编制说明

根据招标文件的工程量清单说明、工程量清单报价说明,编制详细的投标报价编制说明,内容包括报价的编制原则、基础资料、取费标准等。

10.3.3.7 编制其他表格,并按顺序进行排序装订

根据工程量清单和计价格式,补充编制其他表格(投标总价、封面、工程单价汇总表等相关表格),并按装订顺序进行排序、汇总。

工程量清单报价虽应按当地要求的编制规定和计价文件执行,但不同省份其计价的过程和方法基本类似。

10.3.4 工程量清单计价格式

10.3.4.1 工程量清单计价的组成内容

工程量清单计价应采用统一格式,填写工程量清单报价表。工程量清单报价表应由下列内容组成:

(1)封面。

(2)投标总价。

(3)工程项目总价表。

(4)分类分项工程量清单计价表。

(5)措施项目清单计价表。

(6)其他项目清单计价表。

(7)零星工作项目清单计价表。

(8)工程单价汇总表。

(9)工程单价费(税)率汇总表。

(10)投标人生产电、风、水、砂石基础单价汇总表。

(11)投标人生产混凝土配合比材料费表。

(12)招标人供应材料价格汇总表。

(13)投标人自行采购主要材料预算价格汇总表。

(14)招标人提供施工机械台时(班)费汇总表。

(15)投标人自备施工机械台时(班)费汇总表。

(16)总价项目分类分项工程分解表。

(17)工程单价计算表。

10.3.4.2 工程量清单报价表的填写

(1)工程量清单报价表的内容应由投标人填写。

(2)投标人不得随意增加、删除或涂改招标人提供的工程量清单中的任何内容。

(3)工程量清单报价表中所有要求盖章、签字的地方,必须由规定的单位和人员盖章、签字(其中法定代表人也可由其授权委托的代理人签字、盖章)。

(4)投标总价应按工程项目总价表合计金额填写。

(5)工程项目总价表填写:表中一级项目名称按招标人提供的招标项目工程量清单中的相应名称填写,并按分类分项工程量清单计价表中相应项目合计金额填写。

(6)分类分项工程量清单计价表填写:

①表中的序号、项目编码、项目名称、计量单位、工程数量、主要技术条款编码,按招标人提供的分类分项工程量清单中的相应内容填写。

②表中列明的所有需要填写的单价和合价,投标人均应填写;未填写的单价和合价,视为此项费用已包含在工程量清单的其他单价和合价中。

(7)措施项目清单计价表填写:表中的序号、项目名称,按招标人提供的措施项目清单中的相应内容填写,并填写相应措施项目的金额和合计金额。

(8)其他项目清单计价表填写:表中的序号、项目名称、金额,按招标人提供的其他项目清单中的相应内容填写。

(9)零星工作项目计价表填写:表中的序号、人工、材料、机械的名称、型号规格以及计量单位,按招标人提供的零星工作项目清单中的相应内容填写,并填写相应项目单价。

(10)辅助表格填写:

①工程单价汇总表,按工程单价计算表中的相应内容、价格(费率)填写。

②工程单价费(税)率汇总表,按工程单价计算表中的相应费(税)率填写。

③投标人生产电、风、水、砂石基础单价汇总表,按基础单价分析计算成果的相应内容、价格填写,并附相应基础单价的分析计算书。

④投标人生产混凝土配合比材料费表,按表中工程部位、混凝土和水泥强度等级、级配、水灰比、相应材料用量和单价填写,填写的单价必须与工程单价计算表中采用的相应混凝土材料单价一致。

⑤招标人供应材料价格汇总表,按招标人供应的材料名称、型号规格、计量单位和供应价填写,并填写经分析计算后的相应材料预算价格,填写的预算价格必须与工程单价计算表中采用的相应材料预算价格一致。

⑥投标人自行采购主要材料预算价格汇总表,按表中的序号、材料名称、型号规格、计量单位和预算价填写,填写的预算价必须与工程单价计算表中采用的相应材料预算价格一致。

⑦招标人提供施工机械台时(班)费汇总表,按招标人提供的机械名称、型号规格和招标人收取的台时(班)折旧费填写;投标人填写的台时(班)费用合计金额必须与工程单价计算表中相应的施工机械台时(班)费单价一致。

⑧投标人自备施工机械台时(班)费汇总表,按表中的序号、机械名称、型号规格、一类费用和二类费用填写,填写的台时(班)费合计金额必须与工程单价计算表中相应的施工机械台时(班)费单价一致。

⑨工程单价计算表,按表中的施工方法、序号、名称、型号规格、计量单位、数量、单价、合价填写,填写的人工、材料和机械等基础价格,必须与基础材料单价汇总表、主要材料预算价格汇总表及施工机械台时(班)费汇总表中的单价相一致;填写的施工管理费、企业利润和税金等费(税)率必须与工程单价费(税)率汇总表中的费(税)率相一致。凡投标金额小于投标总报价万分之五及以下的工程项目,投标人可不编报工程单价计算表。

(11)总价项目一般不再分设分类分项工程项目,若招标人要求投标人填写总价项目分类分项工程分解表,其表式同分类分项工程量清单计价表。

(12)工程量清单计价格式应随招标文件发至投标人。

思考与练习题

10-1 什么是预留金?

10-2 措施项目清单包括哪些?

10-3 指出分类分项工程量清单的组成内容。

10-4 如何确定分类分项工程量清单的项目名称?

10-5 工程量清单计价包括哪些费用?

项目11 水利水电工程计价软件操作

【教学内容】

本项目主要学习利用水利水电工程计价软件进行招标投标和做概算。

【教学要求】

通过本项目学习,熟悉水利水电工程计价软件的操作界面、功能,能够运用水利水电工程计价软件来做水利水电工程概算,为以后工作打下坚实的基础。本章是以青山.net大禹水利水电计价软件为例进行讲解。

任务11.1 计价软件概述

11.1.1 软件介绍

11.1.1.1 软件编制依据

水利水电计价软件是以《水利建筑工程概算定额》《水利建筑工程预算定额》《水利水电设备安装工程预算定额》《水利水电设备安装工程概算定额》《水利工程施工机械台时费定额》及2014年颁布的《水利工程设计概(估)算编制规定》为依据来配套开发的。

青山.net大禹水利水电计价软件先后通过了建设部门及各省市造价管理站的技术鉴定,目前已广泛应用于全国各省市工程建设的预算编制。软件的最大特色是集成度高,操作方便,能集各地的定额于一体,并自动根据不同定额体系变换适应当地规则的操作界面,极大地提高了用户的工作效率。

11.1.1.2 软件适用范围

青山.net大禹水利水电计价软件适合设计、施工、管理、审核等单位及部门使用,目前已在水利院校、工程建设单位、设计院、施工企业、造价咨询、造价审核等各类单位和企业广泛应用。

11.1.2 软件的特点、安装和运行

11.1.2.1 软件的特点

(1)总价调整(根据给定条件对单价、总价进行批量随机调整)。

(2)拼音首码查询。

(3)预设材料关联(可实现相同材料不同单位的价格联动)。

(4)信息价查询(可实时查询或调用信息价价格)。

(5)配合比添加备选材料(备选材料中可自行添加材料)。

(6)自定义装置性材料(自定义装置性材料归类,软件自动扣减损耗)。

(7)机械台班批量查询替换(通过关键字查找定位机械)。

(8)工程合并(可多人协作完成同一工程)。

(9)内置实时在线服务系统,技术顾问随时联络。

(10)实时行业标准及技术规范说明(内置行业标准、技术规范、编规等文件内容,与变量等一一对应,定位查询,方便快捷)。

(11)直接与 Excel 交换数据(直接与 Excel 进行数据的复制、粘贴)。

(12)智能报表/报表链接(超强的报表设计功能,表头、表脚如编辑 Excel 一样方便,并可表内关联、表间关联表内数据与计算数据一致批量发送带链接报表)。

(13)满足教学功能要求,可对教学目标进行分解控制(按教学进度目标,分解教学点,学习与练习一键切换,边学习边实战练习,理论学习与实操练习紧密结合)。

(14)具备 FAQ 功能及知识库,可对常见问题进行方便的查阅和管理(FAQ 问答题目分类及题库制作简单,更新方便)。

(15)具备学习版评分功能,学生学习后可对教学效果进行自动评分(单选、多选、判断等多种题型,由教师灵活命题,分配各题分值;学生学习结束,直接利用教学评分功能,在线考试,自动评分)。

(16)合法性检查(独增合法性检查功能,常见错误一下就检查出来,避免出现常识性错误,并支持反查定位修改,最大限度地减少错误与失误)。

11.1.2.2 软件的安装和运行

1. 软件安装

确定的硬件配置已就位,便可以开始安装软件了。在安装之前要确定硬盘上有足够的自由空间,青山. net 大禹水利水电计价软件及相关文件将占用100 M 左右的硬盘空间。在安装之前,最好先关闭所有的应用程序。

软件安装步骤如下:

(1)将本软件的安装盘放入驱动器中,找到安装文件 Setup. exe。

(2)执行该安装程序,在出现的安装界面中,点击下一步,直到完成。

(3)点击最后的完成按钮,系统安装完成。

2. 软件运行

正确地安装本系统后,便可以按以下步骤启动系统:

(1)如果有加密锁,确保已将该加密锁正确地插在计算机的 USB 端口上。

(2)打开计算机,进入 Windows 操作系统。

(3)双击桌面上的软件图标,即可成功启动该软件。

任务 11.2 编制水利造价预算成果的原理

水利工程造价的计价方式是"工程量清单"方式,根据工程量清单套定额,计算出相应的直接费(人工费、机械费、材料费),然后以定额为基础计算每个清单的综合单价,综合单价由直接工程费、间接费、利润、税金组成,其计算方式相同,但费率根据清单的类别,如土石方工程、混凝土工程等各不相同,用户需要根据情况加以选择,这就是软件中输入工程量清单时要求进行的“单价取费程序设置”。

水利工程造价计算将清单进行分部分项,第一部分建筑工程、第二部分机电设备及安装工程、第三部分金属结构设备及安装工程、第四部分施工临时工程,这四部分清单逐一编制,汇总后得到建筑及安装工程费和设备费的合计,第五部分独立费用将以此为基础进行计算。

对清单进行报价,需要确定清单属于哪一部分的什么类型以确定采用什么综合单价计算程序,然后要对清单套用相应定额,套定额的目的是计算直接费,而计算直接费就需要人工、材料、机械的单价,这就需要开始计算人工 、材料、机械的单价等基础资料工作,这就是为什么编制清单计价的第一步需要编写基础资料(计算人工、材料、机械单价等),第二步输入清单,每个清单需要设置综合单价计算程序,第三步根据清单套定额,再生成独立费用,最后打印出各种报表。工程预算流程示意图如图 11-1 所示。

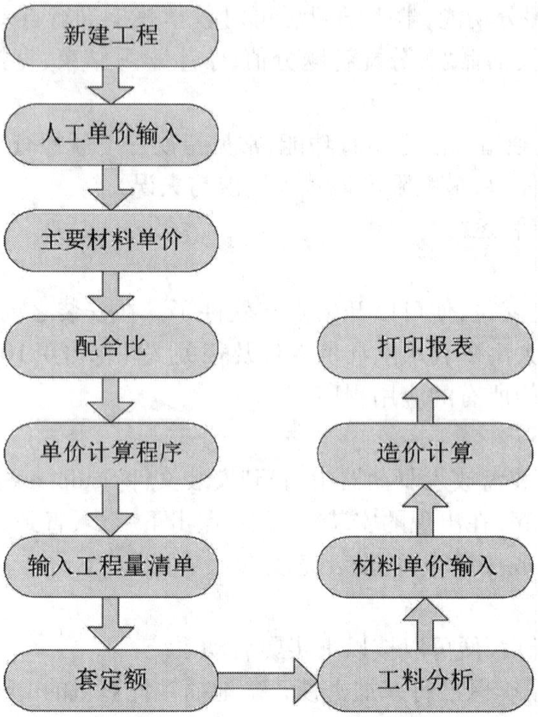

图 11-1　工程预算流程示意图

任务 11.3　计价软件招标投标版操作

11.3.1　软件招标投标模板选择

软件中设计阶段可分为估算、概算、预算和招标投标。招标投标模板又分为全国 2014 标准模板和国标清单(GB 50501—2007)模板,如图 11-2 所示。

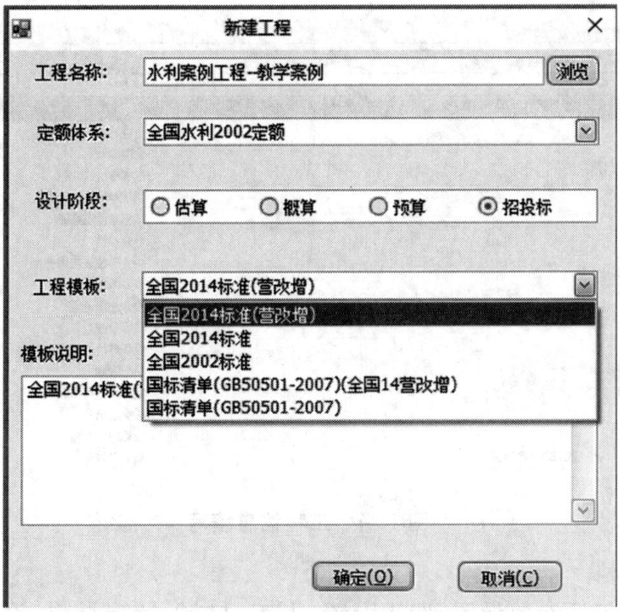

图 11-2　模板选择

11.3.2　软件工程操作界面

工程编制按照工程造价手工编制流程设置工程节点,在工程管理器中,按照从上到下的顺序进行,也可以按照个体习惯,改变操作顺序,程序会实时进行各节点的数据计算。如图 11-3 所示。

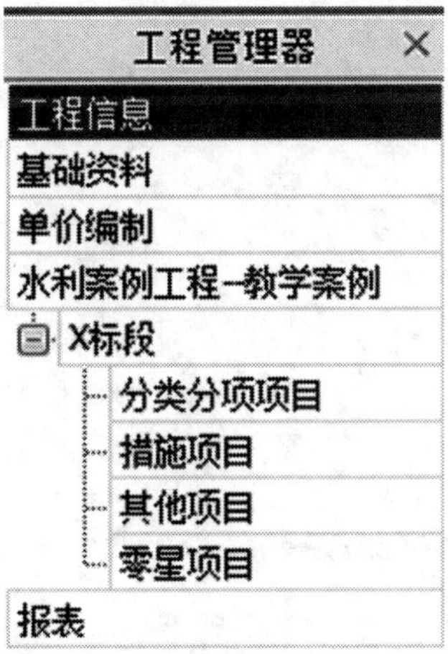

图 11-3　工程编制

11.3.2.1　工程信息

工程信息节点包括封面、编制说明、填表须知三部分。在项目数据列,按照工程实际,输入相应的内容即可,主要是供后续报表调用。如图 11-4 所示。

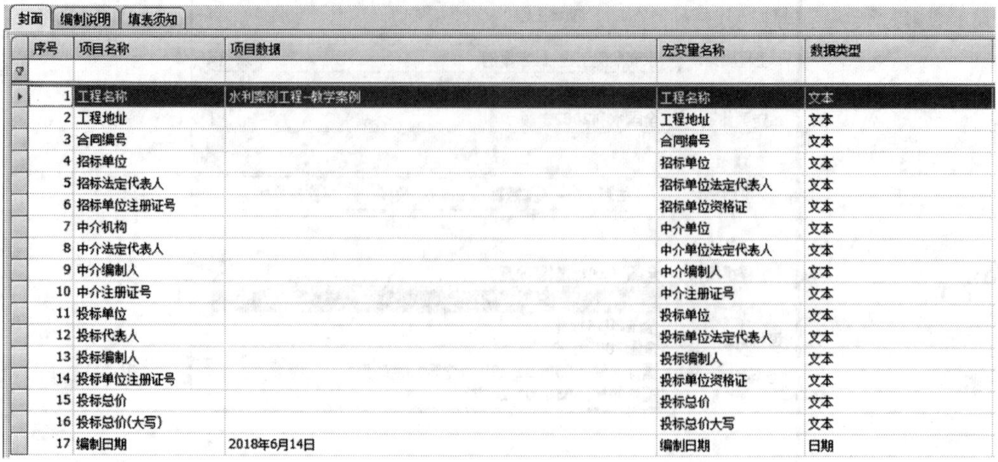

序号	项目名称	项目数据	宏变量名称	数据类型
1	工程名称	水利案例工程-教学案例	工程名称	文本
2	工程地址		工程地址	文本
3	合同编号		合同编号	文本
4	招标单位		招标单位	文本
5	招标法定代表人		招标单位法定代表人	文本
6	招标单位注册证号		招标单位资格证	文本
7	中介机构		中介单位	文本
8	中介法定代表人		中介单位法定代表人	文本
9	中介编制人		中介编制人	文本
10	中介注册证号		中介注册证号	文本
11	投标单位		投标单位	文本
12	投标代表人		投标单位法定代表人	文本
13	投标编制人		投标编制人	文本
14	投标单位注册证号		投标单位资格证	文本
15	投标总价		投标总价	文本
16	投标总价(大写)		投标总价大写	文本
17	编制日期	2018年6月14日	编制日期	日期

图 11-4　工程信息填写

11.3.2.2　基础资料

基础资料节点包括参数设置、费用设置、人工、材料、计算材料、设备费率、电、风、水、机械台班、配合比、骨料系统等各项基础费用计算页面。如图 11-5 所示。

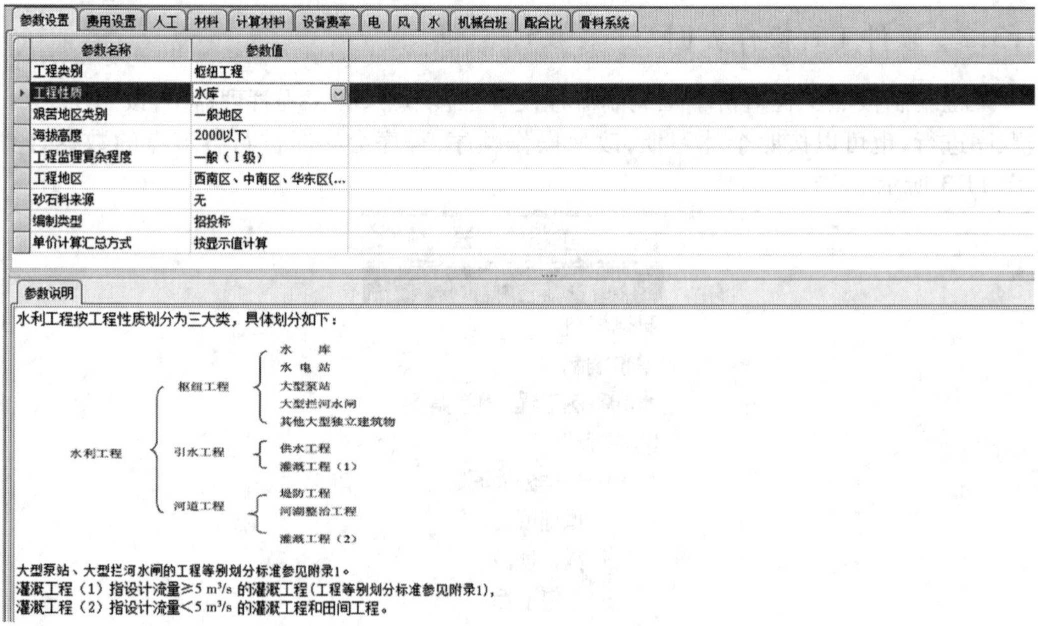

图 11-5　基础资料

11.3.2.3　标段部分

标段部分包括分类分项项目、措施项目、其他项目、零星项目四部分，如图 11-6 所示。在软件中招标投标单价组成的操作方法与概预算方法一致，将以案例的形式在任务 11.4 中详细讲解。

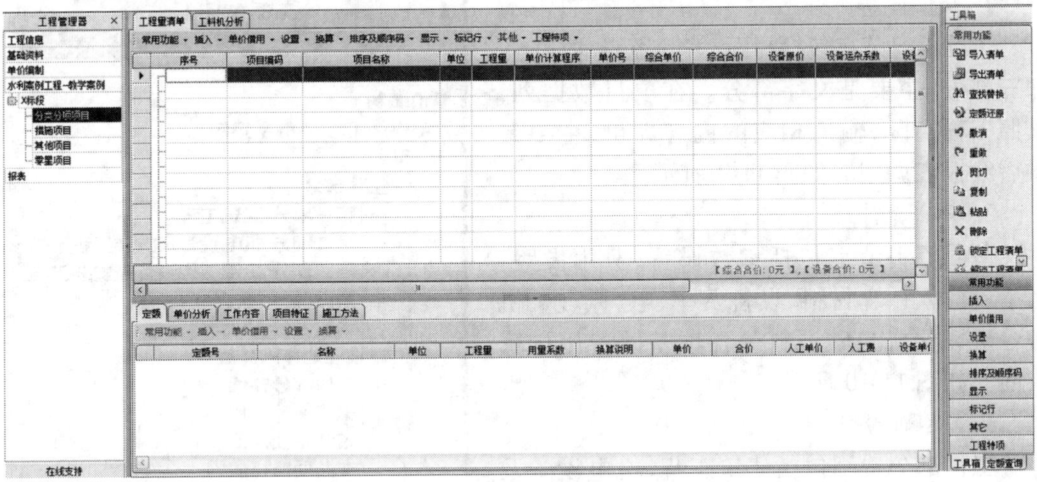

图 11-6　标段部分

任务 11.4　计价软件概算版操作

11.4.1　工程项目信息的建立及定额模版的选择

11.4.1.1　信息建立及定额模板选择

点击工程菜单下的“新建”或工具栏“新建工程”图标，即可弹出如图 11-7 所示“新建工程”窗口，点击“浏览”选择工程保存路径、输入工程名称，选择工程类型，点击“确定”。

工程名称：某电灌站工程－教学案例。

定额体系：依据水利部 2002 年《水利建筑工程概算定额》《水利建筑工程预算定额》《水利水电设备安装工程预算定额》《水利水电设备安装工程概算定额》《水利工程施工机械台时费定额》。

设计阶段：估算、概算、预算、招标投标。

工程模板：依据水利部 2014 年《水利工程设计概（估）算编制规定》（水总〔2014〕429 号）的有关规定，结合水利部于 2019 年 4 月发布的《水利部办公厅关于调整水利工程计价依据增值税计算标准的通知》（办财务函〔2019〕448 号）选择模板。

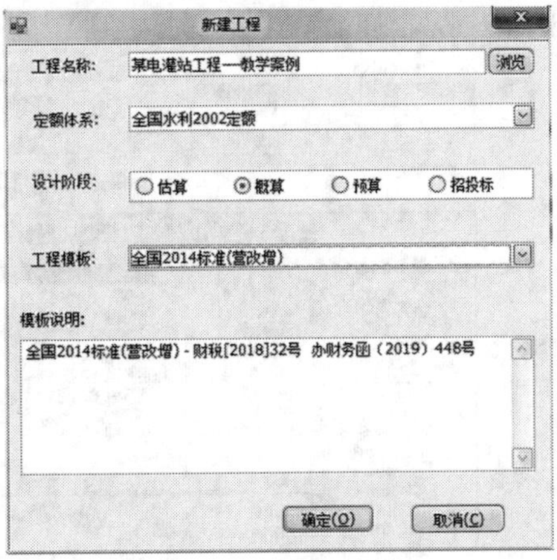

图 11-7　新建工程

11.4.1.2　工程操作界面

工程编制按照工程造价手工编制流程设置工程节点，在工程管理器中，按从上至下的顺序进行操作，也可按照个人习惯，改变操作顺序，程序会实时进行各节点的数据计算。如图 11-8 所示。

1. 工程信息

工程信息节点包括封面、编制说明、填表须知三部分,主要是文字部分。在项目数据列,按照工程实际,输入相应的内容即可,主要是供后续报表调用。如图 11-9 所示。

2. 基础资料

基础资料节点包括参数设置、费用设置、人工、材料、计算材料、设备费率、电、风、水、机械台班、配合比、砂石料等各项基础费用计算页面。如图 11-10 所示。

3. 工程部分

工程部分费用包括建筑工程、机电设备及安装工程、金属结构设备及安装工程、施工临时工程和独立费用五部分,其中建筑工程、机电设备及安装工程、金属结构设备及安装工程、施工临时工程项目费用计算方法基本一致,下面以建筑工程为例,介绍相关操作。如图 11-11 所示。

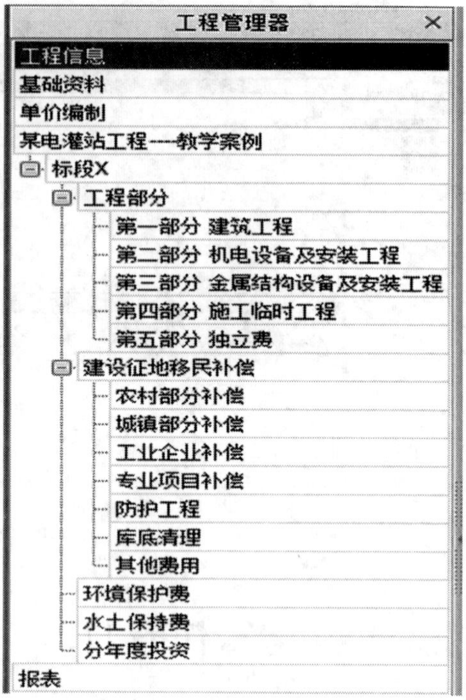

图 11-8 工程管理器

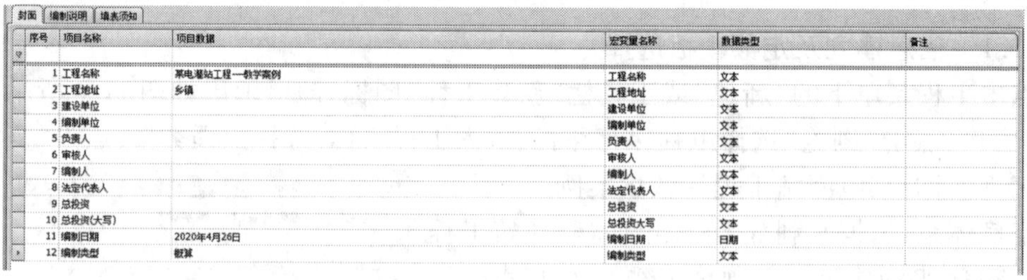

序号	项目名称	项目数据	宏变量名称	数据类型	备注
1	工程名称	某电灌站工程—教学案例	工程名称	文本	
2	工程地址	乡镇	工程地址	文本	
3	建设单位		建设单位	文本	
4	编制单位		编制单位	文本	
5	负责人		负责人	文本	
6	审核人		审核人	文本	
7	编制人		编制人	文本	
8	法定代表人		法定代表人	文本	
9	总投资		总投资	文本	
10	总投资(大写)		总投资大写	文本	
11	编制日期	2020年4月26日	编制日期	日期	
12	编制类型	概算	编制类型	文本	

图 11-9 案例中工程信息

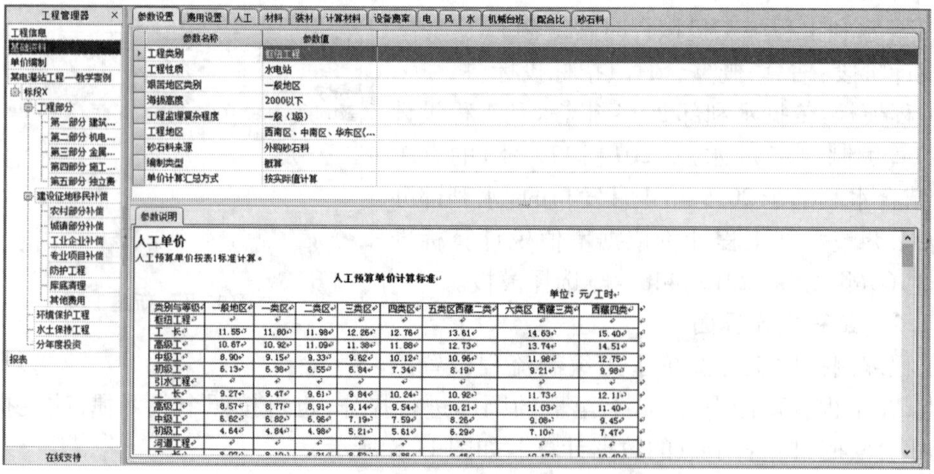

图 11-10 案例中基础资料

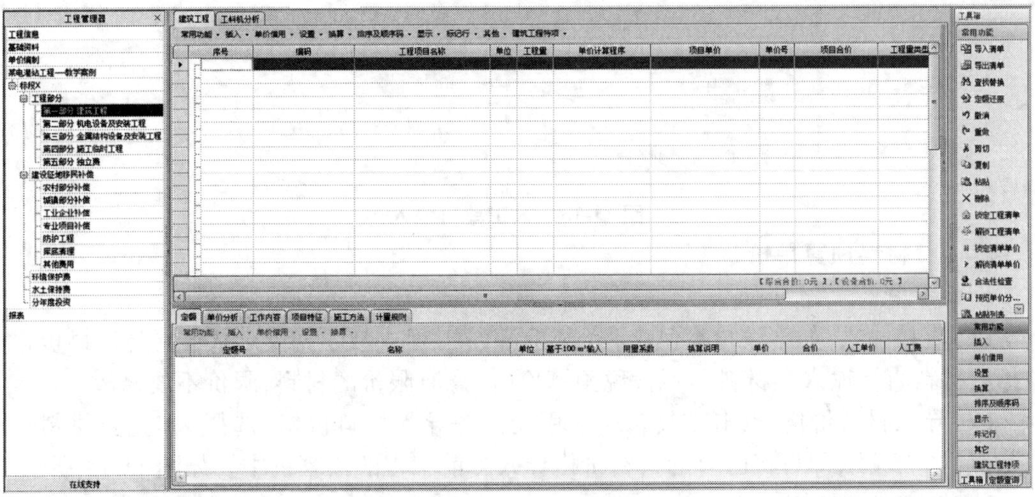

图 11-11　工程部分

11.4.2　基础单价编制

11.4.2.1　人工预算单价

人工费的设置根据基础资料里的工程类别和艰苦地区类别选择来确定，或者直接输入人工单价，如本教材案例工程（某电灌站工程 - 教学案例）中人工工时的预算单价。

（1）选择工程管理器界面—基础资料—参数设置—艰苦地区类别—选择“一般地区”，如图 11-12 所示。

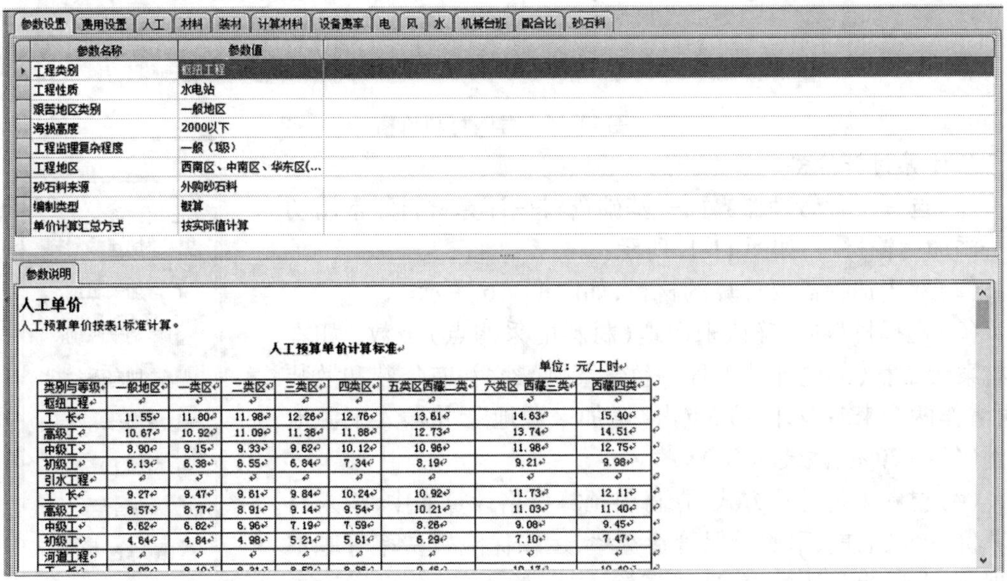

图 11-12　参数设置

（2）切换到“人工”界面，即工长 11.55、高级工 10.67、中级工 8.90、初级工 6.13，如图 11-13 所示。

图 11-13 人工单价输入

11.4.2.2 材料预算单价

1. 数据输入

(1)直接输入:如本教材案例工程(某电灌站工程 - 教学案例)中非主要材料价格表中相应材料直接输入到材料—不含税预算价(注意有限价的材料,限价不要修改)。

(2)导入材料价格:点击工具箱—常用功能—导入材料价格,选择“非主要材料价格表”,点击“打开”,即可将已有的材料价格导入当前工程的预算价中。如图 11-14 所示。

图 11-14 导入材料价格

2. 计算材料价格

(1)选择工程管理器界面—基础资料—计算材料—常用功能—添加运输材料,如图 11-15所示。

(2)双击选择需要计算的材料,如图 11-16 所示。

(3)选择材料后,确认来源地(材料的采购点)个数。如本教材案例工程(某电灌站工程 - 教学案例),水泥有袋装和散装(可看作两个来源地计算),点击“增加来源地”,并输入来源地比例(袋装 20%、散装 80%)。

(4)材料单价计算方式:在材料预算价格计算表中,输入材料原价、单位毛重、采购及保管费费率、运输保险费费率等基本数据,点击运杂费计算表,选择运输方式,输入吨/公里运输参数即可。如图 11-17 所示。

图 11-15 常用功能

11.4.2.3 施工机械台时费

选择工程管理器界面—基础资料—参数设置—艰苦地区

图 11-16　运输计算材料

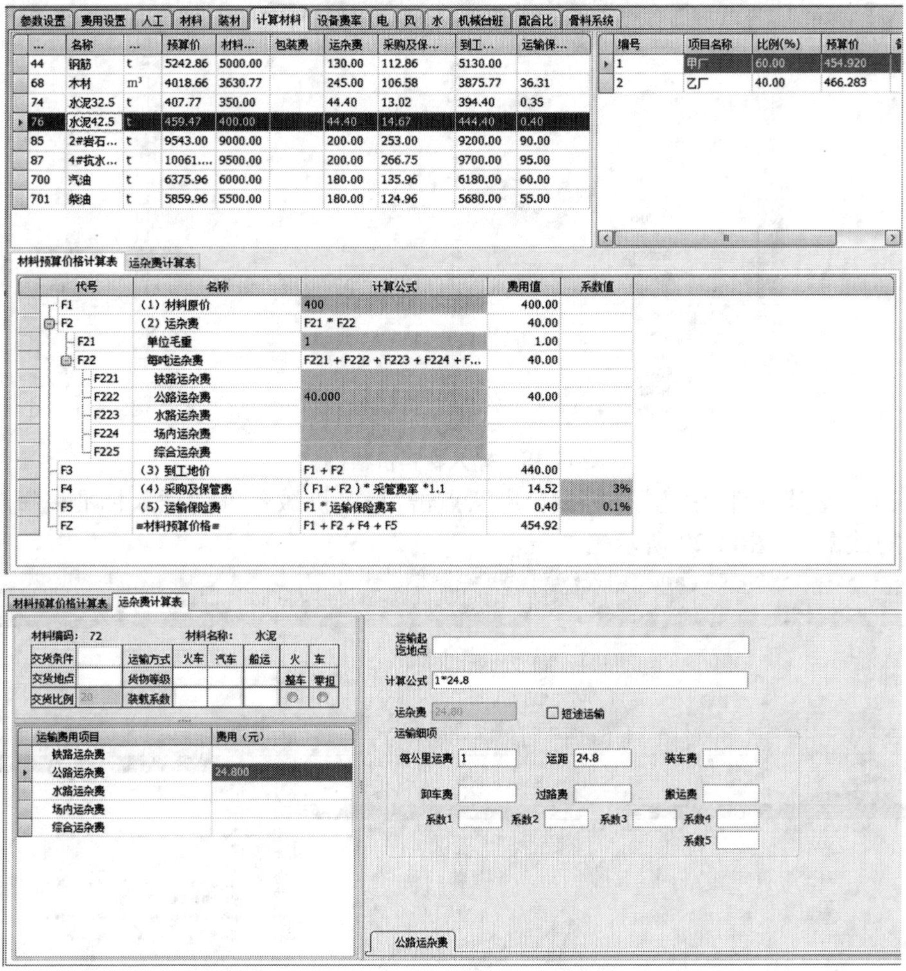

图 11-17　材料预算价格计算

类别—选择“一般地区”,如图 11-18 所示。

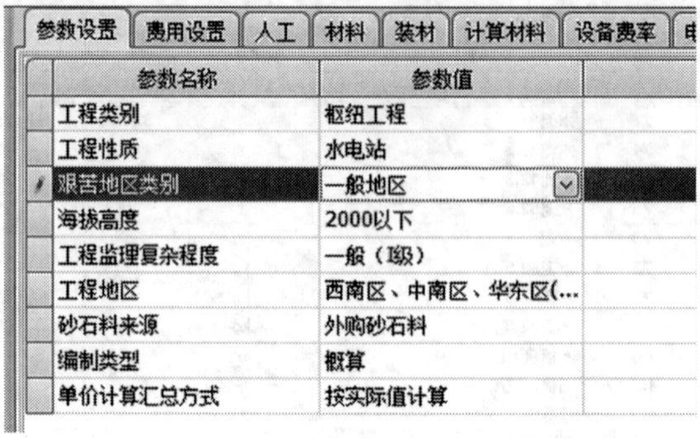

参数名称	参数值
工程类别	枢纽工程
工程性质	水电站
艰苦地区类别	一般地区
海拔高度	2000以下
工程监理复杂程度	一般(Ⅱ级)
工程地区	西南区、中南区、华东区(…
砂石料来源	外购砂石料
编制类型	概算
单价计算汇总方式	按实际值计算

图 11-18 参数设置

(1)在“基础资料”中选择“材料”,输入柴油、汽油不含税预算价。如图 11-19 所示。

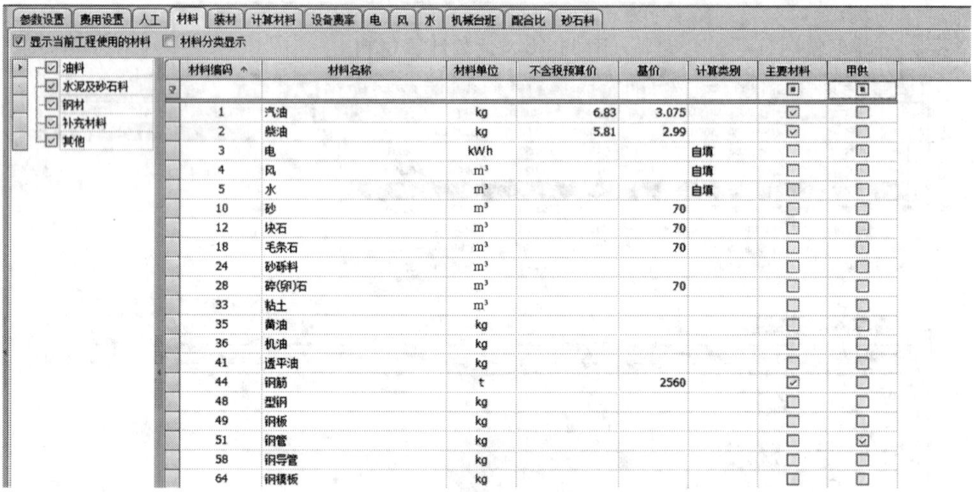

材料编码	材料名称	材料单位	不含税预算价	基价	计算类别	主要材料	甲供
1	汽油	kg	6.83	3.075		☑	☐
2	柴油	kg	5.81	2.99		☑	☐
3	电	kWh			自填	☐	☐
4	风	m³			自填	☐	☐
5	水	m³			自填	☐	☐
10	砂	m³		70		☐	☐
12	块石	m³		70		☐	☐
18	毛条石	m³		70		☐	☐
24	砂砾料	m³				☐	☐
28	碎(卵)石	m³		70		☐	☐
33	粘土	m³				☐	☐
35	黄油	kg				☐	☐
36	机油	kg				☐	☐
41	透平油	kg				☐	☐
44	钢筋	t		2560		☑	☐
48	型钢	kg				☐	☐
49	钢板	kg				☐	☐
51	钢管	kg				☐	☑
58	钢导管	kg				☐	☐
64	钢模板	kg				☐	☐

图 11-19 输入材料价格(一)

(2)在“基础资料”中选择“机械台班”,点击“插入机械台班”,插入标准机械台班,修改相应的数据,如图 11-20 所示。

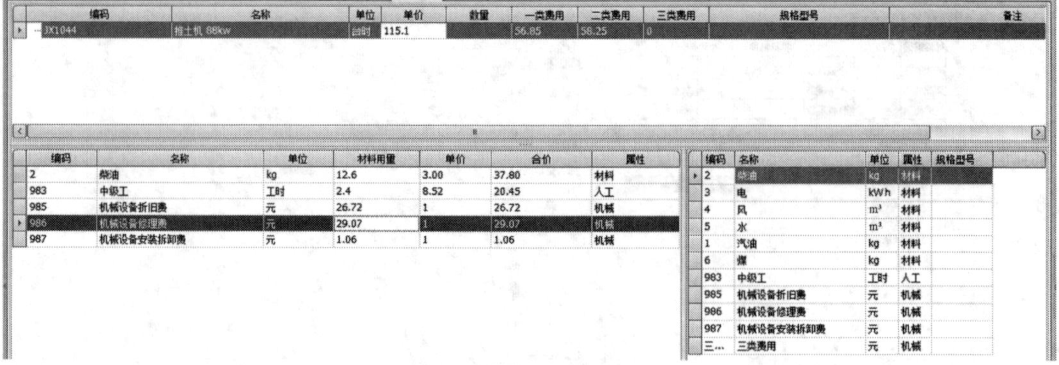

编码	名称	单位	单价	数量	一类费用	二类费用	三类费用	规格型号	备注
JX1044	推土机 88kw	台时	115.1		56.85	58.25	0		

编码	名称	单位	材料用量	单价	合价	属性
2	柴油	kg	12.6	3.00	37.80	材料
983	中级工	工时	2.4	8.52	20.45	人工
985	机械设备折旧费	元	26.72	1	26.72	机械
986	机械设备修理费	元	29.07	1	29.07	机械
987	机械设备安装拆卸费	元	1.06	1	1.06	机械

编码	名称	单位	属性	规格型号
2	柴油	kg	材料	
3	电	kWh	材料	
4	风	m³	材料	
5	水	m³	材料	
1	汽油	kg	材料	
6	煤	kg	材料	
983	中级工	工时	人工	
985	机械设备折旧费	元	机械	
986	机械设备修理费	元	机械	
987	机械设备安装拆卸费	元	机械	
三…	三类费用	元	机械	

图 11-20 插入机械台班

(3)最终数据结果如图 11-21 所示。

材料编码	名称	单位	用量	用量系数	实际用量	单价	预算价	基价	属性
JX1044	推土机 88kw	台时	0.99		0.99	108.74		86.03	机械
985	机械设备折旧费	元	23.235		23.003	1	1		机械
986	机械设备修理费	元	26.189		25.927	1	1		机械
987	机械设备安装拆卸费	元	1.06		1.049	1	1		机械
983	中级工	工时	2.4		2.376	8.52	8.52		人工
2	柴油	kg	12.6		12.474	3.00	5.89	3.00	材料

图 11-21　最终数据结果

11.4.2.4　混凝土、砂浆单价

1. 混凝土单价编制

(1)在“基础资料”中选择“材料”,输入水泥 42.5、中砂、碎石、水的不含税预算价,如图 11-22 所示。

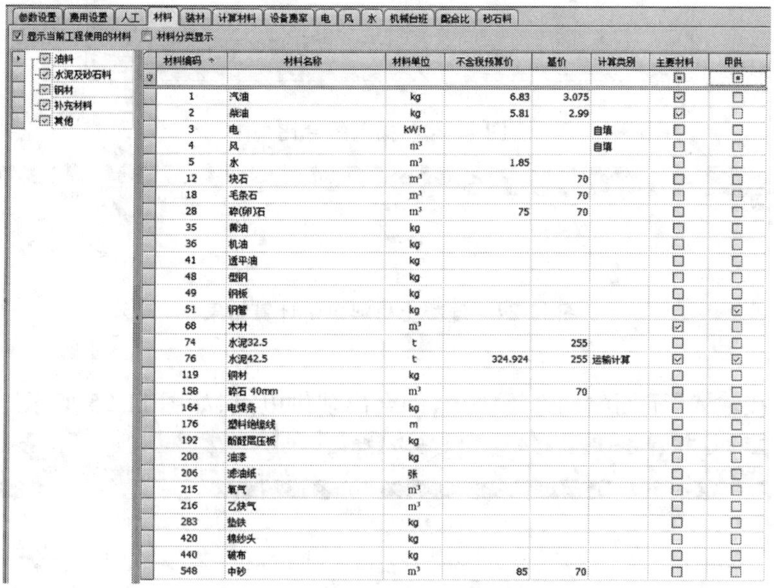

材料编码	材料名称	材料单位	不含税预算价	基价	计算类别	主要材料	甲供
1	汽油	kg	6.83	3.075		☑	☐
2	柴油	kg	5.81	2.99		☑	☐
3	电	kWh			自填	☐	☐
4	风	m^3			自填	☐	☐
5	水	m^3	1.85			☐	☐
12	块石	m^3		70		☐	☐
18	毛条石	m^3		70		☐	☐
28	碎(卵)石	m^3	75	70		☐	☐
35	黄油	kg				☐	☐
36	机油	kg				☐	☐
41	透平油	kg				☐	☐
48	型钢	kg				☐	☐
49	钢板	kg				☐	☐
51	钢管	kg				☐	☑
68	木材	m^3				☑	☐
74	水泥32.5	t		255		☐	☐
76	水泥42.5	t	324.924	255	运输计算	☑	☑
119	钢材	kg				☐	☐
158	碎石 40mm	m^3		70		☐	☐
164	电焊条	kg				☐	☐
176	塑料绝缘线	m				☐	☐
192	酚醛层压板	kg				☐	☐
200	油漆	kg				☐	☐
206	滤油纸	张				☐	☐
215	氧气	m^3				☐	☐
216	乙炔气	m^3				☐	☐
283	垫铁	kg				☐	☐
420	棉纱头	kg				☐	☐
440	破布	kg				☐	☐
548	中砂	m^3	85	70		☐	☐

图 11-22　输入材料价格(二)

(2)在“基础资料”中选择“配合比”,点击“插入配合比”,在调入配合比中选择相应的混凝土,如图 11-23 所示。

(3)混凝土材料单价计算结果如图 11-24 所示。

2. 砂浆单价编制

砂浆单价编制与混凝土单价编制方法相同。

11.4.2.5　电、水、风预算单价

1. 施工用电单价编制

施工用电单价编制分两种方式:

(1)直接输入(软件默认),只需在预算价位置或材料界面的预算价位置直接输入即可。

(2)通过外购电与自发电计算单价。本教材案例工程(某电灌站工程 - 教学案例),

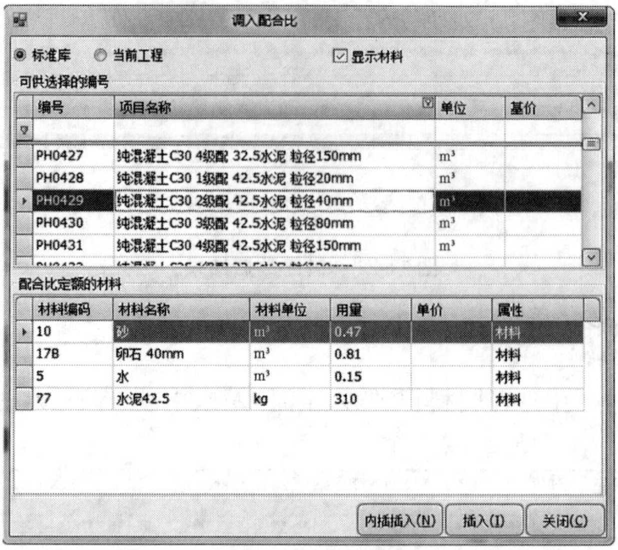

图 11-23　插入配合比

图 11-24　混凝土材料单价计算结果

操作步骤如下:

①将“直接输入”下面的勾选项去掉,即会出现供电点,如图 11-25 所示。

图 11-25　施工用电输入

②在“属性设置”页面,根据案例已知条件(施工用电的 92% 由电网供电,8% 由柴油发电机发电。已知电网供电基本电价为 0.45 元/kWh,高压线路损耗率为 3%,变配电设施及低压线路损耗率为 5%,供电设施维修摊销费为 0.03 元/kWh。柴油发电机(固定式)总容量为 1 200 kW,其中 200 kW 二台,400 kW 二台,采用循环冷却水,厂用电率取 5%,冷却水费为 0.04 元/kWh,维修摊销费为 0.03 元/kWh,发电机出力系数为 0.83)在软件界面输入相应系数值,如图 11-26 所示。

2. 施工用水单价编制

施工用水单价编制与施工用电单价编制方法相同。下面以“某电灌站工程 - 教学案例)”来简单讲解。

(1)直接输入(软件默认),只需在预算价位置或材料界面的预算价位置直接输入即可。

(2)通过计算得出水的预算价,将“直接输入”下面的勾选项去掉,即会出现供水点,

定额组成 | 计算公式

台时号	台时名称	单位	台数	台时单价	台时合价	额定量	发电机额定容量之和	备注
JX8036	柴油发电机 固定式 40...	台时	2	482.57	965.14	400	800	
JX8034	柴油发电机 固定式 20...	台时	2	272.72	545.44	200	400	

代号	名称	计算公式	费用值	系数值
F1	===电网电价===	F12/(1-F13)/(1-F15)+F14	0.518	
F11	电网百分率	电网百分率	92.000%	92.000%
F12	基本电价	F121+F122	0.450	
F121	电网基础电价	0.45	0.450	
F122	附加费用			
F13	高压输电线路损耗率	高压输电线路损耗率	3.000%	3.000%
F14	供电设施维修摊销费	供电设施维修摊销费	0.030	0.030
F15	变配电设备及线路损耗率	变配电线路损耗率	5.000%	5.000%
F2	===发电电价===	F27/(F28×F22)/(1-F23)/(1-F24)...	1.750	
F21	发电百分率	发电百分率	8.000%	8.000%
F22	发电机出力系数	发电机出力系数	0.830	0.830
F23	发电厂用电率	厂用电率	5.000%	5.000%
F24	变配电设备及线路损耗率	F15	5.000%	
F25	循环冷却水费	循环冷却水费	0.040	0.040
F26	发电设施维修摊销费	发电设施维修摊销费	0.030	0.030
F27	柴油发电及水泵台时总费用	1510.580	1510.580	
F28	发电机额定容量之和	1200.000	1200.000	
F3	===电 价===	F1*F11+F2*F21	0.617	

图 11-26 计算电价

如图 11-27 所示。

参数设置 | 费用设置 | 人工 | 材料 | 装材 | 计算材料 | 设备费率 | 电 | 风 | 水 | 机械台班 | 配合比 | 砂石料

编码	名称	单位	供水量	预算价	直接输入	备注
5	水	m³		1.85	☐	
1	供水点	100	3302	1.85		

图 11-27 施工用水输入

在属性设置页面，根据案例已知条件，水泵台班费为 4 076.49 元，供水量为 3 302 m^3/h，能量系数为 0.75，损耗率按 10% 计，摊销费为 0.02 元/m^3，在软件界面输入相应系数值，如图 11-28 所示。

代号	名称	计算公式	费用值	系数值
F1	施工用水价格	F14/(F15×F11×(1-F12))+F13	1.85	
F11	能量利用系数	能量利用系数	0.75	0.75
F12	供水损耗率	供水损耗率	10.00%	10.00%
F13	供水设施维修摊销费	供水摊销费	0.02	0.02
F14	水泵台时总费用	4076.49	4076.49	
F15	水泵额定容量之和	3302	3302.00	

图 11-28 计算水价

3. 施工用风单价编制

施工用风单价编制与施工用电单价编制方法相同。下面以“某电灌站工程－教学案例”来简单讲解。

(1) 直接输入(软件默认)，只需在预算价位置或材料界面的预算价位置直接输入即可。

(2) 通过计算得出风的预算价，将“直接输入”下面的勾选项去掉，即会出现供风点，如图 11-29 所示。

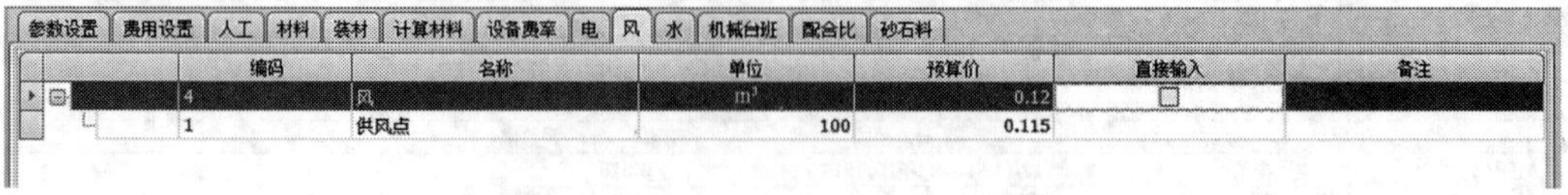

	编码	名称	单位	预算价	直接输入	备注
⊟	4	风	m^3	0.12	☐	
	1	供风点	100	0.115		

图 11-29　施工用风输入

在属性设置页面,根据案例已知条件(施工用风空压机型号为 40 m^3/min,能量利用系数为0.75。损耗率为20%,摊销费为0.003 元/m^3,冷却水为0.002 元/m^3)在软件界面输入相应系数值,如图 11-30 所示。

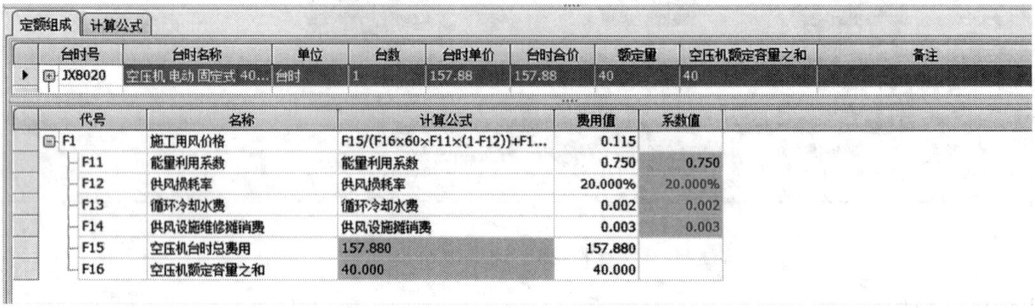

定额组成　计算公式

台时号	台时名称	单位	台数	台时单价	台时合价	额定量	空压机额定容量之和	备注
JX8020	空压机 电动 固定式 40...	台时	1	157.88	157.88	40	40	

代号	名称	计算公式	费用值	系数值
F1	施工用风价格	F15/(F16×60×F11×(1-F12))+F1...	0.115	
F11	能量利用系数	能量利用系数	0.750	0.750
F12	供风损耗率	供风损耗率	20.000%	20.000%
F13	循环冷却水费	循环冷却水费	0.002	0.002
F14	供风设施维修摊销费	供风设施摊销费	0.003	0.003
F15	空压机台时总费用	157.880	157.880	
F16	空压机额定容量之和	40.000	40.000	

图 11-30　计算风价

11.4.3　单价计算

11.4.3.1　费用设置

1. 费率设置

根据实际工程对参数设置后,费用设置费率将自动变化,若需调整费率可手动修改。

(1)单一调整费率:点中需要调整的费率手动输入即可。

(2)批量调整费率:在"费用设置"中,鼠标点击其中一条,使用"Ctrl + A"即可全部定义为块,再使用右边功能菜单中的"设置费率"进行整体修改。在需要修改的项目里输入需要修改的费用值,不需要修改的项目保留为空值,点击"确定"即可全部修改。如图 11-31所示。

费用名称	其他直接费费率	冬雨季施工增加费费率	夜间施工增加费费率	特殊地区施工增加费费	临时设施费费率	安全生产措施费费率	其他费率	间接费率	利润率	其他费用摊销系数	税率
土方工程	7.00%	0.50%	0.50%		3.00%	2.00%	1.00%	8.50%	7.00%		9.00%
石方工程	7.00%	0.50%	0.50%		3.00%	2.00%	1.00%	12.50%	7.00%		9.00%
模板工程	7.00%	0.50%	0.50%		3.00%	2.00%	1.00%	9.50%	7.00%		9.00%
混凝土浇筑工程	7.00%	0.50%	0.50%		3.00%	2.00%	1.00%	9.50%	7.00%		9.00%
钢筋制安工程	7.00%	0.50%	0.50%		3.00%	2.00%	1.00%	5.50%	7.00%		9.00%
钻孔灌浆工程	7.00%	0.50%	0.50%		3.00%	2.00%	1.00%	10.50%	7.00%		9.00%
锚固工程	7.00%	0.50%	0.50%		3.00%	2.00%	1.00%	10.50%	7.00%		9.00%
疏浚工程	7.00%	0.50%	0.50%		3.00%	2.00%	1.00%	7.25%	7.00%		9.00%
其他工程	7.00%	0.50%	0.50%		3.00%	2.00%	1.00%	10.50%	7.00%		9.00%
安装工程	7.70%	0.50%	0.70%		3.00%	2.00%	1.50%	75.00%	7.00%		9.00%
安装工程(按费率计...	7.70%	0.50%	0.70%		3.00%	2.00%	1.50%	75.00%	7.00%		9.00%
砂石备料工程(自采)	0.50%							5.00%	7.00%		3.00%
掘进机施工隧洞工程1	2.00%							4.00%	7.00%		9.00%
掘进机施工隧洞工程2	4.50%							6.25%	7.00%		9.00%
不取费											

图 11-31　费用设置

2. 取费程序设置

费用设置中的每一项费用名称都对应一个取费程序,可以通过对取费程序进行设置,来确定单价的计算和报表打印时行数据的打印选项。

打印选项为空时,不管有没有费用值,该行内容均打印;“为 0 不打”是当该项的费用为 0,打印时自动去掉该行;固定不打是不管该行有没有费用值,打印时都去掉该行,但不影响费用计算。如果对费率设置和取费程序设置错误,点击右边功能菜单中的“重调取费程序和重调费率”即可。如图 11-32 所示。

代号	名称	计算公式	系数值	系数代号	变量名	打印选项
F1	一、直接费	F11 + F12			直接费	
F11	(一)、基本直接费	项目直接费			基本直接费	
F111	1、人工费	项目人工费 - 中间单价人工费			人工费	
F112	2、材料费	项目材料费 - 中间单价材料费			材料费	
F113	3、机械使用费	项目机械费 - 中间单价机械费			机械费	
F12	(二)、其他直接费	F11*其他直接费费率	7.00%	其他直接费费率	其他直接费	
F121	1、冬雨季施工增加费	F11 * 冬雨季施工增加费费率	0.50%	冬雨季施工增…	冬雨季施工增…	
F122	2、夜间施工增加费	F11 * 夜间施工增加费费率	0.50%	夜间施工增加…	夜间施工增加费	
F123	3、特殊地区施工增加费	F11 * 特殊地区施工增加费费率		特殊地区施工…	特殊地区施工…	
F124	4、临时设施费	F11 * 临时设施费费率	3.00%	临时设施费费率	临时设施费	
F125	5、安全生产措施费	F11 * 安全生产措施费费率	2.00%	安全生产措施…	安全生产措施费	
F126	6、其他	F11 * 其他费率	1.00%	其他费率	其他	
F2	二、间接费	F1 * 间接费率	8.50%	间接费率	间接费	
F3	三、利润	(F1 + F2) * 利润率	7.00%	利润率	企业利润	
F4	四、材料补差	价差			价差	为0不打
F5	五、未计价装置性材料费	装置性材料费			装置性材料费	为0不打
F6	六、其他费用摊销	(F1 + F2 + F3 + F4 + F5) * 其…		其他费用摊销…	其他费用摊销	为0不打
F7	七、税金	(F1 + F2 + F3 + F4 + F5 + F6) …	9.00%	税率	税金	
FA	小计	F1 + F2 + F3 + F4 + F5 + F6 +F7			小计	固定不打
FB	扩大	FA * 扩大系数	%	扩大系数	扩大	为0不打
FZ	合计	FA + FB			合计	

图 11-32　取费设置

11.4.3.2　工程单价编制

工程部分费用包括建筑工程、机电设备及安装工程、金属结构设备及安装工程、施工临时工程和独立费用五部分。

1. 建筑工程

1) 项目录入

(1) 从项目划分中选择项目:在项目窗口空白区域双击鼠标左键或点击右边“常用功能”窗口的“项目划分”,弹出“选择项目划分”窗口,点击需要的项目,选择好后点击“确定”,所选项目会自动添加到“工程项目”窗口中。如图 11-33 所示。

(2) 从 Excel 文档导入清单项目:选择右侧“其他功能”菜单中的“导入清单”,打开需要的 Excel 文档,选择相应的工作表,对应各列的属性。如果 Excel 中是序号,则选择序号识别;如果为编码,则选择编码识别。如图 11-34 所示。

(3) 识别后,若目录层次不准确,可手动选择修改,不需要的项目,只需要将前面的勾去掉,导入时就自动去掉了。

从 Excel 或 Word 文档中复制、粘贴项目(程序支持复制某一块,也可复制某一列数据),需打开文件,块框选所需的项目行和相应的列,如图 11-35 所示。

在软件中“工程名称”列单击右键,粘贴即可,结果如图 11-36 所示。

项目所有信息均可以随时修改,插入、删除项目时,项目序号自动设置,在工程量计算式中,可直接输入计算公式。

图 11-33 项目划分(一)

图 11-34 导入清单

第一部分　建筑工程工程量表

序号	项目名称	单位	工程量
一	建筑工程		
1	土方开挖	m^3	5 000
2	土方回填	m^3	3 120
3	石方开挖	m^3	1 120
4	碎石垫层	m^3	1 032
5	M10 浆砌石护坡	m^3	136.6
6	M10 浆砌石护底	m^3	118.3
7	M10 浆砌石排水明沟	m^3	60.58
8	C15 混凝土镇墩	m^3	22.92
9	C15 混凝土垫层	m^3	13.42
10	C20 混凝土挡墙	m^3	111.29
11	C20 混凝土泵基	m^3	13.86
12	C20 混凝土压顶	m^3	16.59
13	C20 混凝土基础	m^3	13.92
14	C20 混凝土踏步	m^3	8.54

图 11-35　块复制

	序号	编码	工程项目名称	单位	工程量	单价计算程序
1	一		建筑工程			
清	1		土方开挖	m^3	5000	
清	2		土方回填	m^3	3120	
清	3		石方开挖	m^3	1120	
清	4		碎石垫层	m^3	1032	
清	5		M10浆砌石护坡	m^3	136.6	
清	6		M10浆砌石护底	m^3	118.3	
清	7		M10浆砌石排水明沟	m^3	60.58	
清	8		C15混凝土镇墩	m^3	22.92	
清	9		C15混凝土垫层	m^3	13.42	
清	10		C20混凝土挡墙	m^3	111.29	
清	11		C20混凝土泵基	m^3	13.86	
清	12		C20混凝土压顶	m^3	16.59	
清	13		C20混凝土基础	m^3	13.92	
清	14		C20混凝土踏步	m^3	8.54	
清	15		C25钢筋混凝土预制盖板	m^3	10.53	
清	16		模板制作及安拆	m^2	50.35	
清	17		骨料运输	m^3	85	
清	18		基础固结灌浆	m	33.7	

图 11-36　粘贴

2）工程单价编制

对项目组价时，可直接输入单价、套用定额组价、套用已有的单价、工程特项组价等多种方式，下面利用“某电灌站工程－教学案例”来简单讲解。

（1）土方工程单价编制。

①根据案例中的施工工艺，在软件中点击“土方开挖”清单项，在“定额”窗口双击鼠标左键或点击“常用功能”菜单下的“定额”，弹出“定额查询”窗口，找到相应的“1 m^3 挖

掘机挖土自卸汽车运输(Ⅲ类土)运距 1 km”定额,双击即可;也可在“定额”窗口,定额号列直接输入定额编号,即可调用输入的定额信息,若输入的定额编号不存在,会自动弹出“自编定额”窗口。如图 11-37 所示。

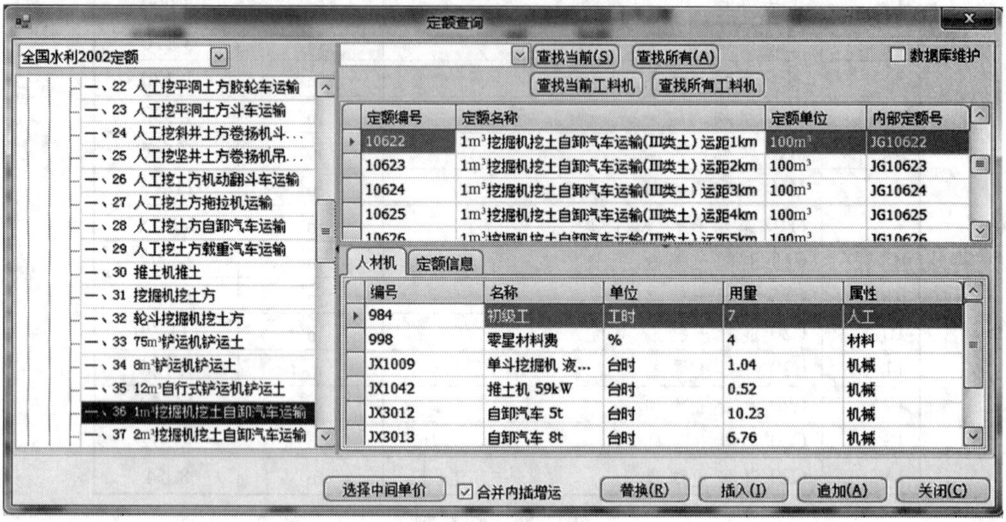

图 11-37　定额查询(一)

②鼠标单击(右键)清单“土方开挖”,选择“预览单价分析表”,结果如图 11-38 所示。

建筑工程单价表

单价编号	JZ0022			项目名称	土方开挖
定额编号	[10622]+[10002]			定额单位	100 m³
施工方法	1 m³挖掘机挖土自卸汽车运输(III类土) 运距1 km人工挖一般土方　土类级别III				
编号	名称	单位	数量	单价(元)	合价(元)
一	直接费				771.45
(一)	基本直接费				720.98
1	人工费				189.48
(1)	初级工	工时	29.95	6.13	183.59
(2)	工长	工时	0.51	11.55	5.89
2	材料费				29.26
(1)	零星材料费	%	4.00	532.27	21.29
(2)	零星材料费	%	5.00	159.45	7.97
3	机械使用费				502.23
(1)	单斗挖掘机 液压 1 m³	台时	0.73	125.65	91.47
(2)	推土机 59kW	台时	0.36	68.48	24.93
(3)	自卸汽车 10t	台时	4.40	87.63	385.83
(二)	其他直接费	%	7.00	720.98	50.47
二	间接费	%	8.50	771.45	65.57
三	利润	%	7.00	837.02	58.59
四	材料补差				173.31
(1)	柴油	kg	61.457	2.82	173.31
五	税金	%	9.00	1068.92	96.20
	合计				1165.12
	单价				11.65

图 11-38　单价分析表(一)

(2)石方工程单价编制。

①根据案例中的施工工艺,点击“石方开挖”清单项,在“定额”窗口双击鼠标左键或点击“常用功能”菜单下的“定额”,弹出“定额查询”窗口,找到相应的“1 m^3挖掘机装石渣汽车运输(露天)运距 2 km”相应定额,双击即可,如图 11-39 所示。

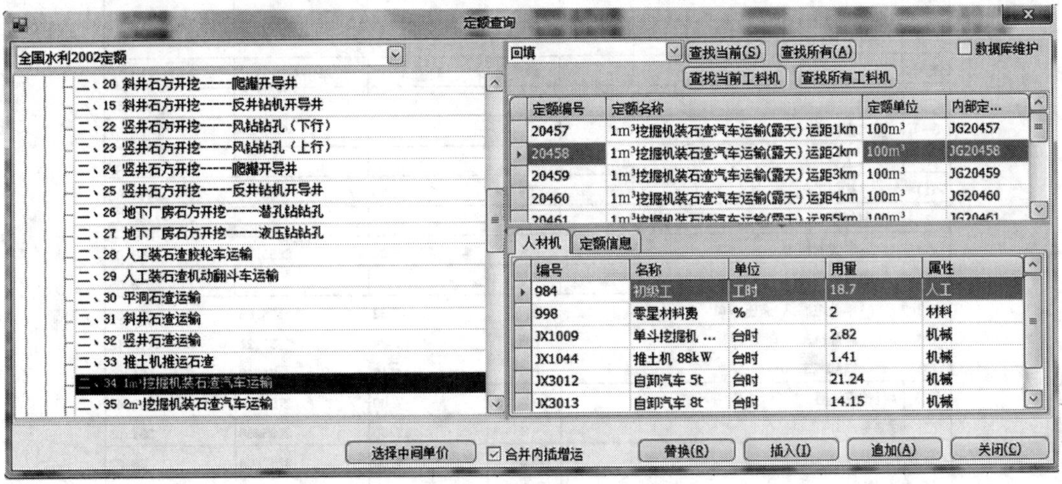

图 11-39 定额查询(二)

②软件自动弹出材机选择对话框,选择 8 t 自卸汽车,双击后确定。如图 11-40 所示。

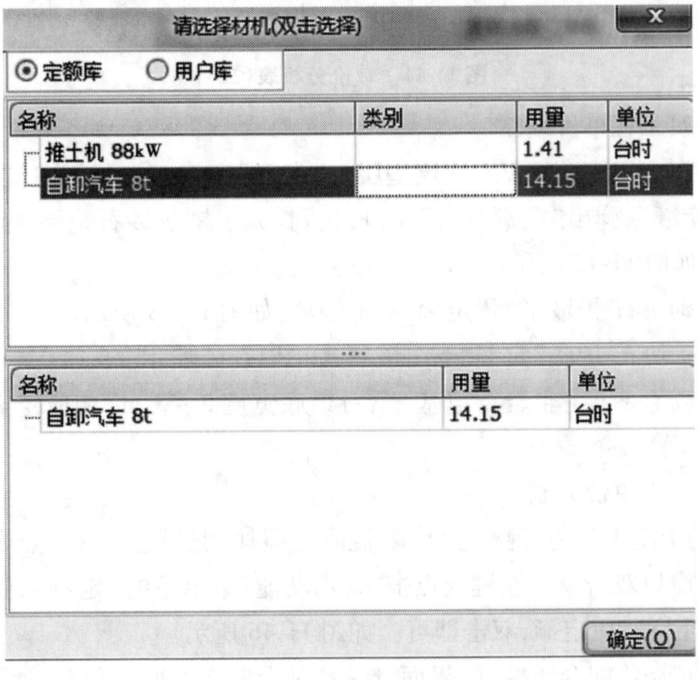

图 11-40 材机选择

③鼠标单击(右键)清单“挡水工程石方开挖”,选择“预览单价分析表”,结果如图 11-41所示。

建筑工程单价表

单价编号	JZ0024		项目名称	石方开挖	
定额编号	[20458]			定额单位	$100m^3$
施工方法	$1m^3$挖掘机装石渣汽车运输(露天) 运距2km				
编号	名称	单位	数量	单价(元)	合价(元)
一	直接费				2895.68
(一)	基本直接费				2706.24
1	人工费				114.63
(1)	初级工	工时	18.70	6.13	114.63
2	材料费				53.06
(1)	零星材料费	%	2.00	2653.18	53.06
3	机械使用费				2538.55
(1)	单斗挖掘机 液压 $1m^3$	台时	2.82	125.65	354.33
(2)	自卸汽车 5t	台时	21.24	53.21	1130.18
(3)	自卸汽车 8t	台时	14.15	74.49	1054.03
(二)	其他直接费	%	7.00	2706.24	189.44
二	间接费	%	12.50	2895.68	361.96
三	利润	%	7.00	3257.64	228.03
四	材料补差				1070.56
(1)	柴油	kg	379.632	2.82	1070.56
五	税金	%	9.00	4556.23	410.06
	合计				4966.29
	单价				49.66

图 11-41 单价分析表(二)

(3)土石填筑工程单价编制。

①根据案例中施工工艺:人工铺筑垫层。“定额”窗口双击鼠标左键或点击“常用功能”菜单下的“定额”,弹出“定额查询”窗口,找到“人工铺筑砂石垫层 碎石垫层”相应定额,双击即可。如图 11-42 所示。

②找到“浆砌块石 护坡平面”定额,双击该项,如图 11-43 所示。

③找到“浆砌块石 护底”定额,双击该项,如图 11-44 所示。

④找到“浆砌石明渠(非岩石地基)条石渠底宽度 2 ~ 3 m”相应定额,双击该项,如图 11-45所示。

(4)混凝土工程单价编制。

①根据案例中施工工艺:混凝土浇筑、混凝土搅拌、混凝土运输。点击“混凝土墩”清单项,在“定额”窗口双击鼠标左键或点击“常用功能”菜单下的“定额”,弹出“定额查询”窗口,找到混凝土墩相应定额,双击即可。如图 11-46 所示。

②软件自动弹出“配合比换算”界面,选择“纯混凝土 C20、2 级配、水泥 32.5”相应配合比,双击套用。如图 11-47 所示。

③软件自动弹出“混凝土搅拌及运输”界面,选择胶轮车运 50 m,搅拌楼拌制 2 × 1.5 相应定额,双击套用,如图 11-48 所示。

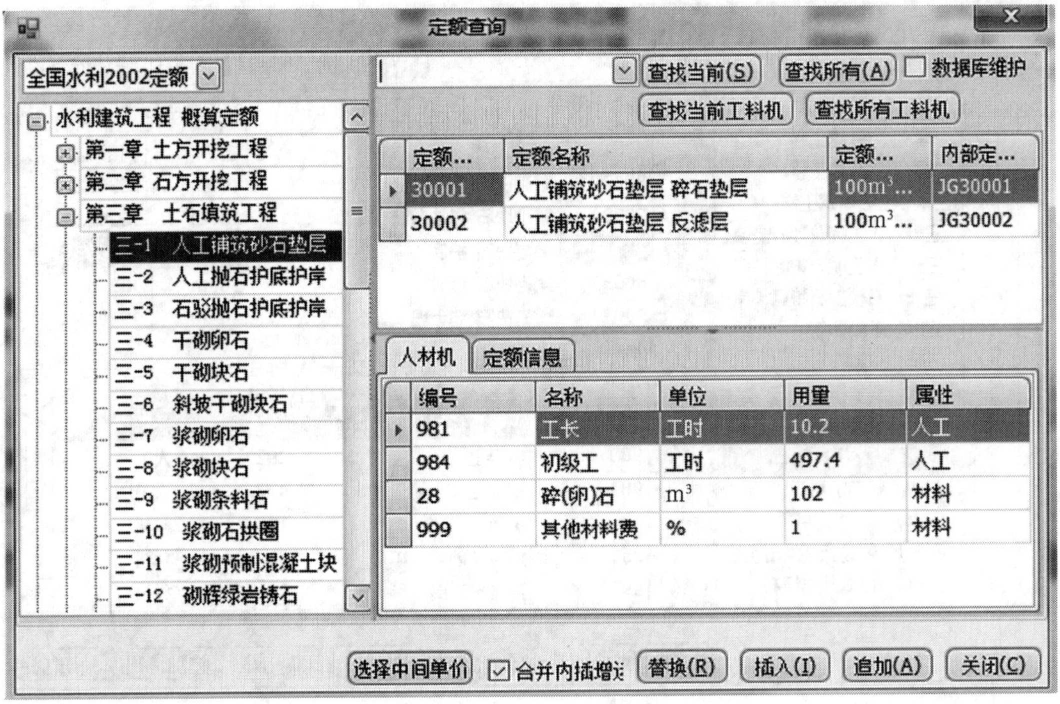

图 11-42　定额查询(三)

图 11-43　定额查询(四)

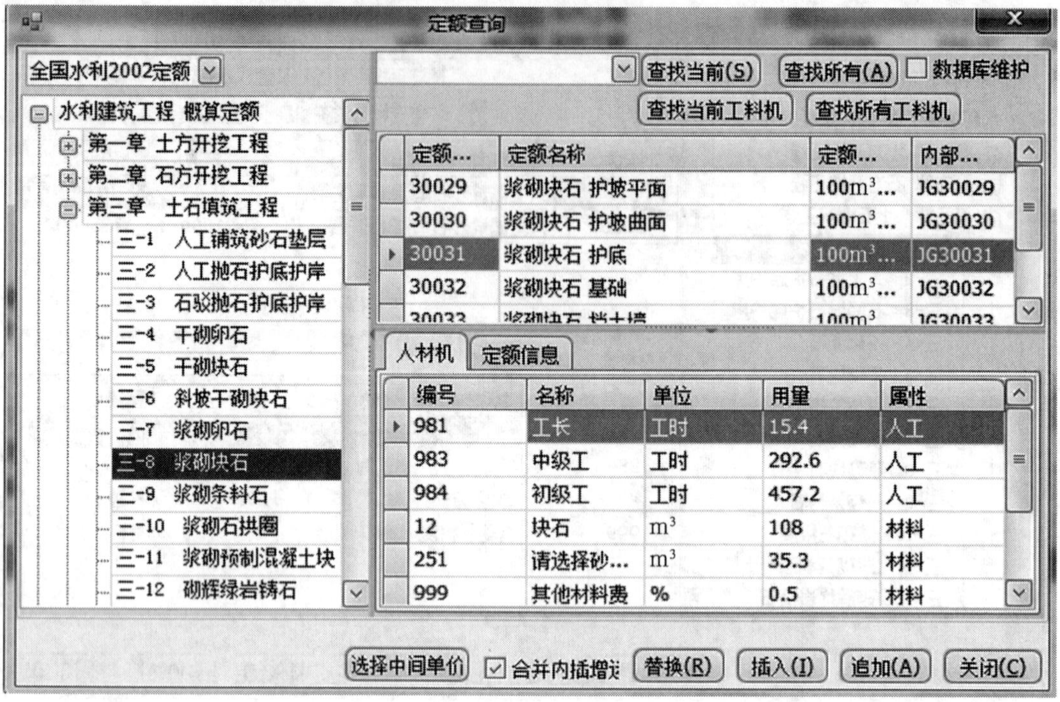

图 11-44 定额查询(五)

图 11-45 定额查询(六)

C15 混凝土垫层、C20 混凝土挡墙、C20 混凝土泵基、C20 混凝土压顶、C20 混凝土基础、C20 踏步、C25 钢筋混凝土预制盖板套取定额软件操作步骤与混凝土墩相同,不一一列举。

(5)模板工程。

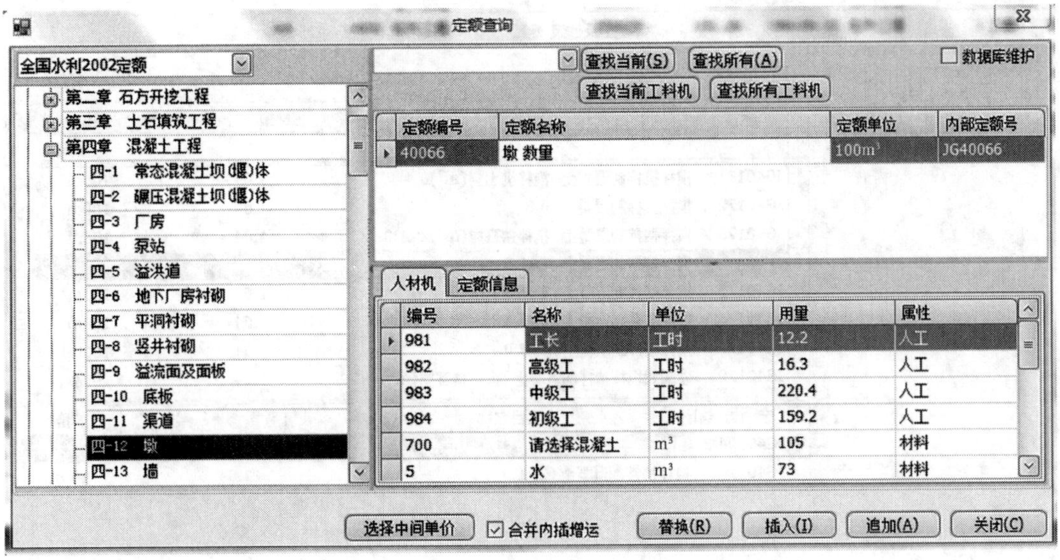

图 11-46 定额查询(七)

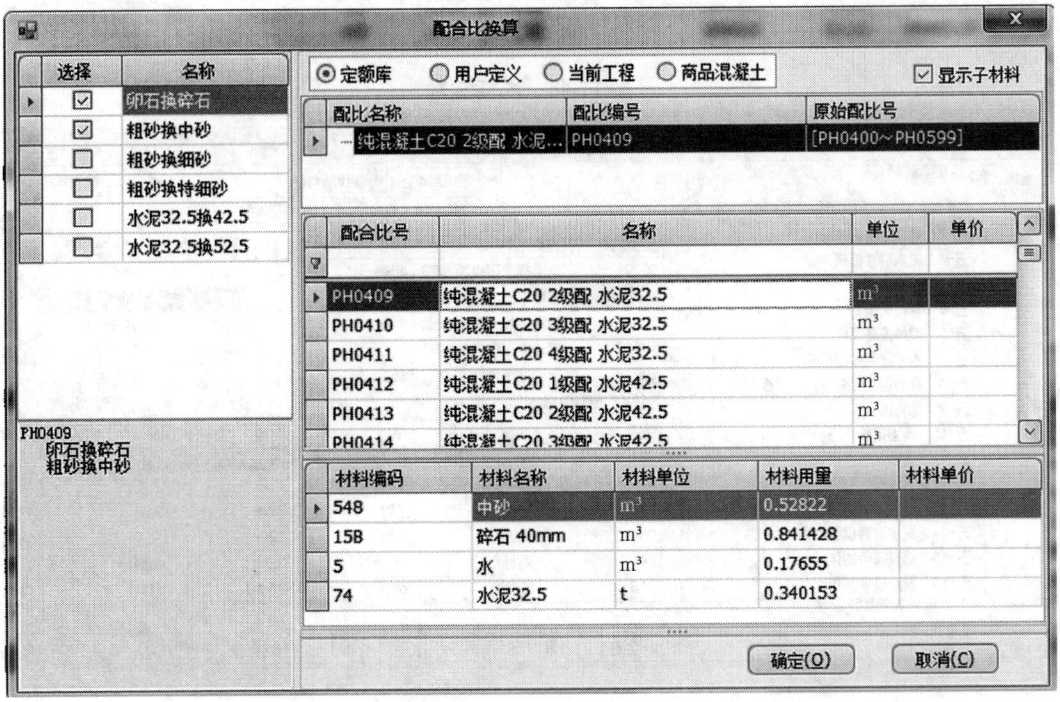

图 11-47 配合比换算

①根据案例中施工工艺:模板制作及安拆。在软件中点击“模板制作及安拆”清单项,在“定额”窗口双击鼠标左键或点击“常用功能”菜单下的“定额”,弹出“定额查询”窗口,找到“普通平面木模板制作”相应定额,双击套用。如图 11-49 所示。

②找到“普通平面木模板安装、拆除”相应定额,双击套用,如图 11-50 所示。

图 11-48　内插定额

图 11-49　定额查询(八)

③鼠标单击(右键)"模板制作与安拆"清单项,选择"预览单价分析表",结果如图 11-51所示。

建筑工程中骨料运输、基础固结灌浆、混凝土防渗墙浇筑、钢筋制安、围堰填筑、围堰拆除与前面示例一样,此处不再一一列举。

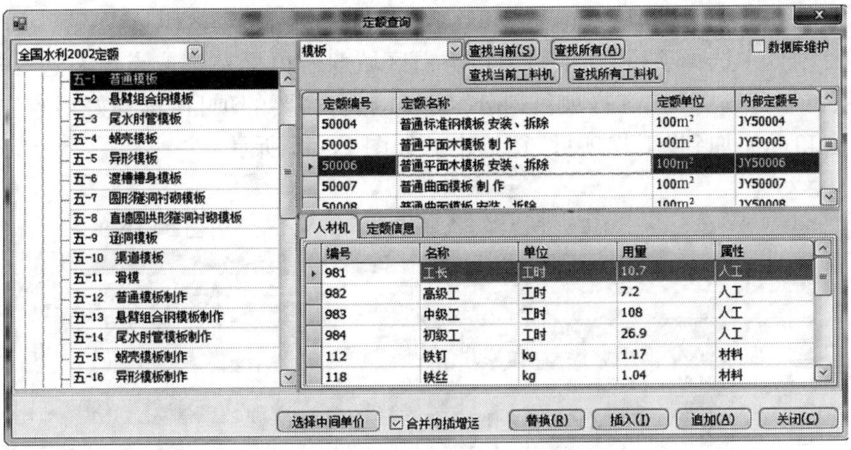

图 11-50　定额查询(九)

建筑工程单价表

单价编号	JZ0037		项目名称	模板制作及安拆	
定额编号	[50005]+[50006]			定额单位	100m²
施工方法	普通平面木模板 制作 普通平面木模板 安装、拆除				
编号	名称	单位	数量	单价(元)	合价(元)
一	直接费				3234.44
(一)	基本直接费				3022.84
1	人工费				1863.70
(1)	工长	工时	14.70	11.55	169.79
(2)	高级工	工时	18.90	10.67	201.66
(3)	中级工	工时	140.60	8.90	1251.34
(4)	初级工	工时	39.30	6.13	240.91
2	材料费				
3	机械使用费				1159.15
(1)	圆盘锯	台时	4.55	27.23	123.90
(2)	双面刨床	台时	3.80	19.20	72.96
(3)	钢筋切断机 20kW	台时	0.16	25.12	4.02
(4)	钢筋弯曲机 Φ6-40	台时	0.43	17.33	7.45
(5)	载重汽车 5t	台时	1.63	50.55	82.40
(6)	汽车起重机 5t	台时	11.60	64.69	750.40
(7)	电焊机 交流 25kVA	台时	6.51	9.65	62.82
(8)	其他机械费	%	5.00	290.72	14.54
(9)	其他机械费	%	5.00	813.23	40.66
(二)	其他直接费	%	7.00	3022.84	211.60
二	间接费	%	9.50	3234.44	307.27
三	利润	%	7.00	3541.71	247.92
四	材料补差				296.71
(1)	汽油	kg	79.016	3.755	296.71
五	税金	%	9.00	4086.34	367.77
	合计				4454.11
	单价				44.54

图 11-51　单价分析表(三)

2. 机电设备及安装工程

从项目划分中选择项目:在项目窗口空白区域双击鼠标左键或点击右边“常用功能”窗口的“项目划分”,弹出“选择项目划分”窗口,点击需要的项目,选择好后点击“确定”,所选项目会自动添加到“工程项目”窗口中。如图11-52所示。

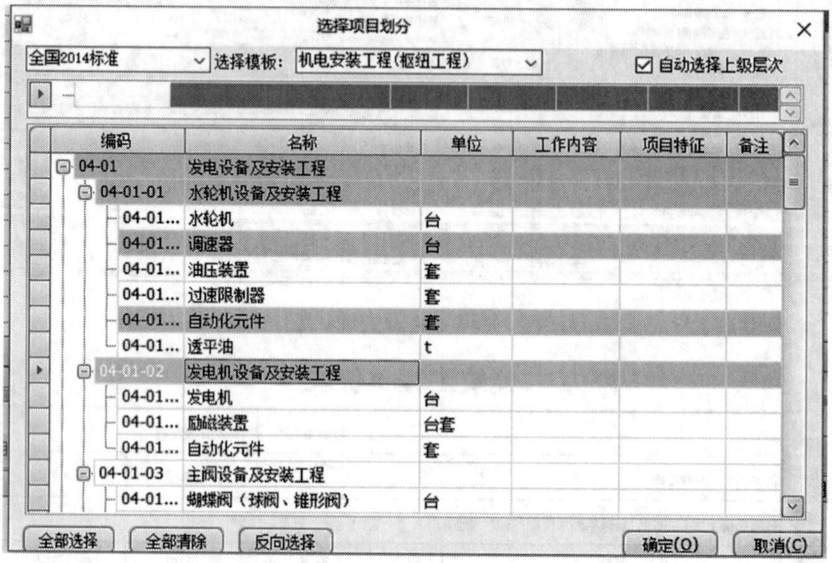

图11-52　项目划分(二)

机电设备及安装工程工程单价编制中的组价方式与建筑工程单价计算方法相同。

3. 金属结构设备及安装工程

(1)安装工程单价编制根据案例中施工工艺:闸门设备及安装。点击“闸门设备及安装”清单项,在“定额”窗口双击鼠标左键或点击“常用功能”菜单下的“定额”,弹出“定额查询”窗口,找到相应的“闸门埋设件,每套埋件自重≤40 t”相应定额,双击套用。如图11-53所示。

图11-53　定额查询(十)

(2)鼠标单击(右键)“埋件”清单项,选择“预览单价分析表”,结果如图 11-54 所示。

安装工程单价表

单价编制	AZ0005		项目名称	埋件	
定额编号	[10063]			定额单位	1t
规格型号	闸门埋设件　每套埋件自重≤40t				
编号	名称	单位	数量	单价(元)	合价(元)
一	直接费				2092.58
(一)	基本直接费				1942.97
1	人工费				1246.35
(1)	工长	工时	7.00	11.55	80.85
(2)	高级工	工时	36.00	10.67	384.12
(3)	中级工	工时	63.00	8.90	560.70
(4)	初级工	工时	36.00	6.13	220.68
2	材料费				279.74
(1)	木材	m^3	0.10	2411.59	241.16
(2)	其他材料费	%	16.00	241.16	38.59
3	机械费				416.88
(1)	龙门式起重机　10t	台时	0.60	56.74	34.04
(2)	卷扬机　单筒慢速　5t	台时	11.00	20.21	222.31
(3)	电焊机　交流　25kVA	台时	11.00	9.65	106.15
(4)	其他机械费	%	15.00	362.50	54.38
(二)	其他直接费	%	7.70	1942.97	149.61
二	间接费	%	75.00	1246.35	934.76
三	企业利润	%	7.00	3027.34	211.91
四	装置性材料费				
五	税金	%	9.00	3239.25	291.53
	合计				3530.78
	单价				3530.78

图 11-54　单价分析表(四)

启闭机设备及安装单价编制的操作步骤与闸门设备及安装相同,在此不一一列举。

4. 施工临时工程

(1)导流工程单价编制根据案例中施工工艺:编织袋土石围堰工程。在软件中点击“编织袋土石围堰”清单项,在“定额”窗口双击鼠标左键或点击“常用功能”菜单下的“定额”,弹出“定额查询”窗口,找到编织袋土石围堰,2 m^3 挖掘机装砂石料自卸汽车运输(运骨料)运距 3 km、编织袋填筑相应定额,双击套用。如图 11-55、图 11-56 所示。

(2)鼠标单击(右键)“编织袋土石围堰”清单项,选择“预览单价分析表”,结果如图 11-57所示。

导流工程(围堰拆除、锚杆工程)、施工交通工程(公路工程)单价编制在软件中操作步骤与导流工程(编织袋土石围堰)单价编制相同,在此不再一一列举。

相同清单套用方法,根据“某电灌站工程 - 教学案例”,同一工程中多个单价组成相同的清单,软件可通过单价编制功能来实现共享清单单价,操作方法如下:

(1)若某个单价计算程序比较常用,可以在“工程管理器”的“单价编制”中,选择相应的项目,套用定额进行组价。如图 11-58 所示。

(2)单击工程量清单—常用功能—查找/替换,查找到相同名称的项目,选择右边功能菜单(或者右键)—单价借用—套用单价,如图 11-59 所示。

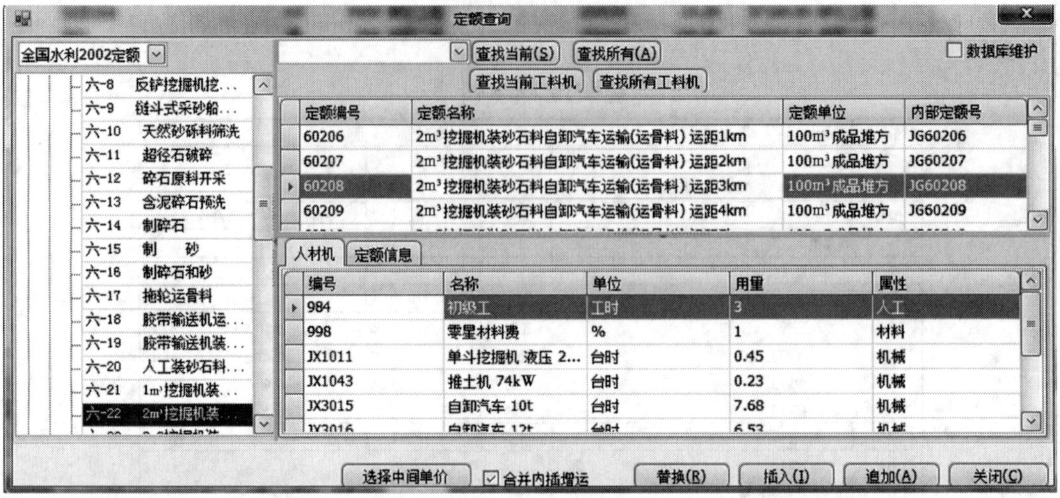

图 11-55　定额查询(十一)

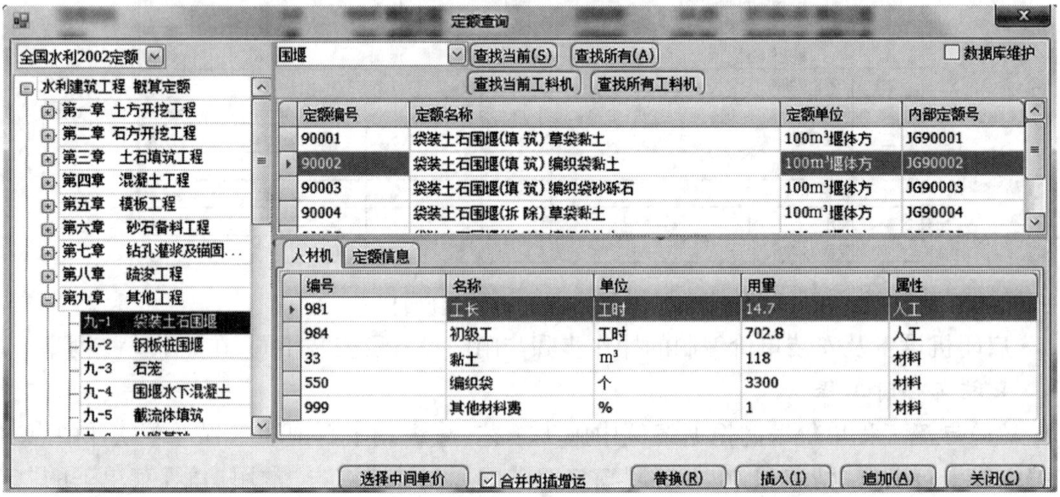

图 11-56　定额查询(十二)

(3)单击工程量清单—单价借用—单价套用—批量套用,即可对整个项目进行批量套用名称相同的清单。如图 11-60 所示。

5. 独立费用

第五部分独立费用界面,软件默认按《编规》及勘察设计、监理等标准,定义了独立费用的标准项目及相关费率,按照工程案例所示,监理、勘察、设计费,专业调整系数为 1.04,工程复杂程度调整系数为 0.85,高程调整系数为 1.00,其他按相关文件标准计取,填入相应的数值即可。如图 11-61 所示。

11.4.4　报表(工程成果输出)

工程成果输出分为预览,打印,发送到 Excel(PDF)、Word 文档,参数选择,调整,设计

建筑工程单价表

单价编号	JZ0001			项目名称	编织袋土石围堰
定额编号	[60208]+[90002]			定额单位	100m³
施工方法	2m³挖掘机装砂石料自卸汽车运输(运骨料) 运距3km 袋装土石围堰(填筑)编织袋黏土				
编号	名称及规格	单位	数量	单价(元)	合价(元)
一	直接费				5997.98
(一)	基本直接费				5605.59
1	人工费				4290.42
(1)	初级工	工时	673.47	6.13	4128.37
(2)	工长	工时	14.03	11.55	162.05
2	材料费				13.20
(1)	零星材料费	%	1.00	1319.50	13.20
3	机械使用费				1301.97
(1)	单斗挖掘机 液压 2m³	台时	0.43	216.97	93.30
(2)	推土机 74kW	台时	0.22	91.65	20.16
(3)	自卸汽车 10t	台时	7.33	87.63	642.33
(4)	自卸汽车 20t	台时	4.05	134.86	546.18
(二)	其他直接费	%	7.00	5605.59	392.39
二	间接费	%	10.50	5997.98	629.79
三	利润	%	7.00	6627.77	463.94
四	税金	%	9.00	7091.71	638.25
	合计				7729.96
	单价				77.30

图 11-57 单价分析表(五)

图 11-58 单价编制

几大部分。

(1)预览:点击选择某个需要的报表,右边会显示相应的报表样式,若需查看详细内容,双击名称或双击右边窗口中的报表,即可以放大报表页面查看。

(2)打印:将当前选择的表格,输出到打印机,打印成果文件。

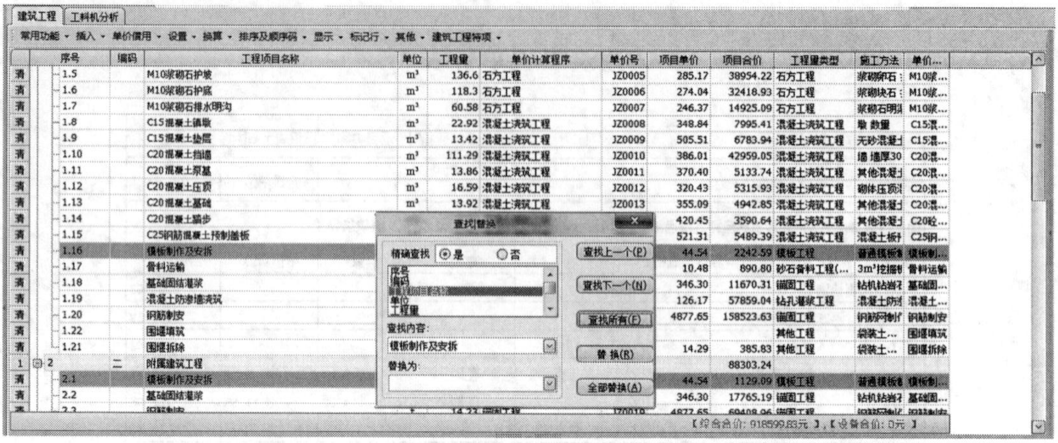

图 11-59 查找替换

图 11-60 单价套用

(3)发送:将当前选择的表格发送到 Excel 文档。

(4)批量打印、批量发送:自由选择所需要的一套报表,批量输出到打印机或发送到 Excel(PDF)文件。点击“批量打印”或“批量发送”,弹出窗口,如图 11-62 所示。

左边窗口为系统提供的标准报表及自定义报表,勾选或双击左边的表格,要以选择到右边当前需要的报表窗口中的报表为准,勾选下面的选择项,点击“确定”即可将当前选择的报表组合发送到 Excel 或 PDF 文档。点击“保存”,可以将选择的报表组保存为自定义报表,下次再次使用时,可以直接选择自己定义的报表。如图 11-63 所示。

(5)参数:点击“参数”按钮,会弹出与当前报表相关的各项参数,通过各种参数的组合,可以组合成各种样式的报表,满足实际工作中各种不同样式的格式要求。如图 11-64 所示。

(6)调整:点击“调整”按钮,会弹出当前选中报表的调整窗口,通过各种选择项,可以

图 11-61　独立费用

图 11-62　报表窗口

对当前表格的字体、字号、行距、边界等进行设置；窗口右边部分，是对报表列数据进行控制的设置，各选择项作用于当前选择的数据列，包括该列的字体、字号、表格线，该列是否打印，是否自动换行等设置。如图 11-65 所示。

(7)设计：若通过调整和参数设置，还不能满足所需要的报表要求，点击“设计” 可以在软件中直接对报表格式进行修改。如图 11-66 所示。

报表中的文字均可以通过双击直接修改，表格边框线、对齐方式等可以像 Word 或 Excel 文档一样进行修改设置。注意[　]以内的内容属于变量名称，不要随意修改，若需

图 11-63　保存报表

图 11-64　报表参数设置

要改变宏变量的内容,可以点击快捷按钮中的“变量列表”,双击需要的宏变量进行更换。

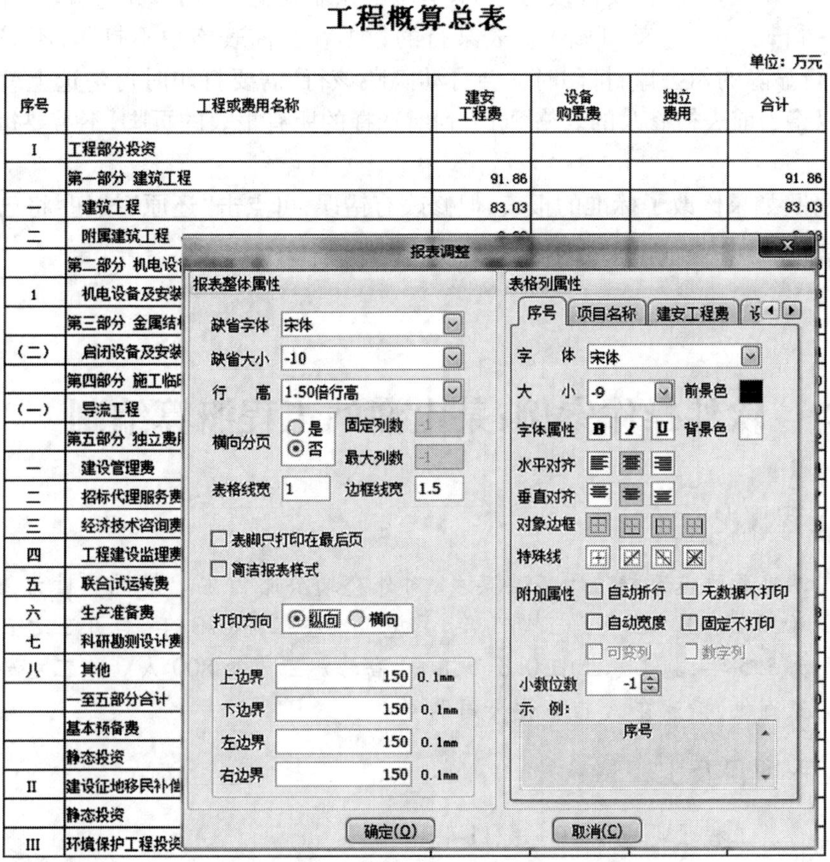

图 11-65　报表调整

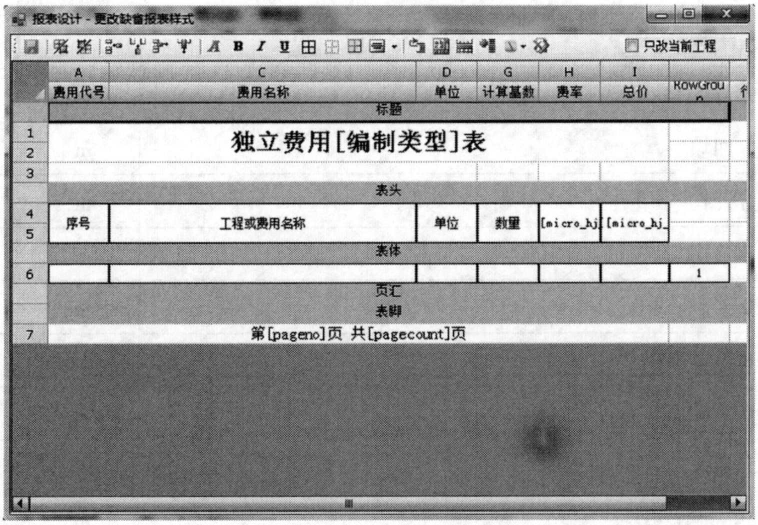

图 11-66　报表设计

如“第××页 共×××页”要修改为“－××－”只需要把“第[pageno]页 共[pagecount]页”改为“－[pageno]－”就可以了。若某行的数据在当前表格中不打印,不需要删除该行,把后面行显隐的勾去掉,打印时就会自动隐藏该行,需要打印时再勾选上就行了。表脚同步可以将当前表格修改的表格,同步到所选择的所有报表的页脚,不需要每张报表都修改。

(8)还原:如果修改了标准的报表,但修改有错误,可点击“还原”按钮,将已经修改的报表还原到软件默认的格式。

附

软件操作案例:某电灌站工程概算编制

一、工程概况

某电灌站更新改造工程位于某县某乡,对外交通公路为主。装机容量为200 kW,装机功率为20 000 kW/h。工程总工期1年,另施工准备工期0.3年,自开工之日至开始发挥效益时间为3.5年,施工总工日0.8万工日,高峰施工人数800人。施工主要材料水泥和钢筋由厂家直供,柴油在A市石化公司购买。

二、工程项目及工程量

工程项目及工程量见表11-1～表11-4。

表11-1 第一部分 建筑工程工程量表

序号	项目名称	单位	工程量
一	建筑工程		
1	土方开挖	m^3	5 000
2	土方回填	m^3	3 120
3	石方开挖	m^3	1 120
4	碎石垫层	m^3	1 032
5	M10浆砌石护坡	m^3	136.6
6	M10浆砌石护底	m^3	118.3
7	M10浆砌石排水明沟	m^3	60.58
8	C15混凝土镇墩	m^3	22.92
9	C15混凝土垫层	m^3	13.42
10	C20混凝土挡墙	m^3	111.29

续表 11-1

序号	项目名称	单位	工程量
11	C20 混凝土泵基	m^3	13.86
12	C20 混凝土压顶	m^3	16.59
13	C20 混凝土基础	m^3	13.92
14	C20 混凝土踏步	m^3	8.54
15	C25 钢筋混凝土预制盖板	m^3	10.53
16	模板制作及安拆	m^2	50.35
17	骨料运输	m^3	85
18	基础固结灌浆	m	33.7
19	混凝土防渗墙浇筑	m^3	458.58
20	钢筋制安	t	32.5
21	围堰填筑	m^3	54.6
22	围堰拆除	m^3	27
二	附属建筑工程		
23	模板制作及安拆	m^2	25.35
24	基础固结灌浆	m	51.30
25	钢筋制安	t	14.23

表 11-2　第二部分 机电设备安装工程表

序号	项目名称	单位	工程量
1	机电设备及安装工程		
1.1	水轮机设备及安装工程		
1.1.1	水轮机	台	2.00
1.1.2	调速器	台	3.00
1.1.3	油压装置	套	1.00
1.2	发电机设备及安装工程		
1.2.1	发电机	台	2.00
1.3	起重设备及安装工程		
1.3.1	桥式起重机	台	2.00
1.3.2	轨道	双/10 m	2.00
1.3.3	滑触线	三相/10 m	1.00

表11-3 第三部分 金属结构设备及安装工程量表

序号	项目名称	单位	工程量
一	金属结构设备及安装工程		
(一)	闸门设备及安装工程		
1	埋件	t	2.00
2	平板门	t	5.00
(二)	启闭设备及安装工程		
3	卷扬式启闭机	台	3.00
4	油压启闭机	台	2.00

表11-4 第四部分 施工临时工程量表

序号	项目名称	单位	工程量
一	施工临时工程		
(一)	导流工程		
1	编织袋土石围堰	m^3	4 000
2	围堰拆除	m^3	4 000
3	锚杆	根	500
(二)	施工交通工程		
1	公路工程	km	0.5
(三)	其他施工临时工程		

三、基础单价计算资料

(一)人工工资

人工工资按照枢纽工程一般地区计算。

(二)主要材料

1. 原价

(1)木材:2 100 元/m^3。

(2)汽油:6 500 元/t。

(3)柴油:5 500 元/t。

(4)炸药:11 000 元/t。

(5)钢筋:3 500 元/t。

中砂 85 元/m^3,碎石 75 元/m^3。

2. 主要材料运杂费(包括场内外运输)

材料运输均只考虑汽车运输,运距和运费如下:

(1)钢材运距 100 km,运输费用 0.8 元/(t · km),装卸费 10 元/t。

(2)袋装水泥占20%，散装水泥占80%，袋装水泥市场价为320元/t，散装水泥市场价为290元/t。袋装水泥和散装水泥均通过公路由水泥厂运往工地仓库，袋装水泥和散装水泥的运杂费均为1元/t，运距分别是24.8 km、13.4 km；运输保险费费率按1%计，采购保管费费率按3%计。

(3)木材运输费用1.5元/(m^3·km)，运距150 km，装卸费20元/m^3。

(4)汽油、柴油运输费用1.2元/(t·km)，运距150 km，不计装卸费。

(5)炸药运输费用1.5元/(t·km)，运距120 km，装卸费20元/t。木材、汽油、柴油、炸药运输保险费率1%。

(三)施工用电

施工用电的92%由电网供电，8%由柴油发电机发电。已知电网供电基本电价为0.45元/kWh，高压线路损耗率为3%，变配电设施及低压线路损耗率为5%，供电设施维修摊销费为0.03元/kWh。柴油发电机(固定式)总容量为1 200 kW，其中200 kW 2台、400 kW 2台，采用循环冷却水，厂用电率取5%，冷却水费为0.04元/kWh，维修摊销费为0.03元/kWh，发电机出力系数0.83。

(四)施工供水

水泵台班费为4 076.49元，供水量为3 302 m^3/h，能量系数为0.75。损耗率按10%计，摊销费为0.02元/m^3。

(五)施工供风(循环水冷却)

施工用风空压机型号为40 m^3/min，能量利用系数为0.75。损耗率为20%，摊销费为0.003元/m^3，冷却水为0.002元/m^3。

工程区一级阶地可零散开采，其储量极小、质量差，因此本工程砂石骨料采用就近购买，临时堆放。

四、主要施工方案

(一)建筑安装工程

(1)土方开挖：1 m^3挖掘机挖土占70%，采用10 t自卸汽车运输1 km；人工挖Ⅲ类土占30%。

(2)土方回填：Ⅲ－1 m^3挖掘机挖74 kW推土机推50 m，打夯机夯实。

(3)石方开挖：采用1 m^3挖掘机装石渣运输2 km，8 t自卸汽车。

(4)碎石垫层：人工铺筑垫层。

(5)M10浆砌石护坡：M10浆砌块石，平面护坡。

(6)M10浆砌石护底：M10浆砌块石。

(7)M10浆砌石排水明沟：浆砌条石明渠，底宽2～3 m。

(8)C15混凝土镇墩：墩(纯混凝土C15　2级配　32.5)，胶轮车运50 m，2×1.5搅拌楼拌制。

(9)C15混凝土垫层：无砂混凝土铺筑垫层(C15　2级配　32.5)

(10)C20混凝土挡墙：墙厚30 cm(C20　2级配　32.5)，胶轮车运100 m，2×1.0搅拌楼拌制。

(11)C20 混凝土泵基:基础(C20　2 级配　32.5)10 t 自卸汽车运 2 km,2 ×1.5 搅拌楼拌制混凝土。

(12)C20 混凝土压顶:压顶(C20　2 级配　32.5)胶轮车运 200 m,2 ×3.0 搅拌楼拌制。

(13)C20 混凝土基础:基础(C20　2 级配　32.5)胶轮车运 50 m,2 ×1.5 搅拌楼拌制。

(14)C20 混凝土踏步:细部结构(C20　2 级配　32.5)8 t 自卸汽车运 1 km,3 ×1.5 搅拌楼拌制混凝土。

(15)C25 钢筋混凝土预制盖板:混凝土板预制及砌筑,厚度 8 ~ 12 cm(C25　2 级配　32.5)汽车运 2 km。

(16)模板制作及安拆:普通木模板安装、拆除。

(17)骨料运输:3 m^3 挖掘机装砂石料自卸汽车运输运 3 km,20 t 自卸汽车。

(18)基础固结灌浆:钻机钻岩石层灌浆孔——自上而下灌浆法,岩石级别Ⅸ ~ Ⅹ,透水率 6 ~ 8。

(19)混凝土防渗墙浇筑:墙厚 0.3 m(C25　2 级配　32.5),胶轮车运 200 m。

(20)钢筋制安:钢筋网制作及安装。

(21)围堰填筑、拆除:袋装土石围堰(编织袋砂砾石)。

①所有混凝土均采用二级配,卵石换碎石,粗砂换中砂,C30 以上的配合比采用 42.5 水泥。

②模板采用一般木模;房屋按 2 000 元/m^2 计入。

③机电及金属结构设备运杂系数为 4.75%。

(二)机电设备及安装工程

(1)水轮机:轴流式　设备自重 160 t　桥式起重机(单梁 2 t)。

(2)调速器:调速系统　T－150　桥式起重机(双梁 5 t)。

(3)油压装置:YS－20　桥式起重机(单梁 2 t)。

(4)发电机:设备自重 250 t　桥式起重机(单梁 3 t)。

(5)桥式起重机:起重能力 30 t。

(6)轨道:轨型 43 kg/m。

(7)滑触线:自重≤400 t。

(三)金属结构设备及安装工程

(1)埋件:自重≤40 t。

(2)平板门:每扇自重≤20 t。

(3)卷扬式启闭机:自重 15 t。

(4)油压启闭机:自重 10 t。

(四)施工临时工程

(1)编织袋土石围堰:2 m^3 挖机挖砂砾石装 20 t 自卸汽车运 3 km,装编织袋填筑。

(2)围堰拆除:草袋黏土。

(3)锚杆:地下砂浆锚杆(3 m),风钻钻Ⅺ ~ Ⅻ级岩石。

(4)简易公路、砂卵石基础。

(五)独立费用、基本预备费

监理、勘察、设计费,专业调整系数1.04,工程复杂程度调整系数1,附加调整系数1,其他按相关文件标准计取,基本预备费费率取5%。

五、非主要材料价格表

(1)常见的非主要工程材料,价格见表11-5。

表11-5 材料预算价格表

序号	名称	单位	材料预算价格(元)	序号	名称	单位	材料预算价格(元)
1	火雷管	个	1.20	63	引气剂	kg	6.60
2	电雷管	个	1.00	64	硅粉	kg	2.80
3	非电毫秒雷管	个	4.00	65	钢纤维	t	.6 000.00
4	导爆管	m	0.60	66	早强剂	kg	6.50
5	导火线	m	0.80	67	助流膨胀剂	kg	9.70
6	导电线	m	0.50	68	维萨模板	套	3 200.00
7	导爆索	m	3.50	69	钢板	t	4 980.00
8	合金钻头	个	50.00	70	型钢	t	4 600.00
9	金钢石钻头	个	230.00	71	钢模板	kg	5.60
10	潜孔钻钻头 150 型	个	400.00	72	钢滑模	kg	8.00
11	钻头 Φ90 mm	个	375.00	73	卡扣件	kg	4.50
12	钻头 Φ45 ~ 48 mm	个	130.00	74	铁丝 8#	kg	5.60
13	钻头 Φ100 ~ 102 mm	个	700.00	75	铁钉	kg	4.90
14	潜孔钻钻头 100 型	个	350.00	76	铁件	kg	4.80
15	钻杆(地质钻)	m	58.90	77	预埋铁件	kg	4.80
16	钻杆接头(地质钻)	个	85.00	78	电焊条	kg	6.60
17	钻杆 Φ76 mm	kg	18.00	79	电焊条 507	kg	7.60
18	扩孔器	个	340.00	80	铜电焊条	kg	47.00
19	导孔钻头 Φ216	个	14 000.00	81	不锈钢电焊条	kg	32.00
20	扩孔钻头体 Φ1400	个	140 000.00	82	氧气	m^3	4.90
21	普通钻杆 Φ182	m	3 500.00	83	乙炔气	m^3	11.20
22	风钻钻杆	kg	9.90	84	石英砂	m^3	530.00
23	QZJ-100B 钻杆	kg	18.00	85	沥青	t	3 200.00

续表 11-5

序号	名称	单位	材料预算价格(元)	序号	名称	单位	材料预算价格(元)
24	QZJ－100B 钻 Φ56 mm	个	250.00	86	沥青(渣油)	t	1 800.00
25	QZJ－100B 冲击器	套	2 800.00	87	脱模剂	kg	1.50
26	钻杆接头(台车)	个	165.00	88	层板	m^2	4.80
27	钻头 Φ115 mm	个	450.00	89	BW 型止水带	m	56.00
28	钻杆(锚索钻机)	kg	18.00	90	橡胶条	m	32.00
29	钻头 Φ57	个	200.00	91	橡胶止水 651	m^2	420.00
30	钻杆(液压履带钻)	kg	47.53	92	软式透水管	m	6.60
31	QZJ－100B 钻 Φ100 mm	个	350.00	93	柔性防护网	m	5.60
32	QZJ－100B 钻 Φ76 mm	个	300.00	94	软式排水管 Φ50	m	5.00
33	钻头 Φ89～105 mm	个	350.00	95	PVC 排水管 Φ50	m	7.80
34	钻杆 T45	kg	47.53	96	PVC 排水管 Φ40	m	12.00
35	钎尾	个	1 950.00	97	软式排水管 Φ100	m	59.00
36	连接套	个	87.00	98	软式透水管 Φ10	m	78.90
37	钻头 Φ64～102 mm	个	350.00	99	PVC 止水带	m	12.40
38	冲击器 $cm^3$51	套	10 300.00	100	岩芯管	kg	0.35
39	岩芯箱	个	22.50	101	灌浆管	个	6.28
40	QZJ－100B 钻 Φ115 mm	个	450.00	102	煤	片	21.70
41	十字合金钻 Φ51 mm	个	38.50	103	合金钢钻头	kg	12.50
42	自进式锚杆 Φ32 mm	m	36.30	104	石料切割锯片	m	17.86
43	止浆塞 Φ32 mm	个	3.30	105	螺栓	个	2.50
44	联接套 Φ32 mm	个	16.50	106	镀锌钢管 Φ40 mm	张	18.00
45	垫板(中空锚杆)	块	10.50	107	管件	kg	4.60
46	螺母(中空锚杆)	支	10.50	108	探伤材料	kg	8.00
47	钎尾钎套	套	330.00	109	钢轨	m	35.00
48	注浆接头	套	330.00	110	轨道附件	kg	7.50
49	中空锚杆 Φ32 mm	m	26.00	111	电源线	kg	8.32
50	钻杆 T45	kg	47.53	112	石棉橡胶板	kg	5.69
51	连接套(液压履带钻 ROC742)	个	330.00	113	塑料焊条	根	0.90

续表 11-5

序号	名称	单位	材料预算价格(元)	序号	名称	单位	材料预算价格(元)
52	钎尾（液压履带钻 ROC742）	个	2 100.00	114	镀锌铁丝　13～17#	张	0.85
53	钻头　Φ130 mm	个	896.00	115	锯条	m^3	15.00
54	钻头　Φ150 mm	个	1 598.00	116	铁砂布	个	12.00
55	钻头　Φ140 mm	个	1 188.00	117	黄土　黏土	套	3 200.00
56	冲击器（锚索）	套	9 980.00	118	灌浆盒	kg	6.60
57	钻头　Φ64	个	285.00	119	平面多卡模板	kg	6.60
58	汽油	kg	5.48	120	螺杆 M16　$L=400$ mm	m^2	11.00
59	木柴	kg	0.30	121	螺杆 M16　$L=700$ mm	m^2	6.24
60	砂砾料	m^3	25.00	122	软木填缝材料	m	4.80
61	块石	m^3	20.00	123	速凝剂	kg	1.80
62	PVC 板	m^2	45.00				

(2)设备价格见表 11-6。

表 11-6　设备价格表

序号	名称	单位	价格
1	D400 铸铁管购安	m	800.00
2	D400 伸缩节购安	只	2 000.00
3	D400 拍门购安	只	1 500.00
4	D400 弯头(45°)	只	1 000.00
5	D400 弯头(90°)	只	1 000.00
6	D400 闸阀	只	4 500.00
7	400HW－7(配 30 kW 电机,含底座)	台	32 000.00
8	真空泵(3 kW)	台	10 000.00
9	Y250M－8－30 kW	台	32 000.00
10	S11－M－5.8A/152A	台	25 000.00
11	SG－2 单轨小车及起重葫芦购安	台	7 000.00
12	GGD2－38(C)开关柜	台套	22 800.00
13	照明配电箱(PZ30R)	只	500.00

思考与练习题

11-1 设备运杂费该取多少?

11-2 埋块石率在软件中如何计算?

11-3 软件中如何实现定额批量换算?

11-4 软件中如何导入清单?

附　录

附录 1　水利水电工程等级划分标准

根据《水利水电工程等级划分及洪水标准》(SL 252—2017)及其他现行水利水电工程等级划分的相关规范,汇总工程等别划分标准如下。若规范有变化,应进行相应调整。

(1)水利水电工程的等别,应根据其工程规模、效益和在经济社会中的重要性,按附表 1-1确定。

附表 1-1　水利水电工程分等指标

工程类别	工程规模	水库总库容(10^8 m^3)	防洪			治涝	灌溉	供水		发电
			保护人口(10^4 人)	保护农田面积(10^4 亩)	保护区当量经济规模(10^4 人)	治涝面积(10^4 亩)	灌溉面积(10^4 亩)	供水对象重要性	年引水量(10^8 m^3)	发电装机容量(MW)
Ⅰ	大(1)型	≥10	≥150	≥500	≥300	≥200	≥150	特别重要	≥10	≥1 200
Ⅱ	大(2)型	<10,≥1.0	<150,≥50	<500,≥100	<300,≥100	<200,≥60	<150,≥50	重要	<10,≥3	<1 200,≥300
Ⅲ	中型	<1.0,≥0.10	<50,≥20	<100,≥30	<100,≥40	<60,≥15	<50,≥5	比较重要	<3,≥1	<300,≥50
Ⅳ	小(1)型	<0.1,≥0.01	<20,≥5	<30,≥5	<40,≥10	<15,≥3	<5,≥0.5	一般	<1,≥0.3	<50,≥10
Ⅴ	小(2)型	<0.01,≥0.001	<5	<5	<10	<3	<0.5		<0.3	<10

注:1. 水库总库容指水库最高水位以下的静库容;治涝面积指设计治涝面积;灌溉面积指设计灌溉面积;年引水量指供水工程渠首设计年均引(取)水量。

2. 保护区当量经济规模指标仅限于城市保护区;防洪、供水中的多项指标满足 1 项即可。

3. 按供水对象的重要性确定工程等别时,该工程应为供水对象的主要水源。

对综合利用的水利水电工程,当按各综合利用项目的分等指标确定的等别不同时,其工程等别应按其中最高等别确定。

(2)拦河闸等永久性水工建筑物的级别,应根据其所属工程的等别按附表 1-2确定。

附表 1-2　永久性水工建筑物级别

工程等别	主要建筑物	次要建筑物
Ⅰ	1	3
Ⅱ	2	3
Ⅲ	3	4
Ⅳ	4	5
Ⅴ	5	5

拦河闸永久性水工建筑物按附表 1-2 规定的 2 级、3 级，其校核洪水过闸流量分别大于 5 000 m^3/s、1 000 m^3/s 时，其建筑物级别可提高一级，但洪水标准可不提高。

(3)灌溉渠道或排水沟道级别应根据灌溉或排水设计流量的大小，根据《灌溉与排水工程设计标准》(GB 50288—2018)，按附表 1-3 确定。对灌排结合的渠沟工程，当按灌溉和排水设计流量分属两个不同工程级别时，应按较高者确定。

附表 1-3　灌溉渠道与排水沟道级别

渠、沟级别	1	2	3	4	5
灌溉设计流量(m^3/s)	≥300	<300，且≥100	<100，且≥20	<20，且≥5	<5
排水设计流量(m^3/s)	≥500	<500，且≥200	<200，且≥50	<50，且≥10	<10

灌溉与排水渠沟上的水闸、渡槽、倒虹吸、涵洞、隧洞、跌水与陡坡等建筑物的级别，应根据设计流量的大小，按附表 1-4 确定。

附表 1-4　灌溉与排水渠沟系建筑物分级指标

建筑物级别	1	2	3	4	5
设计流量(m^3/s)	≥300	<300，且≥100	<100，且≥20	<20，且≥5	<5

附录2 水利水电工程项目划分

附表 2-1 第一部分 建筑工程

序号	一级项目	二级项目	三级项目	备注
Ⅰ	枢纽工程			
一	挡水工程			
1		混凝土坝(闸)工程		
			土方开挖	
			石方开挖	
			土石方回填	
			模板	
			混凝土	
			钢筋	
			防渗墙	
			灌浆孔	
			灌浆	
			排水孔	
			砌石	
			喷混凝土	
			锚杆(索)	
			启闭机室	
			温控措施	
			细部结构工程	
2		土(石)坝工程		
			土方开挖	
			石方开挖	
			土料填筑	
			砂砾料填筑	
			斜(心)墙土料填筑	
			反滤料、过渡料填筑	
			坝体堆石填筑	

续附表 2-1

序号	一级项目	二级项目	三级项目	备注
2		土(石)坝工程		
			铺盖填筑	
			土工膜(布)	
			沥青混凝土	
			模板	
			混凝土	
			钢筋	
			防渗墙	
			灌浆孔	
			灌浆	
			排水孔	
			砌石	
			喷混凝土	
			锚杆(索)	
			面(趾)板止水	
			细部结构工程	
二	泄洪工程			
1		溢洪道工程		
			土方开挖	
			石方开挖	
			土石方回填	
			模板	
			混凝土	
			钢筋	
			灌浆孔	
			灌浆	
			排水孔	
			砌石	
			喷混凝土	
			锚杆(索)	
			启闭机室	
			温控措施	
			细部结构工程	

续附表 2-1

序号	一级项目	二级项目	三级项目	备注
2		泄洪洞工程		
			土方开挖	
			石方开挖	
			模板	
			混凝土	
			钢筋	
			灌浆孔	
			灌浆	
			排水孔	
			砌石	
			喷混凝土	
			锚杆(索)	
			钢筋网	
			钢拱架、钢格栅	
			细部结构工程	
3		冲砂孔(洞)工程		
4		放空洞工程		
5		泄洪闸工程		
三	引水工程			
1		引水明渠工程		
			土方开挖	
			石方开挖	
			模板	
			混凝土	
			钢筋	
			砌石	
			锚杆(索)	
			细部结构工程	
2		进(取)水口工程		
			土方开挖	
			石方开挖	

续附表 2-1

序号	一级项目	二级项目	三级项目	备注
2		进(取)水口工程		
			模板	
			混凝土	
			钢筋	
			砌石	
			锚杆(索)	
			细部结构工程	
3		引水隧洞工程		
			土方开挖	
			石方开挖	
			模板	
			混凝土	
			钢筋	
			灌浆孔	
			灌浆	
			排水孔	
			砌石	
			喷混凝土	
			锚杆(索)	
			钢筋网	
			钢拱架、钢格栅	
			细部结构工程	
4		调压井工程		
			土方开挖	
			石方开挖	
			模板	
			混凝土	
			钢筋	
			灌浆孔	
			灌浆	
			砌石	
			喷混凝土	
			锚杆(索)	
			细部结构工程	

续附表 2-1

序号	一级项目	二级项目	三级项目	备注
5		高压管道工程		
			土方开挖	
			石方开挖	
			模板	
			混凝土	
			钢筋	
			灌浆孔	
			灌浆	
			砌石	
			锚杆(索)	
			钢筋网	
			钢拱架、钢格栅	
			细部结构工程	
四	发电厂(泵站)工程			
1		地面厂房工程		
			土方开挖	
			石方开挖	
			土石方回填	
			模板	
			混凝土	
			钢筋	
			灌浆孔	
			灌浆	
			砌石	
			锚杆(索)	
			温控措施	
			厂房建筑	
			细部结构工程	
2		地下厂房工程		
			石方开挖	
			模板	
			混凝土	
			钢筋	

续附表2-1

序号	一级项目	二级项目	三级项目	备注
2		地下厂房工程		
			灌浆孔	
			灌浆	
			排水孔	
			喷混凝土	
			锚杆(索)	
			钢筋网	
			钢拱架、钢格栅	
			温控措施	
			厂房装修	
			细部结构工程	
3		交通洞工程		
			土方开挖	
			石方开挖	
			模板	
			混凝土	
			钢筋	
			灌浆孔	
			灌浆	
			喷混凝土	
			锚杆(索)	
			钢筋网	
			钢拱架、钢格栅	
			细部结构工程	
4		出线洞(井)工程		
5		通风洞(井)工程		
6		尾水洞工程		
7		尾水调压井工程		
8		尾水渠工程		
			土方开挖	
			石方开挖	

续附表 2-1

序号	一级项目	二级项目	三级项目	备注
8		尾水渠工程		
			土石方回填	
			模板	
			混凝土	
			钢筋	
			砌石	
			锚杆(索)	
			细部结构工程	
五	升压变电站工程			
1		变电站工程		
			土方开挖	
			石方开挖	
			土石方回填	
			模板	
			混凝土	
			钢筋	
			砌石	
			钢材	
			细部结构工程	
2		开关站工程		
			土方开挖	
			石方开挖	
			土石方回填	
			模板	
			混凝土	
			钢筋	
			砌石	
			钢材	
			细部结构工程	
六	航运工程			
1		上游引航道工程		
			土方开挖	
			石方开挖	

续附表 2-1

序号	一级项目	二级项目	三级项目	备注
1		上游引航道工程		
			土石方回填	
			模板	
			混凝土	
			钢筋	
			砌石	
			锚杆(索)	
			细部结构工程	
2		船闸(升船机)工程		
			土方开挖	
			石方开挖	
			土石方回填	
			模板	
			混凝土	
			钢筋	
			灌浆孔	
			灌浆	
			锚杆(索)	
			控制室	
			温控措施	
			细部结构工程	
3		下游引航道工程		
七	鱼道工程			
八	交通工程			
1		公路工程		
2		铁路工程		
3		桥梁工程		
4		码头工程		
九	房屋建筑工程			
1		辅助生产建筑		
2		仓库		
3		办公用房		
4		值班宿舍及文化福利建筑		
5		室外工程		

续附表 2-1

序号	一级项目	二级项目	三级项目	备注
十	供电设施工程			
十一	其他建筑工程			
1		安全监测设施工程		
2		照明线路工程		
3		通信线路工程		
4		厂坝(闸、泵站)区供水、供热、排水等公用设施工程		
5		劳动安全与工业卫生设施工程		
6		水文、泥沙监测设施工程		
7		水情自动测报系统工程		
8		其他		
Ⅱ	引水工程			
一	渠(管)道工程			
1		××—××段干渠(管)工程		
			土方开挖	
			石方开挖	
			土石方回填	
			模板	
			混凝土	
			钢筋	
			输水管道	各类管道(含钢管)
			管道附件及阀门	项目较多时可另附表
			管道防腐	
			砌石	
			垫层	
			土工布	
			草皮护坡	
			细部结构工程	
2		××—××段支渠(管)工程		

续附表 2-1

序号	一级项目	二级项目	三级项目	备注
二	建筑物工程			
1		泵站工程(扬水站、排灌站)		
			土方开挖	
			石方开挖	
			土石方回填	
			模板	
			混凝土	
			钢筋	
			砌石	
			厂房建筑	
			细部结构工程	
2		水闸工程		
			土方开挖	
			石方开挖	
			土石方回填	
			模板	
			混凝土	
			钢筋	
			灌浆孔	
			灌浆	
			砌石	
			启闭机室	
			细部结构工程	
3		渡槽工程		
			土方开挖	
			石方开挖	
			土石方回填	
			模板	
			混凝土	
			钢筋	
			预应力锚索(筋)	钢绞线、钢丝束、钢筋
			渡槽支撑	或高大跨度渡槽措施费
			砌石	
			细部结构工程	

续附表 2-1

序号	一级项目	二级项目	三级项目	备注
4		隧洞工程		
			土方开挖	
			石方开挖	
			土石方回填	
			模板	
			混凝土	
			钢筋	
			灌浆孔	
			灌浆	
			砌石	
			喷混凝土	
			锚杆(索)	
			钢筋网	
			钢拱架、钢格栅	
			细部结构工程	
5		倒虹吸工程		含附属调压、检修设施
6		箱涵(暗渠)工程		含附属调压、检修设施
7		跌水工程		
8		动能回收电站工程		
9		调蓄水库工程		
10		排水涵(渡槽)		或排洪涵(渡槽)
11		公路交叉(穿越)建筑物		
12		铁路交叉(穿越)建筑物		
13		其他建筑物工程		
三	交通工程			
1		对外公路工程		
2		运行管理维护道路		
四	房屋建筑工程			
1		辅助生产建筑		
2		仓库		
3		办公用房		

续附表 2-1

序号	一级项目	二级项目	三级项目	备注
4		值班宿舍及文化福利建筑		
5		室外工程		
五	供电设施工程			
六	其他建筑工程			
1		安全监测施工工程		
2		照明线路工程		
3		通信线路工程		
4		厂坝(闸、泵站)区供水、供热、排水等公用设施工程		
5		劳动安全与工业卫生设施		
6		水文、泥沙监测设施工程		
7		水情自动测报系统工程		
8		其他		
Ⅲ	河道工程			
一	河湖整治与堤防工程			
1		××—××段堤防工程		
			土方开挖	
			土方填筑	
			模板	
			混凝土	
			砌石	
			土工布	
			防渗墙	
			灌浆	
			草皮护坡	
			细部结构工程	

续附表 2-1

序号	一级项目	二级项目	三级项目	备注
2		××—××段河道(湖泊)整治工程		
3		××—××段河道疏浚工程		
二	灌溉工程			
1		××—××段渠(管)道工程		
			土方开挖	
			土方填筑	
			模板	
			混凝土	
			砌石	
			土工布	
			输水管道	
			细部结构工程	
三	田间工程			
1		××—××段渠(管)道工程		
2		田间土地平整		
3		其他建筑物		
四	建筑物工程			
1		水闸工程		
2		泵站工程(扬水站、排灌站)		
3		其他建筑物		
五	交通工程			
六	房屋建筑工程			
1		辅助生产厂房		
2		仓库		
3		办公用房		
4		值班宿舍及文化福利建筑		
5		室外工程		
七	供电设施工程			

续附表 2-1

序号	一级项目	二级项目	三级项目	备注
八	其他建筑工程			
1		安全监测设施工程		
2		照明线路工程		
3		通信线路工程		
4		厂坝(闸、泵站)区供水、供热、排水等公用设施工程		
5		劳动安全与工业卫生设施工程		
6		水文、泥沙监测设施工程		
7		其他		

附表 2-2　三级项目划分要求及技术经济指标

序号	三级项目			经济技术指标
	分类	名称示例	说明	
1	土石方开挖	土方开挖	土方开挖与砂砾石开挖分列	元/m^3
		石方开挖	明挖与暗挖,平洞与斜井、竖井分列	元/m^3
2	土石方回填	土方填筑		元/m^3
		石方填筑		元/m^3
		砂砾料填筑		元/m^3
		斜(心)墙土料填筑		元/m^3
		反滤料、过渡料填筑		元/m^3
		坝体(坝趾)堆石填筑		元/m^3
		铺盖填筑		元/m^3
		土工膜		元/m^2
		土工布		元/m^2
3	砌石	砌石	干砌石、浆砌石、抛石、铅丝(钢筋)笼块石等分列	元/m^3
		砖墙		元/m^3
4	混凝土与模板	模板	不同规格形状和材质的模板分列	元/m^2
		混凝土	不同工程部位、不同标号、不同级配的混凝土分列	元/m^3
		沥青混凝土		元/m^3(m^2)

续附表 2-2

序号	三级项目			技术经济指标
	分类	名称示例	说明	
5	钻孔与灌浆	防渗墙		元/m^2
		灌浆孔	使用不同钻孔机械及钻孔的不同用途分列	元/m
		灌浆	不同灌浆种类分列	元/m(m^2)
		排水孔		元/m
6	锚固工程	锚杆		元/根
		锚索		元/束(根)
		喷混凝土		元/m^3
7	钢筋	钢筋		元/t
8	钢结构	钢衬		元/t
		构架		元/t
9	止水	面(趾)板止水		元/m
10	其他	启闭机室		元/m^2
		控制室(楼)		元/m^2
		温控措施		元/m^3
		厂房装修		元/m^2
		细部结构工程		元/m^3

附表 2-3 第二部分 机电设备及安装工程

序号	一级项目	二级项目	三级项目	技术经济指标
I	枢纽工程			
一	发电设备及安装工程			
1		水轮机设备及安装工程		
			水轮机	元/台
			调速器	元/台
			油压装置	元/台套
			过速限制器	元/台套
			自动化元件	元/台套
			透平油	元/t

续附表 2-3

序号	一级项目	二级项目	三级项目	技术经济指标
2		发电机设备及安装工程		
			发电机	元/台
			励磁装置	元/台套
			自动化元件	元/台套
3		主阀设备及安装工程		
			蝴蝶阀(球阀、锥形阀)	元/台
			油压装置	元/台
4		起重设备及安装工程		
			桥式起重机	元/t(台)
			转子吊具	元/t(具)
			平衡梁	元/t(副)
			轨道	元/双 10 m
			滑触线	元/三相 10 m
5		水力机械辅助设备及安装工程		
			油系统	
			压气系统	
			水系统	
			水力量测系统	
			管路(管子、附件、阀门)	
6		电气设备及安装工程		
			发电电压装置	
			控制保护系统	
			直流系统	
			厂用电系统	
			电工试验设备	
			35 kV 及以下动力电缆	
			控制和保护电缆	
			母线	
			电缆架	
			其他	

续附表 2-3

序号	一级项目	二级项目	三级项目	技术经济指标
二	升压变电设备及安装工程			
1		主变压器设备及安装工程		
			变压器	元/台
			轨道	元/双 10 m
2		高压电气设备及安装工程		
			高压断路器	
			电流互感器	
			电压互感器	
			隔离开关	
			110 kV 及以上高压电缆	
3		一次拉线及其他安装工程		
三	公用设备及安装工程			
1		通信设备及安装工程		
			卫星通信	
			光缆通信	
			微波通信	
			载波通信	
			生产调度通信	
			行政管理通信	
2		通风采暖设备及安装工程		
			通风机	
			空调机	
			管路系统	
3		机修设备及安装工程		
			机床	
			刨床	
			钻床	
4		计算机监控系统		
5		工业电视系统		
6		管理自动化系统		
7		全厂接地及保护网		

续附表2-3

序号	一级项目	二级项目	三级项目	技术经济指标
8		电梯设备及安装工程		
			大坝电梯	
			厂房电梯	
9		坝区馈电设备及安装工程		
			变压器	
			配电装置	
10		厂坝区供水、排水、供热设备及安装工程		
11		水文、泥沙监测设备及安装工程		
12		水情自动测报系统设备及安装工程		
13		视频安防监控设备及安装工程		
14		安全监测设备及安装工程		
15		消防设备		
16		劳动安全与工业卫生设备及安装工程		
17		交通设备		
Ⅱ	引水工程及河道工程			
一	泵站设备及安装工程			
1		水泵设备及安装工程		
2		电动机设备及安装工程		
3		主阀设备及安装工程		
4		起重设备及安装工程		
			桥式起重机	元/t(台)
			平衡梁	元/t(副)
			轨道	元/双10 m
			滑触线	元/三相10 m

续附表 2-3

序号	一级项目	二级项目	三级项目	技术经济指标
5		水力机械辅助设备及安装工程		
			油系统	
			压气系统	
			水系统	
			水力量测系统	
			管路（管子、附件、阀门）	
6		电气设备及安装工程		
			控制保护系统	
			盘柜	
			电缆	
			母线	
二	水闸设备及安装工程			
1		电气一次设备及安装工程		
2		电气二次设备及安装工程		
三	电站设备及安装工程			
四	供电设备及安装工程			
1		变电站设备及安装工程		
五	公用设备及安装工程			
1		通信设备及安装工程		
			卫星通信	
			光缆通信	
			微波通信	
			载波通信	
			生产调度通信	
			行政管理通信	

续附表2-3

序号	一级项目	二级项目	三级项目	技术经济指标
2		通风采暖设备及安装工程		
			通风机	
			空调机	
			管路系统	
3		机修设备及安装工程		
			车床	
			刨床	
			钻床	
4		计算机监控系统		
5		管理自动化系统		
6		全厂接地及保护网		
7		厂坝区供水、排水、供热设备及安装工程		
8		水文、泥沙监测设备及安装工程		
9		水情自动测报系统设备及安装工程		
10		视频安防监控设备及安装工程		
11		安全监测设备及安装工程		
12		消防设备		
13		劳动安全与工业卫生设备及安装工程		
14		交通设备		

附表 2-4　第三部分　金属结构设备及安装工程

序号	一级项目	二级项目	三级项目	技术经济指标
I	枢纽工程			
一	挡水工程			
1		闸门设备及安装工程		
			平板门	元/t
			弧形门	元/t
			埋件	元/t
			闸门、埋件防腐	元/t(m^2)
2		启闭设备及安装工程		
			卷扬式启闭机	元/t(台)
			门式启闭机	元/t(台)
			油压启闭机	元/t(台)
			轨道	元/双 10 m
3		拦污设备及安装工程		
			拦污栅	元/t
			清污机	元/t(台)
二	泄洪工程			
1		闸门设备及安装工程		
2		启闭设备及安装工程		
3		拦污设备及安装工程		
三	引水工程			
1		闸门设备及安装工程		
2		启闭设备及安装工程		
3		拦污设备及安装工程		
4		压力钢管制作及安装工程		
四	发电厂工程			
1		闸门设备及安装工程		
2		启闭设备及安装工程		
五	航运工程			
1		闸门设备及安装工程		
2		启闭设备及安装工程		
3		升船机设备及安装工程		
六	鱼道工程			

续附表 2-4

序号	一级项目	二级项目	三级项目	技术经济指标
Ⅱ	引水工程及河道工程			
一	泵站工程			
1		闸门设备及安装工程		
2		启闭设备及安装工程		
3		拦污设备及安装工程		
二	水闸(涵)工程			
1		闸门设备及安装工程		
2		启闭设备及安装工程		
3		拦污设备及安装工程		
三	小水电站工程			
1		闸门设备及安装工程		
2		启闭设备及安装工程		
3		拦污设备及安装工程		
4		压力钢管制作及安装工程		
四	调蓄水库工程			
五	其他建筑物工程			

附表 2-5　第四部分　施工临时工程

序号	一级项目	二级项目	三级项目	技术经济指标
一	导流工程			
1		导流明渠工程		
			土方开挖	元/m^3
			石方开挖	元/m^3
			模板	元/m^2
			混凝土	元/m^3
			钢筋	元/t
			锚杆	元/根
2		导流洞工程		
			土方开挖	元/m^3
			石方开挖	元/m^3
			模板	元/m^2
			混凝土	元/m^3
			钢筋	元/t
			喷混凝土	元/m^3
			锚杆(索)	元/根(束)

续附表 2-5

序号	一级项目	二级项目	三级项目	技术经济指标
3		土石围堰工程		
			土方开挖	元/m^3
			石方开挖	元/m^3
			堰体填筑	元/m^3
			砌石	元/m^3
			防渗	元/m^3(m^2)
			堰体拆除	元/m^3
			其他	
4		混凝土围堰工程		
			土方开挖	元/m^3
			石方开挖	元/m^3
			模板	元/m^2
			混凝土	元/m^3
			防渗	元/m^3(m^2)
			堰体拆除	元/m^3
			其他	
5		蓄水期下游断流补偿设施工程		
6		金属结构设备及安装工程		
二	施工交通工程			
1		公路工程		元/km
2		铁路工程		元/km
3		桥梁工程		元/延米
4		施工支洞工程		
5		码头工程		
6		转运站工程		
三	施工供电工程			
1		220 kV 供电线路		元/km
2		110 kV 供电线路		元/km
3		35 kV 供电线路		元/km
4		10 kV 供电线路(引水及河道)		元/km
5		变配电设施设备(场内除外)		元/座
四	施工房屋建筑工程			
1		施工仓库		
2		办公、生活及文化福利建筑		
五	其他施工临时工程			

注:凡永久与临时相结合的项目列入相应永久工程项目内。

附表 2-6　第五部分　独立费用

序号	一级项目	二级项目	三级项目	技术经济指标
一	建设管理费			
二	工程建设监理费			
三	联合试运转费			
四	生产准备费			
1		生产及管理单位提前进厂费		
2		生产职工培训费		
3		管理用具购置费		
4		备品备件购置费		
5		工器具及生产家具购置费		
五	科研勘测设计费			
1		工程科学研究试验费		
2		工程勘测设计费		
六	其他			
1		工程保险费		
2		其他税费		

附录 3 艰苦边远地区类别划分

一、新疆维吾尔自治区(99 个)

一类区(1 个)

乌鲁木齐市:东山区。

二类区(11 个)

乌鲁木齐市:天山区、沙依巴克区、新市区、水磨沟区、头屯河区、达坂城区、乌鲁木齐县。

石河子市。

昌吉回族自治州:昌吉市、阜康市、米泉市。

三类区(29 个)

五家渠市。

阿拉尔市。

阿克苏地区:阿克苏市、温宿县、库车县、沙雅县。

吐鲁番地区:吐鲁番市、鄯善县。

哈密地区:哈密市。

博尔塔拉蒙古自治州:博乐市、精河县。

克拉玛依市:克拉玛依区、独山子区、白碱滩区、乌尔禾区。

昌吉回族自治州:呼图壁县、玛纳斯县、奇台县、吉木萨尔县。

巴音郭楞蒙古自治州:库尔勒市、轮台县、博湖县、焉耆回族自治县。

伊犁哈萨克自治州:奎屯市、伊宁市、伊宁县。

塔城地区:乌苏市、沙湾县、塔城市。

四类区(37 个)

图木舒克市。

喀什地区:喀什市、疏附县、疏勒县、英吉沙县、泽普县、麦盖提县、岳普湖县、伽师县、巴楚县。

阿克苏地区:新和县、拜城县、阿瓦提县、乌什县、柯坪县。

吐鲁番地区:托克逊县。

克孜勒苏柯尔克孜自治州:阿图什市。

博尔塔拉蒙古自治州:温泉县。

昌吉回族自治州:木垒哈萨克自治县。

巴音郭楞蒙古自治州:尉犁县、和硕县、和静县。

伊犁哈萨克自治州:霍城县、巩留县、新源县、察布查尔锡伯自治县、特克斯县、尼勒克县。

塔城地区:额敏县、托里县、裕民县、和布克赛尔蒙古自治县。

阿勒泰地区:阿勒泰市、布尔津县、富蕴县、福海县、哈巴河县。

五类区(16 个)

喀什地区:莎车县。

和田地区:和田市、和田县、墨玉县、洛浦县、皮山县、策勒县、于田县、民丰县。

哈密地区:伊吾县、巴里坤哈萨克自治县。

巴音郭楞蒙古自治州:若羌县、且末县。

伊犁哈萨克自治州:昭苏县。

阿勒泰地区:青河县、吉木乃县。

六类区(5 个)

克孜勒苏柯尔克孜自治州:阿克陶县、阿合奇县、乌恰县。

喀什地区:塔什库尔干塔吉克自治县、叶城县。

二、宁夏回族自治区(19 个)

一类区(11 个)

银川市:兴庆区、灵武市、永宁县、贺兰县。

石嘴山市:大武口区、惠农区、平罗县。

吴忠市:利通区、青铜峡市。

中卫市:沙坡头区、中宁县。

三类区(8 个)

吴忠市:盐池县、同心县。

固原市:原州区、西吉县、隆德县、泾源县、彭阳县。

中卫市:海原县。

三、青海省(43 个)

二类区(6 个)

西宁市:城中区、城东区、城西区、城北区。

海东地区:乐都县、民和回族土族自治县。

三类区(8 个)

西宁市:大通回族土族自治县、湟源县、湟中县。

海东地区:平安县、互助土族自治县、循化撒拉族自治县。

海南藏族自治州:贵德县。

黄南藏族自治州:尖扎县。

四类区(12 个)

海东地区:化隆回族自治县。

海北藏族自治州:海晏县、祁连县、门源回族自治县。

海南藏族自治州:共和县、同德县、贵南县。

黄南藏族自治州:同仁县。

海西蒙古族藏族自治州:德令哈市、格尔木市、乌兰县、都兰县。

五类区(10 个)

海北藏族自治州:刚察县。

海南藏族自治州:兴海县。

黄南藏族自治州:泽库县、河南蒙古族自治县。

果洛藏族自治州:玛沁县、班玛县、久治县。

玉树藏族自治州:玉树县、囊谦县。

海西蒙古族藏族自治州:天峻县。

六类区(7 个)

果洛藏族自治州:甘德县、达日县、玛多县。

玉树藏族自治州:杂多县、称多县、治多县、曲麻莱县。

四、甘肃省(83 个)

一类区(14 个)

兰州市:红古区。

白银市:白银区。

天水市:秦州区、麦积区。

庆阳市:西峰区、庆城县、合水县、正宁县、宁县。

平凉市:崆峒区、泾川县、灵台县、崇信县、华亭县。

二类区(40 个)

兰州市:永登县、皋兰县、榆中县。

嘉峪关市。

金昌市:金川区、永昌县。

白银市:平川区、靖远县、会宁县、景泰县。

天水市:清水县、秦安县、甘谷县、武山县。

武威市:凉州区。

酒泉市:肃州区、玉门市、敦煌市。

张掖市:甘州区、临泽县、高台县、山丹县。

定西市:安定区、通渭县、临洮县、漳县、岷县、渭源县、陇西县。

陇南市:武都区、成县、宕昌县、康县、文县、西和县、礼县、两当县、徽县。

临夏回族自治州:临夏市、永靖县。

三类区(18 个)

天水市:张家川回族自治县。

武威市:民勤县、古浪县。

酒泉市:金塔县、安西县。

张掖市:民乐县。

庆阳市:环县、华池县、镇原县。

平凉市:庄浪县、静宁县。

临夏回族自治州:临夏县、康乐县、广河县、和政县。

甘南藏族自治州:临潭县、舟曲县、迭部县。

四类区(9 个)

武威市:天祝藏族自治县。

酒泉市:肃北蒙古族自治县、阿克塞哈萨克族自治县。

张掖市:肃南裕固族自治县。

临夏回族自治州:东乡族自治县、积石山保安族东乡族撒拉族自治县。

甘南藏族自治州:合作市、卓尼县、夏河县。

五类区(2 个)

甘南藏族自治州:玛曲县、碌曲县。

五、陕西省(48 个)

一类区(45 个)

延安市:廷长县、延川县、子长县、安塞县、志丹县、吴起县、甘泉县、富县、宜川县。

铜川市:宜君县。

渭南市:白水县。

咸阳市:永寿县、彬县、长武县、旬邑县、淳化县。

宝鸡市:陇县、太白县。

汉中市:宁强县、略阳县、镇巴县、留坝县、佛坪县。

榆林市:榆阳区、神木县、府谷县、横山县、靖边县、绥德县、吴堡县、清涧县、子洲县。

安康市:汉阴县、石泉县、宁陕县、紫阳县、岚皋县、平利县、镇坪县、白河县。

商洛市:商州区、商南县、山阳县、镇安县、柞水县。

二类区(3个)

榆林市:定边县、米脂县、佳县。

六、云南省(120个)

一类区(36个)

昆明市:东川区、晋宁县、富民县、宜良县、嵩明县、石林彝族自治县。

曲靖市:麒麟区、宣威市、沾益县、陆良县。

玉溪市:江川县、澄江县、通海县、华宁县、易门县。

保山市:隆阳县、昌宁县。

昭通市:水富县。

普洱市:翠云区、潜尔哈尼族彝族自治县、景谷彝族傣族自治县。

临沧市:临翔区、云县。

大理白族自治州:永平县。

楚雄彝族自治州:楚雄市、南华县、姚安县、永仁县、元谋县、武定县、禄丰县。

红河哈尼族彝族自治州:蒙自县、开远市、建水县、弥勒县。

文山壮族苗族自治州:文山县。

二类区(59个)

昆明市:禄劝彝族苗族自治县、寻甸回族自治县。

曲靖市:马龙县、罗平县、师宗县、会泽县。

玉溪市:峨山彝族自治县、新平彝族傣族自治县、元江哈尼族彝族傣族自治县。

保山市:施甸县、腾冲县、龙陵县。

昭通市:昭阳区、绥江县、威信县。

丽江市:古城区、永胜县、华坪县。

普洱市:墨江哈尼族自治县、景东彝族自治县、镇沅彝族哈尼族拉祜族自治县、江城哈尼族彝族自治县、澜沧拉祜族自治县。

临沧市:凤庆县、永德县。

德宏傣族景颇族自治州:潞西市、瑞丽市、梁河县、盈江县、陇川县。

大理白族自治州:祥云县、宾川县、弥渡县、云龙县、洱源县、剑川县、鹤庆县、漾濞彝族自治县、南涧彝族自治县、巍山彝族回族自治县。

楚雄彝族自治州:双柏县、牟定县、大姚县。

红河哈尼族彝族自治州:绿春县、石屏县、泸西县、金平苗族瑶族傣族自治县、河口瑶族自治县、屏边苗族自治县。

文山壮族苗族自治州:砚山县、西畴县、麻栗坡县、马关县、丘北县、广南县、富宁县。

西双版纳傣族自治州:景洪市、勐海县、勐腊县。

三类区(20 个)

曲靖市:富源县。

昭通市:鲁甸县、盐津县、大关县、永善县、镇雄县、彝良县。

丽江市:玉龙纳西族自治县、宁蒗彝族自治县。

普洱市:孟连傣族拉祜族佤族自治县、西盟佤族自治县。

临沧市:镇康县、双江拉祜族佤族布朗族傣族自治县、耿马傣族佤族自治县、沧源佤族自治县。

怒江傈僳族自治州:泸水县、福贡县、兰坪白族普米族自治县。

红河哈尼族彝族自治州:元阳县、红河县。

四类区(3 个)

昭通市:巧家县。

怒江傈僳族自治州:贡山独龙族怒族自治县。

迪庆藏族自治州:维西傈僳族自治县。

五类区(1 个)

迪庆藏族自治州:香格里拉县。

六类区(1 个)

迪庆藏族自治州:德钦县。

七、贵州省(77 个)

一类区(34 个)

贵阳市:清镇市、开阳县、修文县、息烽县。

六盘水市:六枝特区。

遵义市:赤水市、遵义县、绥阳县、凤冈县、湄潭县、余庆县、习水县。

安顺市:西秀区、平坝县、普定县。

毕节地区:金沙县。

铜仁地区:江口县、石阡县、思南县、松桃苗族自治县。

黔东南苗族侗族自治州:凯里市、黄平县、施秉县、三穗县、镇远县、岑巩县、锦屏县、麻江县。

黔南布依族苗族自治州:都匀市、贵定县、瓮安县、独山县、龙里县。

黔西南布依族苗族自治州:兴义市。

二类区(36 个)

六盘水市:钟山区、盘县。

遵义市:仁怀市、桐梓县、正安县、道真仡佬族苗族自治县、务川仡佬族苗族自治县。

安顺市:关岭布依族苗族自治县、镇宁布依族苗族自治县、紫云苗族布依族自治县。

毕节地区:毕节市、大方县、黔西县。

铜仁地区:德江县、印江土家族苗族自治县、沿河土家族自治县、万山特区。

黔东南苗族侗族自治州:天柱县、剑河县、台江县、黎平县、榕江县、从江县、雷山县、丹寨县。

黔南布依族苗族自治州:荔波县、平塘县、罗甸县、长顺县、惠水县、三都水族自治县。

黔西南布依族苗族自治州:兴仁县、贞丰县、望谟县、册亨县、安龙县。

三类区(7 个)

六盘水市:水城县。

毕节地区:织金县、纳雍县、赫章县、威宁彝族回族苗族自治县。

黔西南布依族苗族自治州:普安县、晴隆县。

八、四川省(77个)

一类区(24个)

广元市:朝天区、旺苍县、青川县。

泸州市:叙永县、古蔺县。

宜宾市:筠连县、珙县、兴文县、屏山县。

攀枝花市:东区、西区、仁和区、米易县。

巴中市:通江县、南江县。

达州市:万源市、宣汉县。

雅安市:荥经县、石棉县、天全县。

凉山彝族自治州:西昌市、德昌县、会理县、会东县。

二类区(13个)

绵阳市:北川羌族自治县、平武县。

雅安市:汉源县、芦山县、宝兴县。

阿坝藏族羌族自治州:汶川县、理县、茂县。

凉山彝族自治州:宁南县、普格县、喜德县、冕宁县、越西县。

三类区(9个)

乐山市:金口河区、峨边彝族自治县、马边彝族自治县。

攀枝花市:盐边县。

阿坝藏族羌族自治州:九寨沟县。

甘孜藏族自治州:泸定县。

凉山彝族自治州:盐源县、甘洛县、雷波县。

四类区(20个)

阿坝藏族羌族自治州:马尔康县、松潘县、金川县、小金县、黑水县。

甘孜藏族自治州:康定县、丹巴县、九龙县、道孚县、炉霍县、新龙县、德格县、白玉县、巴塘县、乡城县。

凉山彝族自治州:布拖县、金阳县、昭觉县、美姑县、木里藏族自治县。

五类区(8个)

阿坝藏族羌族自治州:壤塘县、阿坝县、若尔盖县、红原县。

甘孜藏族自治州:雅江县、甘孜县、稻城县、得荣县。

六类区(3个)

甘孜藏族自治州:石渠县、色达县、理塘。

九、重庆市(11个)

一类区(4个)

黔江区、武隆县、巫山县、云阳县。

二类区(7个)

城口县、巫溪县、奉节县、石柱土家族自治县、彭水苗族土家族自治县、酉阳土家族苗族自治县、秀山土家族苗族自治县。

十、海南省(7 个)

一类区(7 个)

五指山市、昌江黎族自治县、白沙黎族自治县、琼中黎族苗族自治县、陵水黎族自治县、保亭黎族苗族自治县、乐东黎族自治县。

十一、广西壮族自治区(58 个)

一类区(36 个)

南宁市:横县、上林县、隆安县、马山县。

桂林市:全州县、灌阳县、资源县、平乐县、恭城瑶族自治县。

柳州市:柳城县、鹿寨县、融安县。

梧州市:蒙山县。

防城港市:上思县。

崇左市:江州区、扶绥县、天等县。

百色市:右江区、田阳县、田东县、平果县、德保县、田林县。

河池市:金城江区、宜州市、南丹县、天峨县、罗城仫佬族自治县、环江毛南族自治县。

来宾市:兴宾区、象州县、武宣县、忻城县。

贺州市:昭平县、钟山县、富川瑶族自治县。

二类区(22 个)

桂林市:龙胜各族自治县。

柳州市:三江侗族自治县、融水苗族自治县。

防城港市:港口区、防城区、东兴市。

崇左市:凭祥市、大新县、宁明县、龙州县。

百色市:靖西县、那坡县、凌云县、乐业县、西林县、隆林各族自治县。

河池市:凤山县、东兰县、巴马瑶族自治县、都安瑶族自治县、大化瑶族自治县。

来宾市:金秀瑶族自治县。

十二、湖南省(14 个)

一类区(6 个)

张家界市:桑植县。

永州市:江华瑶族自治县。

邵阳市:城步苗族自治县。

怀化市:麻阳苗族自治县、新晃侗族自治县、通道侗族自治县。

二类区(8 个)

湘西土家族苗族自治州:吉首市、泸溪县、凤凰县、花垣县、保靖县、古丈县、永顺县、龙山县。

十三、湖北省(18 个)

一类区(10 个)

十堰市:郧县、竹山县、房县、郧西县、竹溪县。

宜昌市:兴山县、秭归县、长阳土家族自治县、五峰土家族自治县。

神农架林区。

二类区(8个)

恩施土家族苗族自治州:恩施市、利川市、建始县、巴东县、宣恩县、咸丰县、来凤县、鹤峰县。

十四、黑龙江省(104个)

一类区(32个)

哈尔滨市:尚志市、五常市、依兰县、方正县、宾县、巴彦县、木兰县、通河县、延寿县。

齐齐哈尔市:龙江县、依安县、富裕县。

大庆市:肇州县、肇源县、林甸县。

伊春市:铁力市。

佳木斯市:富锦市、桦南县、桦川县、汤原县。

双鸭山市:友谊县。

七台河市:勃利县。

牡丹江市:海林市、宁安市、林口县。

绥化市:北林区、安达市、海伦市、望奎县、青冈县、庆安县、绥棱县。

二类区(67个)

齐齐哈尔市:建华区、龙沙区、铁锋区、昂昂溪区、富拉尔基区、碾子山区、梅里斯达斡尔族区、讷河市、甘南县、克山县、克东县、拜泉县。

黑河市:爱辉区、北安市、五大连池市、嫩江县。

大庆市:杜尔伯特蒙古族自治县。

伊春市:伊春区、南岔区、友好区、西林区、翠峦区、新青区、美溪区、金山屯区、五营区、乌马河区、汤旺河区、带岭区、乌伊岭区、红星区、上甘岭区、嘉荫县。

鹤岗市:兴山区、向阳区、工农区、南山区、兴安区、东山区、萝北县、绥滨县。

佳木斯市:同江市、抚远县。

双鸭山市:尖山区、岭东区、四方台区、宝山区、集贤县、宝清县、饶河县。

七台河市:桃山区、新兴区、茄子河区。

鸡西市:鸡冠区、恒山区、滴道区、梨树区、城子河区、麻山区、虎林市、密山市、鸡东县。

牡丹江市:穆棱市、绥芬河市、东宁县。

绥化市:兰西县、明水县。

三类区(5个)

黑河市:逊克县、孙吴县。

大兴安岭地区:呼玛县、塔河县、漠河县。

十五、吉林省(25个)

一类区(14个)

长春市:榆树市。

白城市:大安市、镇赉县、通榆县。

松原市:长岭县、乾安县。

吉林市:舒兰市。

四平市:伊通满族自治县。

辽源市:东辽县。

通化市:集安市、柳河县。

白山市：八道江区、临江市、江源县。

二类区(11个)

白山市：抚松县、靖宇县、长白朝鲜族自治县。

延边朝鲜族自治州：延吉市、图们市、敦化市、珲春市、龙井市、和龙市、汪清县、安图县。

十六、辽宁省(14个)

一类区(14个)

沈阳市：康平县。

朝阳市：北票市、凌源市、朝阳县、建平县、喀喇沁左翼蒙古族自治县。

阜新市：彰武县、阜新蒙古族自治县。

铁岭市：西丰县、昌图县。

抚顺市：新宾满族自治县。

丹东市：宽甸满族自治县。

锦州市：义县。

葫芦岛市：建昌县。

十七、内蒙古自治区(95个)

一类区(23个)

呼和浩特市：赛罕区、托克托县、土默特左旗。

包头市：石拐区、九原区、土默特右旗。

赤峰市：红山区、元宝山区、松山区、宁城县、巴林右旗、敖汉旗。

通辽市：科尔沁区、开鲁县、科尔沁左翼后旗。

鄂尔多斯市：东胜区、达拉特旗。

乌兰察布市：集宁区、丰镇市。

巴彦淖尔市：临河区、五原县、磴口县。

兴安盟：乌兰浩特市。

二类区(39个)

呼和浩特市：武川县、和林格尔县、清水河县。

包头市：白云矿区、固阳县。

乌海市：海勃湾区、海南区、乌达区。

赤峰市：林西县、阿鲁科尔沁旗、巴林左旗、克什克腾旗、翁牛特旗、喀喇沁旗。

通辽市：库伦旗、奈曼旗、扎鲁特旗、科尔沁左翼中旗。

呼伦贝尔市：海拉尔区、满洲里市、扎兰屯市、阿荣旗。

鄂尔多斯市：准格尔旗、鄂托克旗、杭锦旗、乌审旗、伊金霍洛旗。

乌兰察布市：卓资县、兴和县、凉城县、察哈尔右翼前旗。

巴彦淖尔市：乌拉特前旗、杭锦后旗。

兴安盟：突泉县、科尔沁右翼前旗、科尔沁右翼中旗、扎赉特旗。

锡林郭勒盟：锡林浩特市、二连浩特市。

三类区(24个)

包头市：达尔罕茂明安联合旗。

通辽市：霍林郭勒市。

呼伦贝尔市:牙克石市、额尔古纳市、新巴尔虎右旗、新巴尔虎左旗、陈巴尔虎旗、鄂伦春自治旗、鄂温克族自治旗、莫力达瓦达斡尔族自治旗。

鄂尔多斯市:鄂托克前旗。

乌兰察布市:化德县、商都县、察哈尔右翼中旗、察哈尔右翼后旗。

巴彦淖尔市:乌拉特中旗。

兴安盟:阿尔山市。

锡林郭勒盟:多伦县、东乌珠穆沁旗、西乌珠穆沁旗、太仆寺旗、镶黄旗、正镶白旗、正蓝旗。

四类区(9个)

呼伦贝尔市:根河市。

乌兰察布市:四子王旗。

巴彦淖尔市:乌拉特后旗。

锡林郭勒盟:阿巴嘎旗、苏尼特左旗、苏尼特右旗。

阿拉善盟:阿拉善左旗、阿拉善右旗、额济纳旗。

十八、山西省(44个)

一类区(41个)

太原市:娄烦县。

大同市:阳高县、灵丘县、浑源县、大同县。

朔州市:平鲁区。

长治市:平顺县、壶关县、武乡县、沁县。

晋城市:陵川县。

忻州市:五台县、代县、繁峙县、宁武县、静乐县、神池县、五寨县、岢岚县、河曲县、保德县、偏关县。

晋中市:榆社县、左权县、和顺县。

临汾市:古县、安泽县、浮山县、吉县、大宁县、永和县、隰县、汾西县。

吕梁市:中阳县、兴县、临县、方山县、柳林县、岚县、交口县、石楼县。

二类区(3个)

大同市:天镇县、广灵县。

朔州市:右玉县。

十九、河北省(28个)

一类区(21个)

石家庄市:灵寿县、赞皇县、平山县。

张家口市:宣化县、蔚县、阳原县、怀安县、万全县、怀来县、涿鹿县、赤城县。

承德市:承德县、兴隆县、平泉县、滦平县、隆化县、宽城满族自治县。

秦皇岛市:青龙满族自治县。

保定市:涞源县、涞水县、阜平县。

二类区(4个)

张家口市:张北县、崇礼县。

承德市:丰宁满族自治县、围场满族蒙古族自治县。

三类区(3个)

张家口市:康保县、沽源县、尚义县。

附录4　西藏自治区特殊津贴地区类别

二类区

拉萨市：拉萨市城关区及所属办事处，达孜县，尼木县县驻地、尚日区、吞区、尼木区，曲水县，墨竹工卡县（不含门巴区和直孔区），堆龙德庆县。

昌都地区：昌都县（不含妥坝区、拉多区、面达区），芒康县（不含戈波区），贡觉县县驻地、波洛区、香具区、哈加区，八宿县（不含邦达区、同卡区、夏雅区），左贡县（不含川妥区、美玉区），边坝县（不含恩来格区），洛隆县（不含腊久区），江达县（不含德登区、青泥洞区、字嘎区、邓柯区、生达区），类乌齐县县驻地、桑多区、尚卡区、甲桑卡区、丁青县（不含嘎塔区），察雅县（不含括热区、宗沙区）。

山南地区：乃东县，琼结县（不含加麻区），措美县当巴区、乃西区，加查县，贡嘎县（不含东拉区），洛扎县（不含色区和蒙达区），曲松县（不含贡康沙区、邛多江区），桑日县（不含真纠区），扎囊县，错那县勒布区、觉拉区，隆子县县驻地、加玉区、三安曲林区、新巴区，浪卡子县卡拉区。

日喀则地区：日喀则市，萨迦县孜松区、吉定区，江孜县卡麦区、重孜区，拉孜县拉孜区、扎西岗区、彭错林区，定日县卡选区、绒辖区，聂拉木县县驻地，吉隆县吉隆区，亚东县县驻地、下司马镇、下亚东区、上亚东区，谢通门县县驻地、恰嘎区，仁布县县驻地、仁布区、德吉林区，白朗县（不含汪丹区），南木林县多角区、艾玛岗区、土布加区，樟木口岸。

林芝地区：林芝县，朗县，米林县，察隅县，波密县，工布江达县（不含加兴区、金达乡）。

三类区

拉萨市：林周县，尼木县安岗区、帕古区、麻江区，当雄县（不含纳木错区），墨竹工卡县门巴区、直孔区。

那曲地区：嘉黎县尼屋区，巴青县县驻地、高口区、益塔区、雅安多区，比如县（不含下秋卡区、恰则区），索县。

昌都地区：昌都县妥坝区、拉多区、面达区，芒康县戈波区，贡觉县则巴区、拉妥区、木协区、罗麦区、雄松区，八宿县邦达区、同卡区、夏雅区，左贡县田妥区、美玉区，边坝县恩来格区，洛隆县腊久区，江达县德登区、青泥洞区、字嘎区、邓柯区、生达区，类乌齐县长毛岭区、卡玛多（巴夏）区、类乌齐区，察雅县括热区、宗沙区。

山南地区：琼结县加麻区，措美县县驻地、当许区，洛扎县色区、蒙达区，曲松县贡康沙区、邛多江区，桑日县真纠区，错那县县驻地、洞嘎区、错那区，隆子县甘当区、扎日区、俗坡下区、雪萨区，浪卡子县（不含卡拉区、张达区、林区）。

日喀则地区：定结县县驻地、陈塘区、萨尔区、定结区、金龙区，萨迦县（不含孜松区、吉定区），江孜县（不含卡麦区、重孜区），拉孜县县驻地、曲下区、温泉区、柳区，定日县（不含卡达区、绒辖区），康马县，聂拉木县（不含县驻地），吉隆县（不含吉隆区），亚东县帕里镇、堆纳区，谢通门县塔玛区、查拉区、德来区，昂仁县（不含桑桑区、查孜区、措麦区），萨噶县旦嘎区，仁布县帕当区、然巴区、亚德区，白朗县汪丹区，南木林县（不舍多角区、艾玛岗区、土布加区）。

林芝地区：墨脱县，工布江达县加兴区、金达乡。

四类区

拉萨市：当雄县纳木错区。

那曲地区:那曲县,嘉黎县(不含尼屋区),申扎县,巴青县江绵区、仓来区、巴青区、本索区,聂荣县,尼玛县,比如县下秋卡区,恰则区,班戈县,安多县。

昌都地区:丁青县嘎塔区。

山南地区:措美县哲古区,贡嘎县东拉区,隆子县雪萨乡,浪卡子县张达区、林区。

日喀则地区:定结县德吉(日屋区),谢通门县春哲(龙桑)区、南木切区,昂仁县桑桑区、查孜区、措麦区,岗巴县,仲巴县,萨噶县(不含旦嘎区)。

阿里地区:噶尔县,措勒县,普兰县,革吉县,日土县,扎达县,改则县。

参考文献

[1] 水利部水利建设经济定额站. 水利工程设计概(估)算编制规定[M]. 北京:中国水利水电出版社,2015.
[2] 中华人民共和国水利部. 水利建筑工程预算定额[M]. 郑州:黄河水利出版社,2002.
[3] 中华人民共和国水利部. 水利建筑工程概算定额[M]. 郑州:黄河水利出版社,2002.
[4] 中华人民共和国水利部. 水利设备安装工程预算定额[M]. 郑州:黄河水利出版社,2002.
[5] 中华人民共和国水利部. 水利设备安装工程概算定额[M]. 郑州:黄河水利出版社,2002.
[6] 中华人民共和国水利部. 水利工程施工机械台时费定额[M]. 郑州:黄河水利出版社,2002.
[7] 中华人民共和国水利部. 水利工程概预算补充定额[M]. 郑州:黄河水利出版社,2005.
[8] 中华人民共和国建设部. 水利工程工程量清单计价规范[M]. 北京:中国计划出版社,2007.
[9] 梁建林. 水利水电工程造价与招投标[M]. 郑州:黄河水利出版社,2009.
[10] 钟汉华. 水利水电工程造价[M]. 北京:高等教育出版社,2007.
[11] 何俊. 城市水利工程造价[M]. 郑州:黄河水利出版社,2007.
[12] 安淑兰,徐维秀,何俊. 建筑工程计量与计价[M]. 北京:中国电力出版社,2008.
[13] 中国水利工程协会. 水利工程造价计价与控制[M]. 北京:中国水利水电出版社,2010.
[14] 何俊,刘军号. 水利工程造价概预算[M]. 郑州:黄河水利出版社,2013.
[15] 陈金良. 水利水电工程造价[M]. 北京:中国水利水电出版社,2014.

参考文献

[illegible]